普通高等教育新工科机器人工程系列教材

工业机器人原理与应用

主　编　林晓辉

副主编　刘建春　黄海滨　柯晓龙

参　编　谢传禄　林彦锋　申屠美良

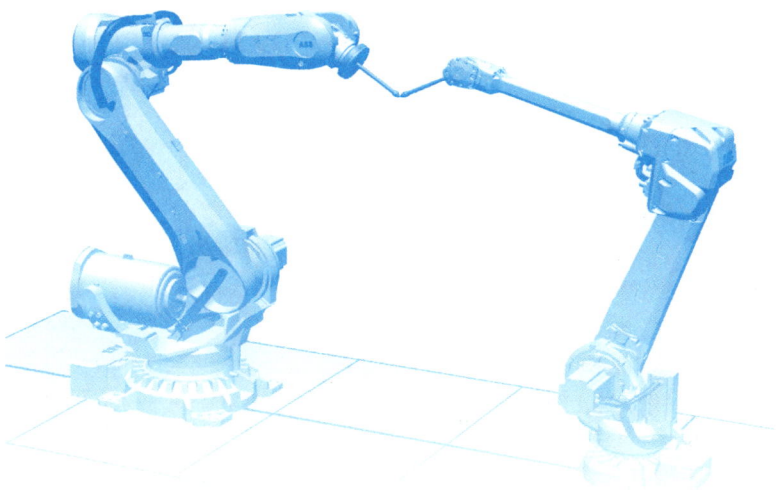

机械工业出版社

本书内容包含工业机器人概述、工业机器人机械系统、工业机器人运动理论、工业机器人感知系统、工业机器人控制系统、工业机器人轨迹规划与编程、ABB 工业机器人操作与实训、工业机器人虚拟仿真和工业机器人自动化应用。全书结合工程软件与工程实际案例，以 ABB 工业机器人为例，深入浅出地介绍工业机器人的理论知识和基本操作，将工程概念贯穿其中，通过编入虚拟仿真和工程应用实例，力求做到理论与实践相结合。

本书可用作高等院校机械工程、自动化、机器人、智能制造等相关专业本科和高职学生的教材，也可供从事工业机器人相关工作的工程技术人员及爱好者参考。

本书为新形态教材，以二维码的形式链接了部分知识点讲解的微课视频、实物演示讲解视频、软件应用演示视频等。本书提供 PPT 课件、习题答案、实验参考程序，欢迎选用本书的教师登录机械工业出版社教育服务网（www.cmpedu.com）下载。与本书配套的"机器人技术"慕课课程已在高校邦平台上线，欢迎同学们参加学习。

图书在版编目（CIP）数据

工业机器人原理与应用/林晓辉主编 . —北京：机械工业出版社，2022.9

普通高等教育新工科机器人工程系列教材

ISBN 978-7-111-71332-6

Ⅰ.①工… Ⅱ.①林… Ⅲ.①工业机器人-高等学校-教材 Ⅳ.①TP242.2

中国版本图书馆 CIP 数据核字（2022）第 139020 号

机械工业出版社（北京市百万庄大街22号　邮政编码100037）

策划编辑：徐鲁融　　　　　责任编辑：徐鲁融　杜丽君

责任校对：樊钟英　张　薇　封面设计：张　静

责任印制：郜　敏

三河市骏杰印刷有限公司印刷

2022 年 11 月第 1 版第 1 次印刷

184mm×260mm · 12.5 印张 · 307 千字

标准书号：ISBN 978-7-111-71332-6

定价：39.80 元

电话服务　　　　　　　　　网络服务

客服电话：010-88361066　　机　工　官　网：www.cmpbook.com

　　　　　010-88379833　　机　工　官　博：weibo.com/cmp1952

　　　　　010-68326294　　金　书　网：www.golden-book.com

封底无防伪标均为盗版　机工教育服务网：www.cmpedu.com

　　从 1954 年发明家乔治·德沃尔（George Devol）将第一个工业机器人发明专利转让给企业家约瑟夫·恩格尔伯格（Joseph Engelberger）并开展合作生产出 Unimate 工业机器人算起，工业机器人已经走过了 60 多年的发展历程。作为自动化乃至智能制造的核心部件，工业机器人具有通用性好、可靠性高、适应性强，以及编程示教方便等优点，目前已广泛应用于各个领域，在现代工业生产中发挥着至关重要的作用。

　　目前，随着我国经济的快速发展及产业的转型升级，生产制造中工业机器人的应用场景不断增加，企业用人成本不断提高，"机器换人"已是大势所趋，这使得工业机器人的需求量进一步增加。《中国制造 2025》已明确提出将机器人作为重点发展领域，工业机器人产业迎来极好的发展机遇，对工业机器人专用人才的需求旺盛，因此机器人、智能制造等新专业顺势设立。不过现阶段我国工业机器人领域的人才缺口较大，为培养这一方面的人才，编写全面系统的工业机器人入门实用教材迫在眉睫。

　　本书是由厦门理工学院、厦门航天思尔特机器人系统股份公司和杭州维讯机器人科技有限公司合作编写的应用型教材，结合企业工程实践经验，将行业中典型、实用的工程案例引入教材。力求将工业机器人运动理论知识与工程实践技术有机结合，在打牢工业机器人相关理论和知识基础的前提下，强化工业机器人应用技术能力的培养。本书以 ABB 工业机器人为例介绍了多款工业机器人相关软件，并结合杭州维讯机器人科技有限公司的 1+X 工业机器人实训平台进行讲解，有助于激发读者的学习兴趣，让初学者能够对工业机器人技术有系统的认识。

　　本书主要包括工业机器人概述、工业机器人机械系统、工业机器人运动理论、工业机器人感知系统、工业机器人控制系统、工业机器人轨迹规划与编程、ABB 工业机器人操作与实训、工业机器人虚拟仿真和工业机器人自动化应用的内容。全书以工业机器人为主体，图文并茂，内容全面，实用性强，适合机械工程、自动化、机器人、智能制造等相关专业的本科和高职学生使用，也可作为工业机器人相关的技术人员及其爱好者的参考书。

　　全书共 9 章，第 1 章由厦门理工学院林晓辉和刘建春共同编写，第 2 章、第 4 章、第 8 章由厦门理工学院林晓辉编写，第 5 章由厦门理工学院黄海滨编写，第 6 章由厦门理工学院柯晓龙编写，第 7 章由厦门理工学院林晓辉和杭州维讯机器人科技有限公司申屠美良共同编写，第 9 章由厦门理工学院林晓辉和厦门航天思尔特机器人系统股份公司谢传禄、林彦锋共同编写。在本书编写过程中，朱思捷、蔡伟煌、崔帅华、许路、吴威、杨帆、陈博伦、秦昆等硕士研究生参与了部分图形、表格、程序、视频的整理和制作工作，在此对他们的辛苦工作表示感谢!

本书得到厦门理工学院教材建设项目（JC202107）的资助。在编写过程中，厦门市智能制造高端装备研究重点实验室给予大力支持，厦门航天思尔特机器人系统股份公司和杭州维讯机器人科技有限公司提供了相关素材，同时借鉴和参考了众多同行的相关文献资料，在此深表谢意!

为便于选书教师课程的开展，编者团队制作了精美的 PPT 课件，并提供习题答案、实验参考程序，欢迎选用本书的教师登录机械工业出版社教育服务网（www. cmpedu. com）下载。

由于编者水平有限，书中难免存在不妥和错误之处，恳请广大同行专家和读者批评指正，联系邮箱：xhxmut@ 163. com。

编者

目 录

第**1**章　工业机器人概述

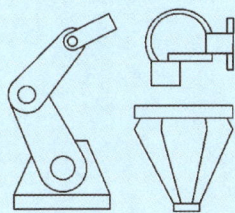

工业机器人被认为是当今制造业的基石，特别是在汽车和相关部件装配方面。此外，高增长产业（电子、食品、物流）、新兴制造工艺（胶合、涂层、激光工艺、精密装配、纤维材料加工）等将越来越依赖先进的机器人技术。通过集成各种类型的控制器（可编程逻辑控制器、计算机数控、运动控制器、传感器等），工业机器人的应用已从传统的生产自动化，到智能制造，遍及工业各个领域。

1.1　工业机器人简介

1.1　工业机器人简介

1.1.1　工业机器人的定义

机器人的定义很难准确概括，其原因在于机器人技术正在不断地发展，机器人的功能也在不断完善。按照国际机器人联合会的定义，机器人是一种半自动或全自动工作的机器。其中，应用于工业生产过程的称为工业机器人，应用于特殊环境的为专用机器人，应用于服务领域的为服务机器人。按照国际标准化组织对机器人的定义，机器人是一种自动的、位置可控的、具有编程能力的多功能机械手，借助其可编程和多轴的特点可完成各种任务。按照这个定义，工业机器人就是面向工业领域的多关节机械手，能够按照设定的程序执行相应的运动路径和动作，自动完成各种作业的机器。

1.1.2　工业机器人的发展

工业机器人的发明可以追溯到1954年，当时的发明家乔治·德沃尔将一件机器人的发明专利转让给企业家约瑟夫·恩格尔伯格并开展合作，成立第一家机器人公司Unimation。1961年，通用汽车的一家子公司第一次投入使用Unimate机器人。图1-1a为世界上第一个工业机器人的发明专利，图1-1b为Unimate机器人。此时的Unimate机器人大多数采用液压驱动并被用于工件搬运和车身点焊。很快，许多国家开始开发和制造工业机器人，工业机器人产业随之诞生，并于1970年在芝加哥举行第一次工业机器人国际研讨会。

有代表性意义的斯坦福机械臂于1969年由维克托·舍曼提出并设计出原型机。六自由度全电动机械臂由当时最先进的计算机DECPDP-6控制。图1-2为斯坦福机械臂结构简

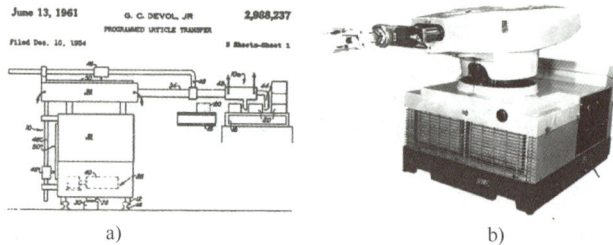

图 1-1 初始工业机器人
a）工业机器人发明专利 b）Unimate 机器人

图，其配置一个移动关节和五个旋转关节结构。驱动装置由直流电动机、谐波驱动器和直齿轮减速器组成，电位器和转速表用于位置和速度反馈。这一机器人的结构及其控制方法的设计对后续机器人的设计产生了深远的影响，例如经典的六轴工业机器人 PUMA，如图 1-3 所示。

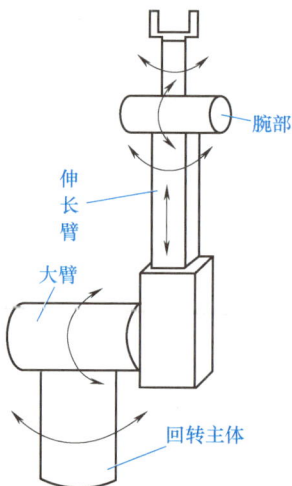

图 1-2 斯坦福机械臂结构简图

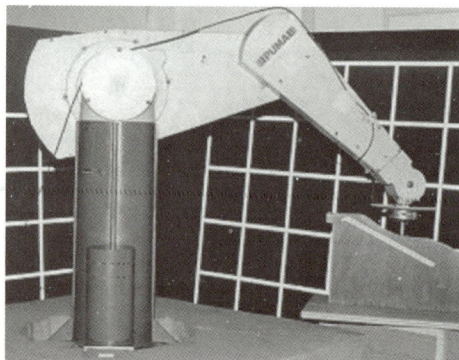

图 1-3 PUMA 工业机器人

1973 年，ASEA 公司（现为 ABB 集团）推出了第一台微机控制的全电动工业机器人 IRB-6，如图 1-4 所示，它允许连续路径运动，这是电弧焊接或材料去除等许多应用的先决条件。在 20 世纪 70 年代，机器人在汽车制造中主要用于点焊和搬运应用。在 1978 年，选择性柔顺装配机器人手臂（SCARA）由日本山梨大学的 Makino 发明，如图 1-5 所示。开创性的四轴低成本设计非常适合小零件装配，因为该结构允许机械手臂快速和柔顺地运动。SCARA 机器人的柔性装配系统与产品兼容设计相结合，极大地提高了电子产品的生产效率。

对机器人速度、精度和重量的要求催生了新的运动学研究和传动设计。自 20 世纪 80 年代以来，人们一直在寻求一种轻量级兼顾刚性的方法，进而开发出并联运动机构。它将机器人的基体与其末端执行器通过 3~6 个平行支柱连接起来，如图 1-6 所示。这类并联机器人特别适合于短周期（如采摘）或高负荷的作业，其工作空间体积往往明显小于串联或开放式运动链机器人，被广泛应用于先进制造业中。

图1-4 IRB-6机器人

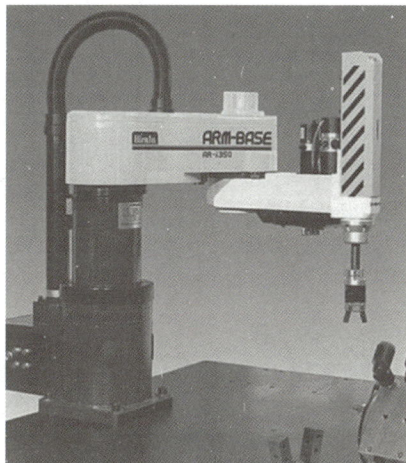

图1-5 SCARA机器人

减少机器人结构质量和惯性一直是主要的研究目标，其中重量-负载比为1∶1的机械臂被认为是最终的基准。2006年，机器人制造商库卡推出的LBR轻量级原型机器人实现了这一目标，如图1-7所示，这是一个紧凑的七自由度机械臂，具有先进的转矩控制能力，被应用于先进的工业应用中。

图1-6 并联机器人

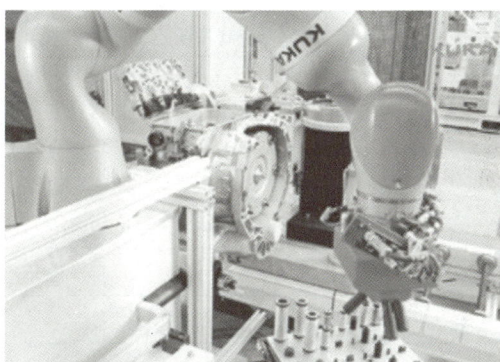

图1-7 库卡LBR轻量级原型机器人

灵巧性更接近人类的机械臂形式就是双臂机器人，图1-8为各品牌的双臂机器人。双臂协作机器人使人与机器人可以安全高效地并行工作，适合需要短时间内生产少量高度个性化产品的装配过程。双臂机器人以其独特的适应变化能力，结合精确与重复特性，可以在同一条生产线上实现多种产品的自动化装配。

目前，国际上公认的有四个工业机器人生产标杆企业，分别是瑞典ABB、德国库卡（KUKA）、日本发那科（FANUC）和日本安川（YASKAWA），这四家企业的工业机器人本体销量占据全球市场的60%~80%。除此之外著名的工业机器人产商还有日本的川崎（Kawasaki）、爱普生（Epson）、那智不二越（Nachi）、美国爱德普（Adept Technology）、瑞士史陶比尔（Staubli）、意大利柯马（Comau）等，表1-1为国外著名的工业机器人厂商。

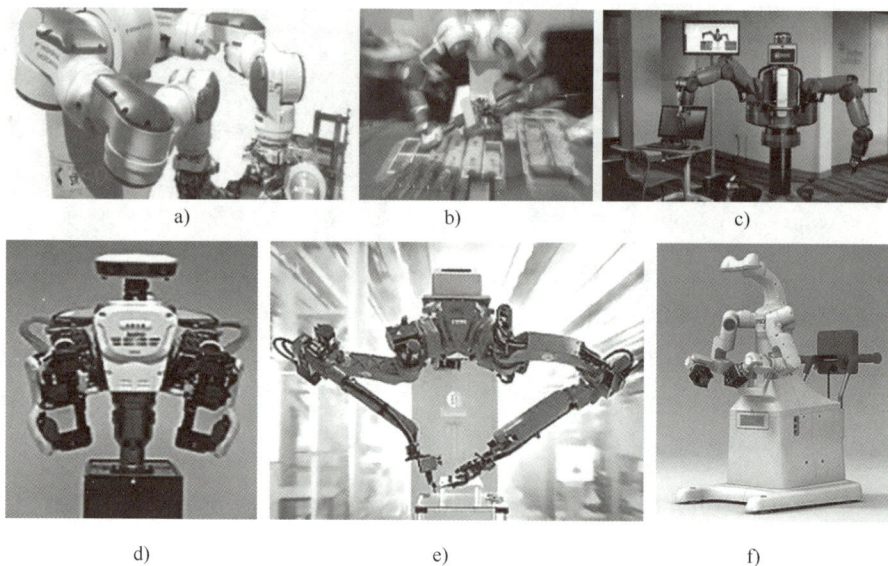

图 1-8　各品牌的双臂机器人

a）Motoman　b）ABB　c）Rethink　d）Kawada　e）Comau　f）Seiko Epson

表 1-1　国外著名的工业机器人厂商

减　速　器	上游零部件及控制系统	伺服电动机	中游本体	下游系统集成
哈默纳科	ABB	伦茨	ABB	ABB
纳博	发那科	博士力士乐	发那科	发那科
住友	安川	发那科	安川	安川
—	库卡	安川	库卡	库卡
—	松下	西门子	爱德普	柯马
—	那智不二越	三菱	柯马	爱德普
—	—	贝加莱	爱普生	徕斯

　　我国的机器人研究起步较晚，从 20 世纪 70 年代萌芽，但真正开始于 20 世纪 80 年代的"七五"机器人攻关项目计划。在国家利好政策和资金的支持下，经过"七五"等科技攻关计划和"863"国家高技术研究发展计划，工业机器人技术得到了长足的发展。1999 年，我国建立多个机器人科研基地，包括沈阳自动化研究所、北京机械工业自动化研究所机器人开发中心等研究机构。时至今日，我国的工业机器人生产商和系统集成商共计已达到上百家，比较著名包括沈阳新松、安徽埃夫特、南京埃斯顿、华中数控、哈尔滨博实、航天思尔特等，在工业机器人整机、系统集成应用及工业机器人关键部件研发方面发展迅速，表 1-2 为我国著名工业机器人厂商。我国的工业机器人行业尽管在很多方面发展迅速并在某些关键技术上已取得突破，但工业机器人核心技术仍未突破，主要表现在精密减速器、伺服电动机及其驱动系统和控制器的研制上。因此，高端工业机器人市场份额仍然被国外知名品牌牢牢占住。

表 1-2　国内著名工业机器人厂商

减 速 器	上游零部件及 控制系统	伺服电动机	中 游 本 体	下游系统集成
上海机电	新松	新时代	新松	新松
秦川发展	新时代	汇川技术	博实股份	博实股份
绿的谐波	慈星股份	华中数控	天奇股份	安徽埃夫特
南通振康	广州数控	英威腾	安徽埃夫特	广州数控
浙江恒丰泰	南京埃斯顿	广州数控	广州数控	南京埃斯顿
—	深圳固高	南京埃斯顿	南京埃斯顿	航天思尔特

我国工业机器人的产量在 2018 年 9 月开始受下游汽车和 3C 行业不景气的影响，出现了一定的下滑，但 2019 年 10 月开始逐渐走出低迷，期间虽然受到新型冠状病毒肺炎疫情的影响，但总体处于复苏的趋势。截至 2021 年 3 月，我国工业机器人产量达到 3.3 万台，同比增长 80.8%，如图 1-9 所示。伴随我国良好的疫情防控能力，我国工业机器人产量有望保持 10% 以上的增长速度。

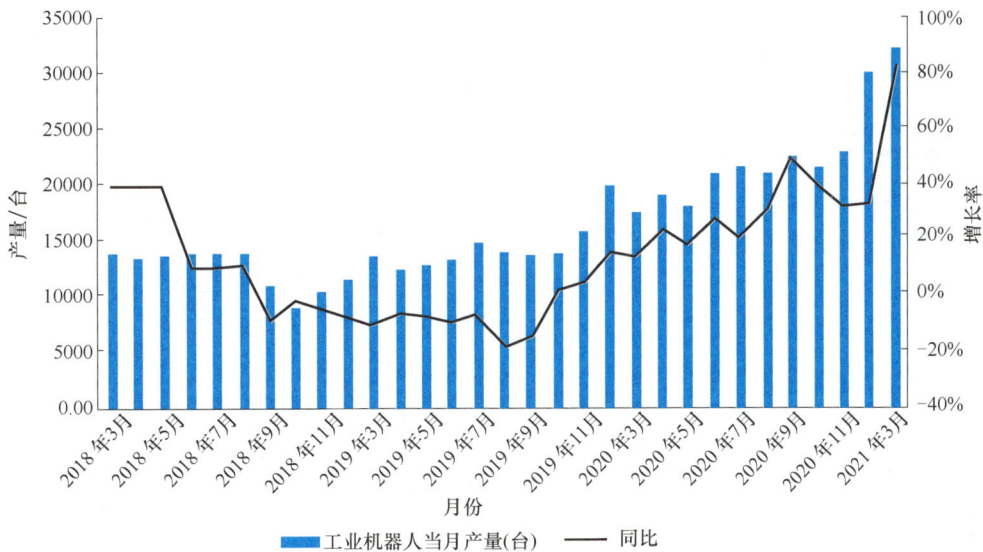

图 1-9　我国工业机器人当月产量

随着国务院发布的《中国制造 2025》明确了制造升级的发展方向，工业机器人是关键设备。工业机器人作为自动化乃至智能制造的终端核心设备，在产业升级，智能化方面将发挥重要作用。同时我国制造业人口红利逐渐消退，以低成本的人力来维持高速的经济发展显然已到了瓶颈，并且适龄劳动力人口比例也在下降，机器换人是大势所趋。工业机器人的价格从 1996 年到 2019 年间，进口均价已经从 4.76 万美元/台下降到 1.63 万美元/台，工业机器人的价格下降与工人用工成本逐渐升高形成鲜明对比，因此工业机器人换人的条件已逐步成熟，并具有较高性价比。

根据工业资讯网站 www.reportlinker.com 在 2020 年 11 月的一篇报道，工业机器人已然成为机器人领域的排头兵，市值预计将从 2020 年的 766 亿美元增长至 2025 年的 1768 亿美元，复合年增长率高达 18.2%。尽管工业机器人已成功应用于工业领域，能够提高生产效率并保证产品质量，但面对不断变化的市场需求，工业机器人技术要求正在变得越来越高。随着科学技术的飞速发展，未来工业机器人的发展趋势如下。

(1) 人-机器人交互 现有的人-机器人交互方式主要为遥控器和触摸板形式，交互形式有限，友好性较差。为了提高工业机器人交互友好性和智能水平，将更友好的人机交互（如语音、手势、手动指导等）用于工业机器人将是未来趋势。另外协作机器人是人-机器人交互的典型代表，目前其安全性还有待提高，未来利用先进的传感设备、软件和末端工具，它们可以迅速发现作业范围内的任何变动并做出安全的应对。Reportlinker 的报道称，协作机器人将是 2025 年之前增长最快的机器人种类。

(2) 智能化 面对工作过程中不可预见的情况，目前的工业机器人还难以应对。如何教工业机器人缺失的知识、如何高效地传达缺失知识信息是当前面临的主要问题，毕竟目前的工业机器人依赖现实问题的数学描述和优化算法，该"智能"模式的工业机器人将难以适应未来日益复杂的工业环境和多样的作业需求。研究基于人工智能理论，具有智能发育和决策能力、协作能力的智能化工业机器人将是未来工业机器人发展的重点。

(3) 自愈性 得益于自愈技术的发展，机器人也能对自身进行简单的修理。欧洲的一支科研团队开发了一款用软塑料制成的机器人，其中内嵌的传感光纤能够检测自身的结构损伤并刺激机器人进行自我修理，无须人类维修人员的帮助。根据 www.roboticstomorrow.com 的报道，"这款机器人能在损伤部位建立新的结合机构，并且无论损伤位置和范围如何，都能在几分钟到一周之间完成修理。"

(4) 定制化 越来越多的制造商正在推出定制型工业机器人，以此满足具体的作业需求。六轴机器人颇受人们青睐，因为其作业空间更大，定制后可满足各种不同的制造应用场景。尽管自行设计的末端执行器可满足一般的个性化要求，但对于焊接或力控等类型的机器人而言，显然定制的专用机器人系统具有更好的兼容性和精确性。

(5) 低成本 高性能机器人的驱动部分成本约占机器人整体成本的 2/3，改进的模块化形式往往导致更高的总硬件成本。另一方面，成本优化（对于某些应用）系统导致需要更专业化和更小体积的组件，这些组件的小规模生产成本更高。随着科学技术的快速发展，新的技术将有助于工业机器人成本的进一步降低。价格的降低让中小型制造企业也能负担得起工业机器人的应用，从而推动智能制造水平的提高。

1.2　工业机器人的分类和应用

1.2.1　工业机器人的分类

1. 坐标分类

工业机器人按照坐标形式，可分为直角坐标型机器人、球坐标型机器人、圆柱坐标型机器人、SCARA 机器人及关节型机器人五种，如图 1-10 所示，它们的运动形式各不相同，各有各的特点。

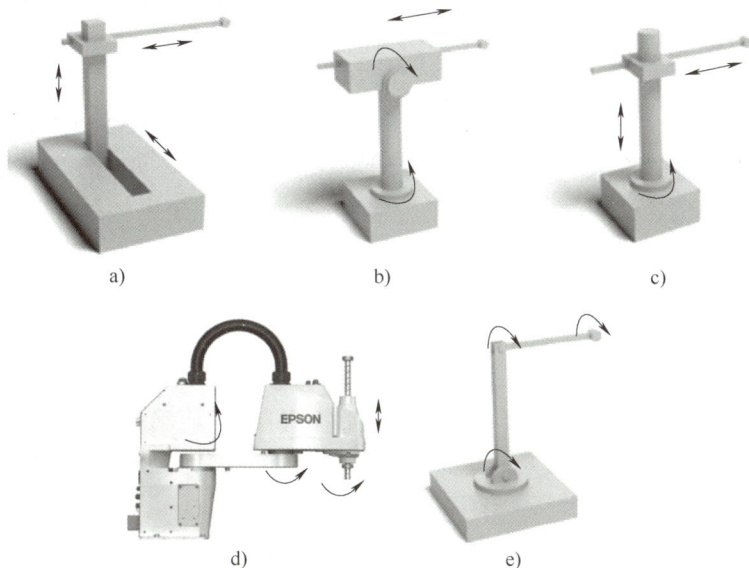

图 1-10　各类机器人
a）直角坐标型机器人　b）球坐标型机器人　c）圆柱坐标型机器人
d）SCARA 机器人　e）关节型机器人

（1）**直角坐标型机器人**　直角坐标型机器人有 3 个相互垂直的移动关节，坐标形式与笛卡儿坐标相当。该类型机器人多数为龙门式，刚性大，精度高，运动求解简单，适合大负载搬运。但它的运动空间为立方体，动作简单，运动范围受限，不灵活，与其他工业机器人较难协调。

（2）**球坐标型机器人**　球坐标型机器人有 2 个转动关节和 1 个移动关节，作业空间为空心球体。该类型机器人优点是结构紧凑，动作灵活，可以做上、下、俯、仰动作并能抓取地面上或较低位置的工件，缺点是结构复杂且定位精度较差。

（3）**圆柱坐标型机器人**　圆柱坐标型机器人有 1 个转动关节和 2 个移动关节，作业空间为圆柱体，范围较大。该类型机器人的特点是结构简单，控制方便、位置精度较高，价格便宜。它的位置精度仅次于直角坐标型机器人，不过其无法抓取在自身附近或地面的物体。

（4）**SCARA 机器人**　SCARA 机器人具有 3 个转动关节和 1 个移动关节，其中 3 个转动轴相互平行。该类型机器人的特点是可以在平面内进行定位并能在垂直该平面的方向上做上、下移动，在竖直平面内具有很好的刚性，在水平面内动作灵活，速度快且精度较高。

（5）**关节型机器人**　关节型机器人是串联结构，类似人的手结构，一般由底座、臂部、腕部和手部组成。该类型机器人具有多个转动关节，因此作业范围大，能与其他工业机器人协调工作，且动作灵活，广泛应用于工业领域，但其运动精度不高。

2. 驱动方式

（1）**气压驱动**　气压驱动的机器人形式较为简单，价格便宜。但由于空气的可压缩性，气压驱动的稳定性较差，另外气源压力一般在 0.6MPa 左右，负载能力受限。

（2）**液压驱动**　液压驱动的机器人具有很大的抓取能力，液压传动平稳，防爆性好，不过动作速度较慢，且液压对温度敏感，因此该类型机器人不宜在高温或低温环境下工作。

（3）**电力驱动** 电力驱动是机器人主流的驱动方式，可使用步进电动机或伺服电动机。目前主流采用交流伺服电动机来驱动，该类型机器人具有精度高、响应快的优点。

3. 细分行业

（1）**多关节机器人** 多关节机器人的优势在于类似人手，具有较高的自由度，几乎适合任何轨迹的工作。通过搭配不同的末端执行器，该类型机器人可用于装货、卸货、喷漆、表面处理、测试、测量、弧焊、点焊、包装、装配、切削、固定、特种装配操作、锻造、铸造等大量场合。

（2）**协作机器人** 协作机器人被设计成可以在协作区域与人直接进行交互的机器人，它的灵活性特别高，既可以独立工作，又可以与人协调。该类型机器人对控制能力和防碰撞能力要求较高，负载较小，一般用于装配、3C 检测、智能物流分拣等场合。

（3）**Delta 机器人** 通常将具有 3 个空间自由度和 1 个转动自由度的并联机器人称为 Delta 机器人。该类型机器人占据并联机器人 60% 左右的市场份额。该类型机器人体量小，运动速度快，常被用于包装和分拣等场合。

（4）**SCARA 机器人** SCARA 机器人是选择顺应性装配机械臂的简称，属于平面关节型机器人，一般包含 3 个相互平行的旋转关节和 1 个竖直上下的移动关节。该类型机器人负载小，速度极快，主要应用于 3C、食品、半导体和医疗等行业。图 1-11 为 SCARA 机器人主要品牌及其市场份额。

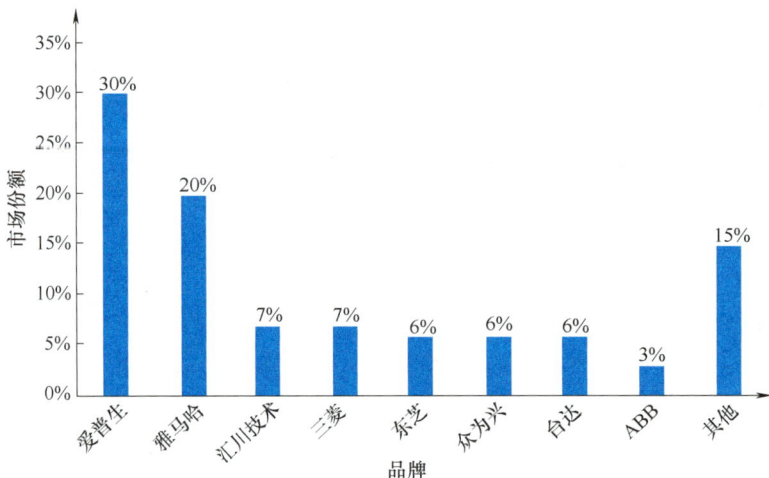

图 1-11 SCARA 机器人主要品牌及其市场份额

1.2.2 工业机器人的应用

1.2.2 工业机器人的应用

如今，工业机器人应用于工业的各个领域，从轻载到重载，从洁净车间到矿山岩洞，从地上到海里，都可以看到工业机器人的身影。以下列举几类常见的工业机器人应用领域。

1. 搬运与抓取

搬运是工业机器人最大的应用领域，几乎存在于制造和物流的所有部门。由于搬运是简单重复的工作过程，随着人力成本的提高，机器人代替人力成为趋势。搬运工作的高吞吐量需要机器人具有快速抓取和快速运动的能力，以及用于检测传送带上物体位置的鲁棒传感能力。因此，如图 1-12 所示的 SCARA 机器人在这一领域得到了广泛的使用。此外，常见的还有利用六轴工业机器人完成重物的搬运和码垛等。抓取也是工业机器人一类常见的应用，抓取一般在视觉系统的引导下，通过设计专用的末端执行器实现对工件的准确抓取，如图 1-13 所示为机器人抓取物体的场景。

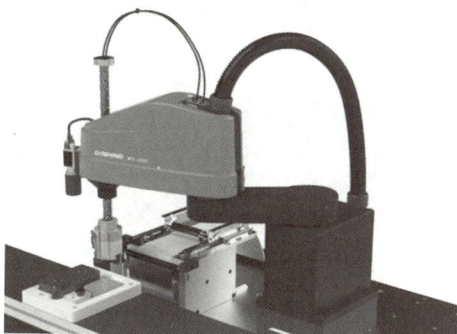

图 1-12　SCARA 机器人分拣

图 1-13　机器人抓取物体

2. 焊接

手工焊接的质量依赖于熟练工人的技术水平，因为焊缝中的小缺陷会导致严重的后果。另外焊工暴露在恶劣的工作条件中，如烟雾、危险的人体工程学工作位置、热量和噪声等，以上原因使得焊接成为工业机器人典型应用之一。机器人焊接最常见应用于汽车工业中，如图 1-14 所示，特别是车身装配和气体保护金属弧焊。得益于激光源的紧凑性和机器人运动精度的提高，工业机器人的激光焊接也逐渐普及。

图 1-14　汽车的机器人焊接

3. 装配

先进装配工艺的自动化取决于连接工件之间的物理接触。为了识别并控制这种接触状态，机器人应该提供柔顺的运动控制，这是一种基于测量或估计的关节力矩或接触力来调节机器人位置和速度的控制方法。解决方案通常是将一个六自由度的力-扭矩传感器安装到机器人法兰上，利用该传感器采集接触信息，进而实现装配。例如，在利用工业机器人完成螺钉锁付工作时，需要机器人寻找螺钉装配点并控制螺钉锁付的扭矩。图 1-15 所示为工业机器人螺钉自动锁付装配。

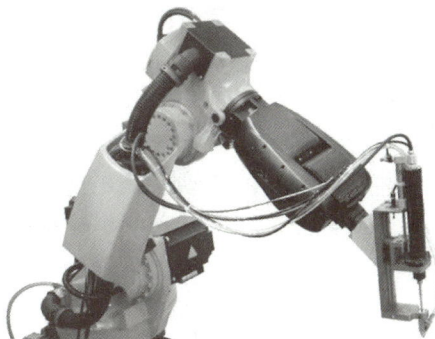

图 1-15　工业机器人螺钉自动锁付装配

4. 加工

与数控机床相比，工业机器人的精度较差，因此主要应用于加工一些精度要求不太高的工件或磨抛作业。此外，工业机器人的优势在于可以加工复杂曲面，这比利用五轴机床显然更具有成本优势。工业机器人加工的典型应用包括工艺品雕铣、异构件磨削、增材制造等。图 1-16 和图 1-17 所示分别是利用六轴工业机器人完成行星式平面磨削和水龙头磨削工作。

图 1-16   工业机器人的行星式平面磨削

图 1-17   工业机器人的水龙头磨削

1.3   工业机器人的组成和技术参数

1.3.1   工业机器人的组成

工业机器人一般由机械系统、驱动系统、控制系统、感知系统和软件系统组成。

1. 机械系统

工业机器人机械系统一般由底座、臂部、腕部、手部及末端执行器等部分组成，机器人种类不同，其自由度不同，机械系统组成也略有差别。如果是移动机器人，其机械系统还包括移动机构等。工业机器人的机械系统是机器人执行任务的载体，是实现作业的执行硬件。

工业机器人机械系统的核心部件为减速器，目前应用于工业机器人的减速器主要是谐波减速器和摆线针轮（RV）减速器两种。其中谐波减速器负载能力较弱，被放置于手腕和手部，而 RV 减速器由于具有更高的刚度和稳定性，一般被放置在底座和大臂等重负载部位。这两类减速器的高端市场分别被谐波减速器龙头哈默纳克和 RV 减速器龙头纳博特斯克占据，如图 1-18 所示为工业机器人减速器的市场占有率情况。绿的谐波减速器是国内知名的减速器品牌。

2. 驱动系统

工业机器人的驱动系统是指使机械系统完成运作的驱动装置。根据驱动形式的不同，分为电力驱动、液压驱动和气压驱动，其中电力驱动是目前最普遍的驱动方式。以电力驱动为例，电力驱动系统一般包含伺服电动机、伺服放大器及附属其他设备。

电力驱动的工业机器人核心零部件为伺服系统，包括伺服电动机和伺服驱动器。伺服系统根据控制要求，通过伺服驱动器精确控制电动机的位置、速度和力矩，多个伺服电动机一起协同完成作业任务。国产工业机器人的伺服系统市场占有率在 22% 左右，绝大部分的市

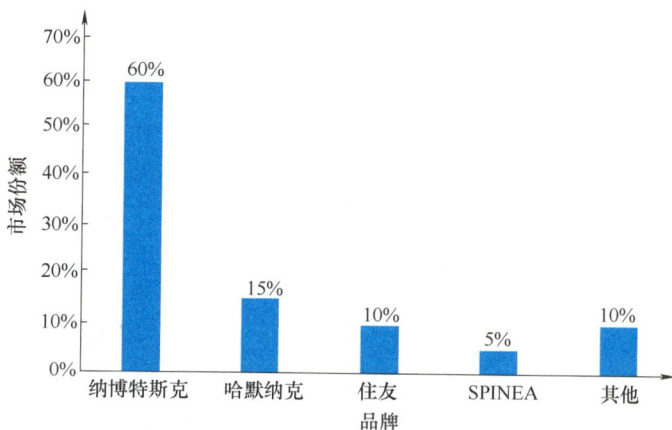

图 1-18　工业机器人减速器市场份额

场份额仍然被外国品牌占据。特别是高端伺服系统，日本三菱、安川、松下及欧美的西门子、贝加莱等品牌把握高端伺服系统的市场，如图 1-19 所示。不过近年来我国的伺服系统研发快速发展，诸如汇川技术、埃斯顿等国产品牌的市场占有率稳步提升。

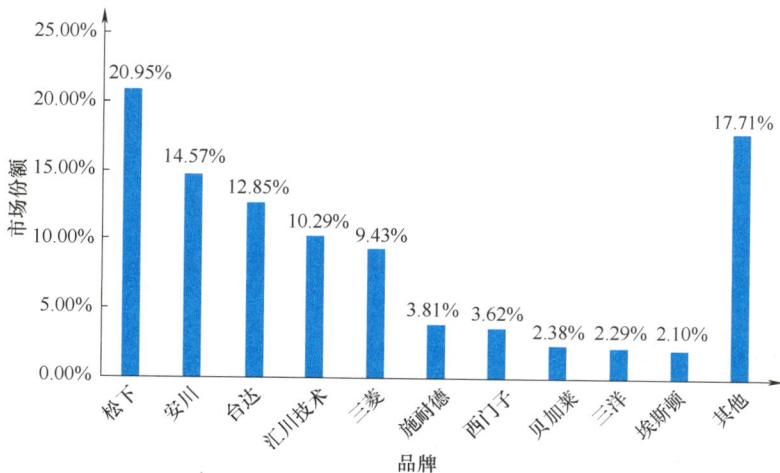

图 1-19　工业机器人伺服系统市场份额

3. 控制系统

工业机器人的控制系统是其灵魂，它的任务是根据作业指令要求和环境感知信息，通过驱动系统控制机器人的机械执行机构，完成规定的路径和功能。控制系统主要由控制器硬件和控制程序软件组成，是工业机器人的中枢神经系统，也是工业机器人的核心零部件。控制器硬件即工业控制板卡，包括主控单元和信号处理等电路部分。控制程序软件主要包括控制算法、二次开发程序等。工业机器人的控制器要求稳定性好，所以一般有实力的机器人厂商都自行研制工业机器人的控制器，如 ABB、库卡等企业。而国内厂商大部分只生产通用型控制器，专注于工业机器人控制器的厂商较少，所以工业机器人控制器的市场份额也大部分被国外厂商占据。经过发展，目前国产工业机器人控制器已经可以满足基本要求，正努力研发高端控制器。

4. 感知系统

工业机器人感知系统用于感知自身和环境的信息，利用内、外传感器获取相应的信息。控制系统获取这些反馈信息并由此做出相应的决策。

5. 软件系统

工业机器人的软件系统一般指配套的离线软件，具备离线编程、仿真、通信等功能，如ABB机器人的RobotStudio软件。该类型软件系统是工业机器人非必须配套的，一般只有大型知名的工业机器人产商才会开发离线软件系统。

由此可见，工业机器人系统实际上是一个复杂的机电一体化系统，如图1-20所示，各个系统相互关联。根据作业要求，驱动系统接收来自控制系统的命令指令，按要求驱动机械系统完成相应的动作，同时作业系统的实时情况通过感知系统反馈给控制系统，进行修正或下一步动作的控制。软件系统可与控制系统通信，完成离线编程和仿真等功能。

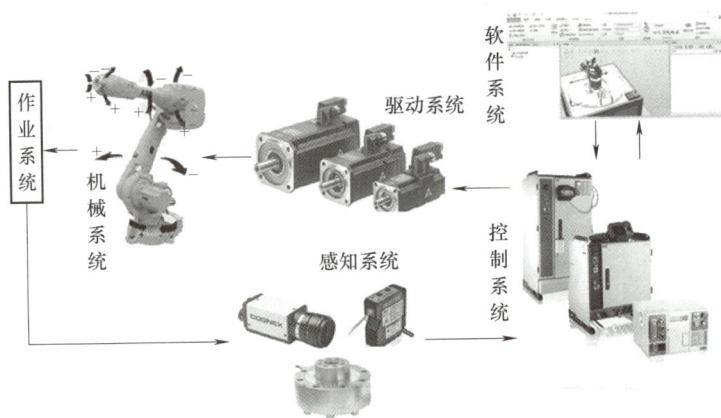

图1-20 工业机器人各部分组成及其关系

1.3.2 工业机器人的技术参数

1.3.2 工业机器人的技术参数

工业机器人的技术参数是生产厂商提供的技术数据，技术数据包含工业机器人主要性能指标，是采购工业机器人的重要参考数据。工业机器人的技术参数一般包含自由度、工作空间、负载、工作准确度和最大工作速度等。以下将对各个技术参数做出解释，并以ABB IRB4600（以下简称IRB4600）工业机器人为例做出说明。

1. 自由度

机器人的自由度是指工业机器人本体相对基坐标系的可独立运动数目，常见的运动副有轴的直线运动、关节的摆动和旋转等。自由度是衡量机器人工作的灵活程度的重要参数，自由度的多少直接决定了机器人在空间可能实现的姿态，一般情况下自由度越多的机器人，越容易适应复杂的工作情况。IRB4600机器人具有6个自由度。

2. 工作空间

工作空间是指机器人的手臂末端所能到达的所有工作区域，由于末端执行器多种多样，因此计算工作空间时不将末端执行器考虑在内。而机械臂所不能达到的区域称为作业死区，在设计规划工业机器人工作空间时，应避免进入工作死区。图 1-21 为 IRB4600-60/2.05 工业机器人的工作范围。

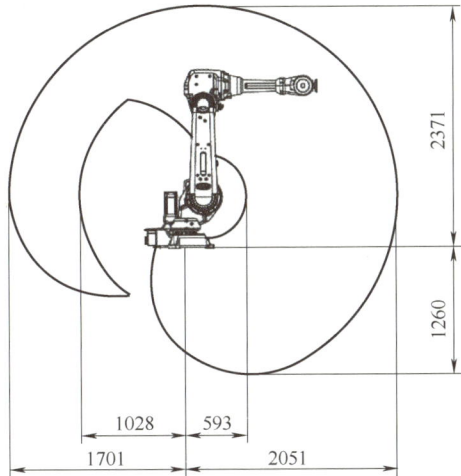

图 1-21　IRB4600-60/2.05 工业机器人的工作范围

3. 负载

负载是指工业机器人在工作时能承受的最大载重，负载直接影响机器人可能完成的工作强度，在规划机器人的工作任务时，应当充分考虑机器人的负载，避免超出它所能承受的最大载重，导致机器人损坏或其他严重的安全事故。负载还分有效负载和手臂负载，例如，IRB4600-60/2.05 工业机器人的有效负载为 60kg，而手臂负载只有 20kg。表 1-3 列出了 IRB4600 工业机器人各个版本的有效负载和手臂负载。

表 1-3　IRB4600 工业机器人各个版本的有效负载和手臂负载

版　　本	到达距离/m	有效负载/kg	手臂负载/kg
IRB 4600-60/2.05	2.05	60	20
IRB 4600-45/2.05	2.05	45	20
IRB 4600-40/2.55	2.55	40	20
IRB 4600-20/2.50	2.50	20	11

4. 工作准确度

工作准确度是指工业机器人的定位精度、重复定位精度及重复路径精度。其中，定位精度是指机械臂到达指定位置时与目标位置的差异，重复定位精度是指机械臂重复到达某一位置的准确度，重复路径精度是指对同一指令轨迹重复 n 次时与理论轨迹的一致程度。由于工业机器人的定位精度较差，一般不列在技术参数里。IRB4600 工业机器人重复定位精度为 0.05~0.06mm，重复路径精度在测量速度为 250mm/s 时为 0.13~0.46mm。

5. 最大工作速度

最大工作速度是指工业机器人（不含末端执行器）运行中各个自由度方向上的最大速度。高工作速度意味着高工作效率，但对机器人的加减速也提出更高的要求。表1-4列出了IRB4600工业机器人各轴最大工作速度。

表1-4　IRB4600工业机器人各轴最大工作速度

轴　运　动	最大工作速度/[（°）/s]
轴1旋转	175
轴2（手臂）旋转	175
轴3（手腕）旋转	175
轴4旋转（IRB4600-20/2.5）	360
轴5弯曲（IRB4600-20/2.5）	360
轴6翻转（IRB4600-20/2.5）	500

习题

1. 国际上公认的4个工业机器人生产标杆企业分为＿＿＿＿＿＿、＿＿＿＿＿＿、＿＿＿＿＿＿和＿＿＿＿＿＿。

2. 工业机器人按照坐标形式，可分为直角坐标型、＿＿＿＿＿＿、＿＿＿＿＿＿、SCARA机器人和＿＿＿＿＿＿。

3. 工业机器人传统驱动方式有气压驱动、＿＿＿＿＿＿和＿＿＿＿＿＿。

4. 工业机器人一般由机械系统、＿＿＿＿＿、控制系统、＿＿＿＿＿和＿＿＿＿＿组成。

5. 工业机器人的技术参数一般包含＿＿＿＿＿、工作空间、＿＿＿＿＿、＿＿＿＿＿和最大工作速度。

6. SCARA机器人有哪些特点？

7. 简述不同坐标型工业机器人的优缺点。

第2章 工业机器人机械系统

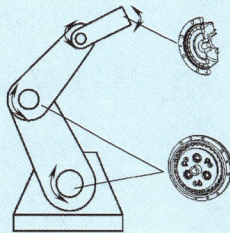

工业机器人机械系统是机器人完成任务的基础结构支撑系统，是最终实现功能的执行机构，是工业机器人至关重要的组成部分。工业机器人机械系统主要由机器人底座、臂部、腕部、末端执行器及传动机构等组成，各个部分相对独立又相互连接，各部分设计水平及传动精度是工业机器人精度的重要保证。根据应用领域的不同，工业机器人机械系统各部分设计略有不同，本章主要介绍工业机器人机械系统各部分结构分类和特点，以及传动机构的驱动形式和传动形式，最后简要介绍工业机器人的精度校准。

2.1 机器人底座和臂部

2.1.1 机器人底座

工业机器人底座是机器人的基础支撑部件，机器人底座与臂部相连并支撑臂部。机器人底座的运动形式一般以回转、升降及俯仰为主，可由一种或几种形式组合而成，具体组合与机器人的实际用途有关。同时机器人底座可固定也可移动，移动式的机器人底座需配备移动机构。

1. 机器人底座结构

不同坐标形式的机器人底座自由度不同，一般而言，关节型机器人的底座拥有回转自由度，圆柱坐标型机器人的回转和升降由底座完成，球坐标型机器人底座拥有回转和俯仰自由度。

（1）关节型机器人底座 如图 2-1 所示，关节型机器人底座承受着整个机器人的颠覆力矩及惯性力，受力较为复杂，关节型机器人底座一般只负责回转运动。对于大型工业关节型机器人，其驱动电动机的旋转轴线与减速器的旋转轴线偏置布置。同轴布置的方式多见于小型工业机器人。

（2）圆柱坐标型机器人底座 如图 2-2 所示，圆柱坐标型机器人一般有回转和升降两个自由度。回转运动采用液压缸或电动机实现，而升降运动常用液压缸实现。

（3）球坐标型机器人底座 如图 2-3 所示，球坐标型机器人有回转和俯仰两个自由度，回转驱动方式

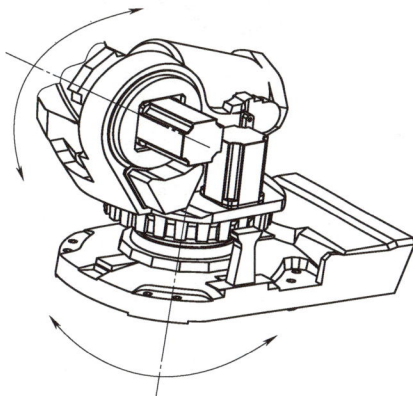

图 2-1 关节型机器人底座

与圆柱坐标型机器人一样，俯仰驱动方式一般采用液压或气压驱动。

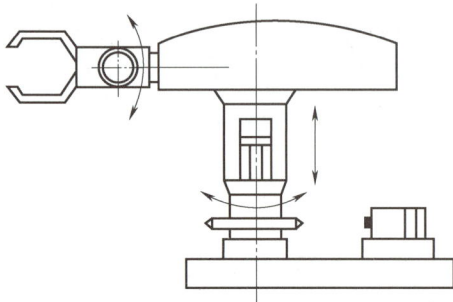

图 2-2　圆柱坐标型机器人底座

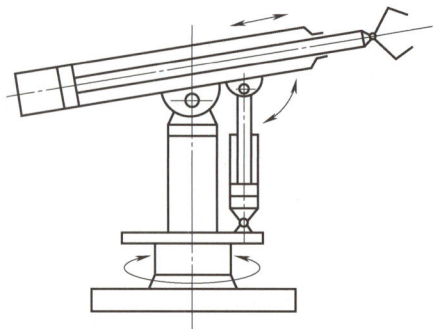

图 2-3　球坐标型机器人底座

2. 移动式机器人底座

相对于固定式机器人，移动式机器人的位置可变动，可实现更大作业空间的任务，而移动式机器人底座是实现移动作业的机构，如图 2-4 所示。移动式机器人底座不仅需要支撑机器人臂部、腕部和手部，还需要具备移动功能。按照运动轨迹不同，可以将其分为固定轨迹式和无固定轨迹式。按照移动机构形式不同，可分为轮式、履带式、滑轨式、步行式等。工业机器人采用轮式和滑轨式居多，主要根据作业任务的不同，采用不同的移动机构。例如，在仓储系统的机器人，一般采用轮式，尤其以 AGV（Automated Guided Vehicle，自动导引小车）为底座移动结构的最多，图 2-5 所示为全方位重载 AGV；在加工车间的机器人，工序相对固定，采用滑轨式的居多。

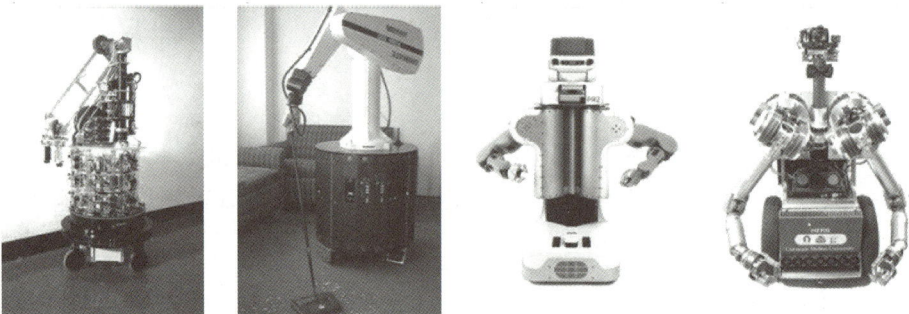

图 2-4　移动式机器人底座

图 2-5　全方位重载 AGV

2.1.2　机器人臂部

工业机器人臂部是连接底座和腕部的连接部分，用于承载腕部、手部的负载并传递至底座，同时改变手部的空间位置。工业机器人的臂部一般可以具有 3 个自由度，包括伸缩、回转及升降，不同的工业机器人类型具有不同的臂部自由度。关节型机器人的臂部可以分为大臂和小臂，其中，大臂和底座相连接的关节称为肩关节，而大臂和小臂相连接的关节称为肘关节。大臂和小臂都可分为同轴式和偏置式的电动机布置方式，这取决于机器人的结构布局。以 IRB4600 为例，如图 2-6 所示，其大臂采用电动机同轴布置，小臂采用电动机偏置布置。两个关节都需要承受较大的力矩作用，因此采用高刚度的 RV 减速器来提高运动精度和刚度。

液压或气压驱动的臂部结构包括手臂直线运动结构和手臂回转运动结构。直线运动型手臂多采用液压或气压缸、齿轮齿条、丝杠螺母及连杆等结构，其中采用液压或气压缸的较为普遍。回转运动型手臂常采用回转缸、齿轮齿条、链传动及活塞缸等结构。

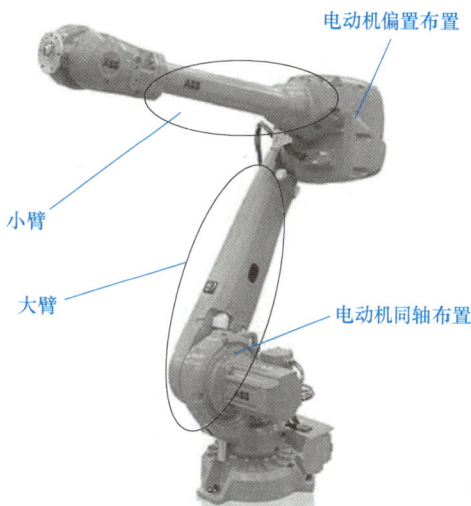

图 2-6　六轴工业机器人臂部

2.2　机器人腕部

2.2.1　机器人腕部特点

工业机器人腕部是连接臂部和手部的部件，腕部具有 3 个自由度，分别是回转、偏转和俯仰，如图 2-7 所示。一般将腕部的回转称为 Roll，简称 R；将腕部的偏转称为 Yaw，简称 Y；将腕部的俯仰称为 Pitch，简称 P。

2.2.2　机器人腕部分类

根据自由度数目分类，腕部可分为单自由度腕部、二自由度腕部和三自由度腕部。

（1）单自由度腕部　如图 2-8 所示，单自由度腕部关节分为三种，分别是回转关节、弯曲关节及移动关节。回转关节又称为 R 关节，它的特点是臂部轴线和腕部关节轴线同轴，这使得该关节的旋转角度大。弯曲关节又称为 B 关节，它的特点是臂部和腕部的轴线相垂直，由于机械结构的限制，该关节旋转角度小。移动关节又称为 T 关节，手部可沿着腕部做直线运动。

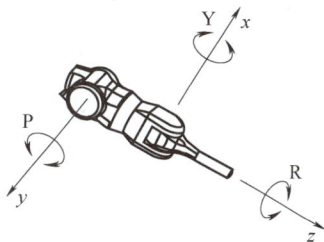

图 2-7　腕部自由度

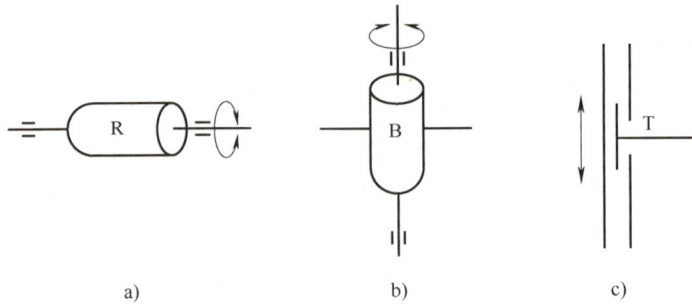

图 2-8　单自由度关节类型

a）R 关节　b）B 关节　c）T 关节

（2）二自由度腕部　如图 2-9 所示，二自由度腕部一般有两种形式，即由 R 关节和 B 关节组成的 BR 腕部和由两个 B 关节组成的 BB 腕部。

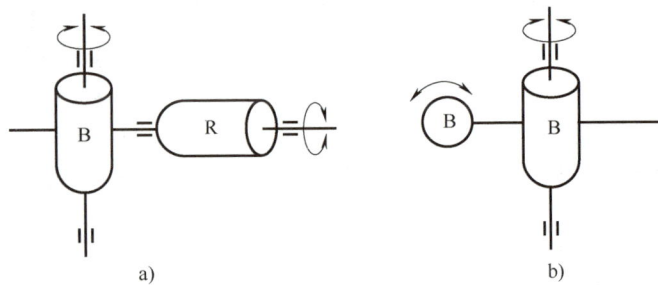

图 2-9　二自由度关节类型

a）BR　b）BB

（3）三自由度腕部　三自由度腕部可由 B 关节和 R 关节组成 8 种结构形式，不过实际常用 BBR、RRR、BRR 和 RBR 4 种形式，如图 2-10 所示。

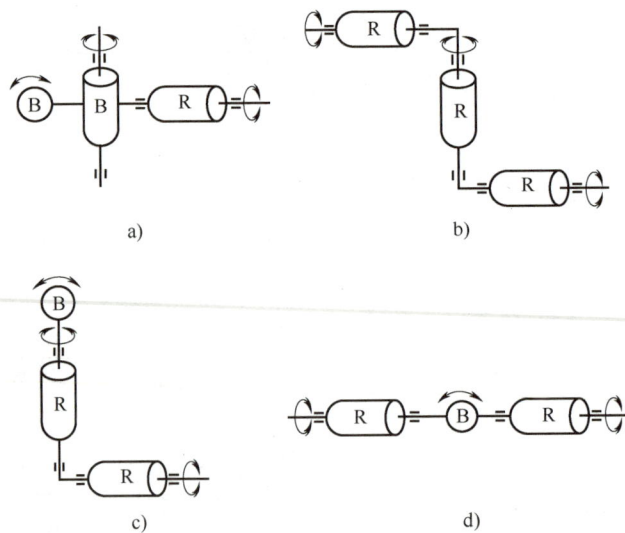

图 2-10　常见三自由度关节类型

a）BBR　b）RRR　c）BRR　d）RBR

以六轴工业机器人为例,如图 2-11 所示,该机器人的腕部由旋转 R 轴、摆动 B 轴及回转 R 轴组成,是三自由度腕部。旋转 R 轴的轴线与小臂中心线重合,伺服电动机作为驱动电动机,通过同步带和 RV 减速器带动旋转 R 轴旋转。B 轴的轴线与旋转 R 轴的轴线相垂直,同样是伺服电动机作为驱动电动机,通过同步带和谐波齿轮减速器带动 B 轴做俯仰运动。而回转 R 轴的轴线与 B 轴相垂直,一样由伺服电动机驱动,经谐波齿轮减速器带动机器人末端法兰沿着回转 R 轴回转。

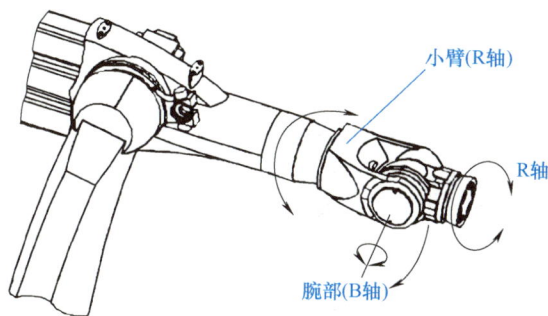

小臂(R轴)

R轴

腕部(B轴)

图 2-11 六轴工业机器人腕部

2.3 机器人末端执行器

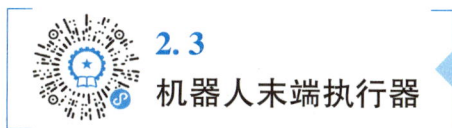

2.3
机器人末端执行器

2.3.1 机器人末端执行器的特点

工业机器人的末端执行器是安装于机器人手腕上进行各类作业的部件,也可称为工业机器人的手部。工业机器人末端执行器有如下特点。

1)机器人末端执行器与腕部相连接,可方便地独立拆卸,同时可根据需要设置气、电、液各类型的外置接头。

2)机器人末端执行器种类多样,由于机器人需要完成不同类型的工作任务,因此所配备的末端执行器必然多种多样,例如,焊接作业需要焊枪,打磨作业需要打磨头等。

3)机器人末端执行器通用性差,一般不同的作业模式需要不同的末端执行器,因此机器人末端执行器具有专用性。

2.3.2 机器人末端执行器的分类

根据工业机器人作业用途及被握对象的尺寸、形状、材料、重量等,末端执行器大致可以分为钳爪式末端执行器、吸附式末端执行器、专用操作器、换接器、柔顺末端执行器。

1. 钳爪式末端执行器

(1)齿轮齿条式 对于不能像人的手那样灵活地完成各种工作的工业机器人而言,可以采用更换各种专用手爪的方法使其完成相应的工作。如图 2-12 所示末端执行器就是可以满足这种要求的一种结构，它通过齿轮齿条配合，实现手爪平行移动，而且移动量较大。气缸控制手爪的张开和闭合，同时调节工作压力以改变抓力的大小。

（2）**齿轮连杆式**　图 2-13 所示为齿轮连杆式末端执行器，由液压缸、活塞杆、连杆、齿轮和手爪组成。该机构的传动比等于 1，活塞杆为主动件，当液压缸推动活塞杆时，与之相连的连杆带动齿轮绕其支点转动，可实现手爪夹持和松开的动作。

（3）**双支点连杆式**　图 2-14 所示为双支点连杆式末端执行器，驱动杆末端与连杆由铰链连接，驱动杆做直线往复运动时，通过连杆推动手指绕其支点做旋转运动，带动 V 形指夹紧或松开工件。

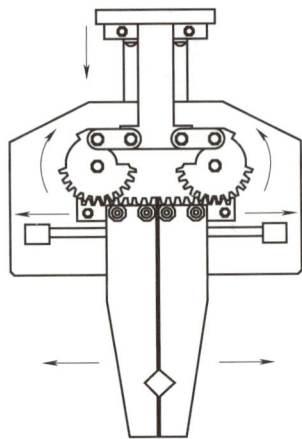

图 2-12　齿轮齿条式末端执行器

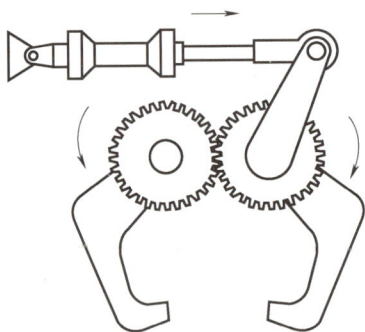

图 2-13　齿轮连杆式末端执行器

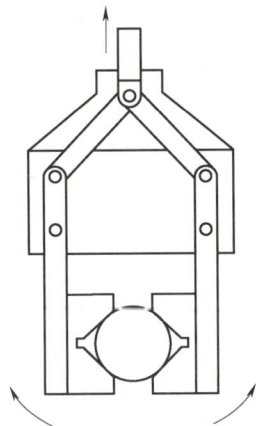

图 2-14　双支点连杆式末端执行器

（4）**手指形式**　手指形式末端执行器是比较特殊又常见的抓取式末端执行器，它可以适应外形复杂、不同材质物体的抓取，它是一种仿生末端执行器，模拟人类手部自由度。最常见的手指形式末端执行器是如图 2-15 所示的多关节灵巧手指，该类型的每个手指一般具有 3 个自由度，需要通过电动机驱动，才能够完成复杂的作业任务。

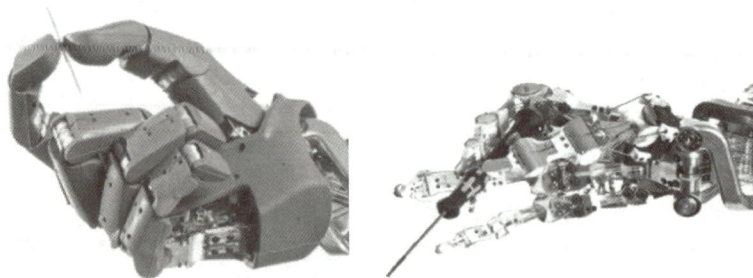

图 2-15　手指形式末端执行器

由北京软体机器人科技有限公司研发的柔性末端执行器可实现对各类异形、易损物品的抓取，尤其适用于长方体、圆柱体、板类工件的分拣搬运。图 2-16 所示为柔性末端执行器结构，以及利用该柔性末端执行器抓取蛋黄且保证不破坏的应用场景。

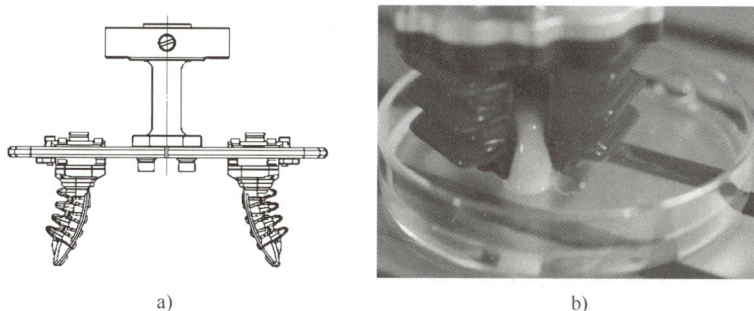

a)　　　　　　　　　　　　　　　　　b)

图 2-16　柔性末端执行器
a）结构　b）应用场景

2. 吸附式末端执行器

（1）真空吸附式　真空吸附式末端执行器的吸附原理是利用压缩空气进入管路截面逐渐缩小的喷嘴口，空气由于伯努利效应而流速加快，且空气流速在管路截面最小时达到临界速度，进而产生负压。真空吸附式末端执行器在工厂得到广泛的应用，如图 2-17 所示。不过真空吸附对工件表面平整度要求较高，表面粗糙或曲率半径变化过大的工件不易吸附。

（2）磁力吸附式　磁力吸附式末端执行器夹持工件的步骤为：线圈通电→线圈产生大的电感和启动电流（由于空气间隙的存在）→周围产生磁场（通电导体一定会在周围产生磁场）→吸附工件。

磁力吸附式末端执行器放开工件的步骤为：线圈断电→磁吸力消失→放开工件。

磁力吸附式末端执行器安装于工业机器人的法兰上，如图 2-18 所示，吸附稳定可靠，操作简单方便，不过它只能吸附导磁材料工件。

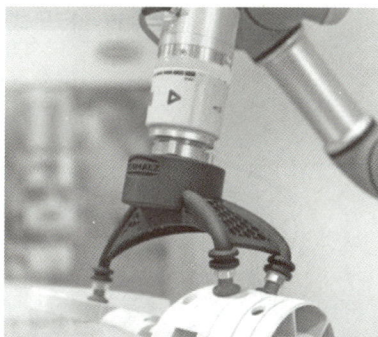

图 2-17　真空吸附式末端执行器

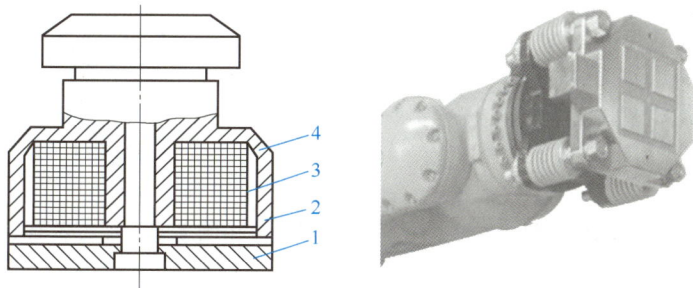

图 2-18　磁力吸附式末端执行器
1—磁盘　2—防尘盖　3—线圈　4—外壳体

3. 专用操作器

工业机器人是一种通用的设备,配上专用的机器人末端执行器就能实现专用功能。如图 2-19 所示,工业机器人末端安装行星式抛光头,可以完成抛光作业。如图 2-20 所示,工业机器人末端安装水龙头夹具,可以实现水龙头的砂带磨削作业。如图 2-21 所示,工业机器人末端安装焊枪,可以实现机器人自动焊接作业。如图 2-22 所示,工业机器人末端安装锤击表面强化工具,可以实现对零件的表面强化作业。

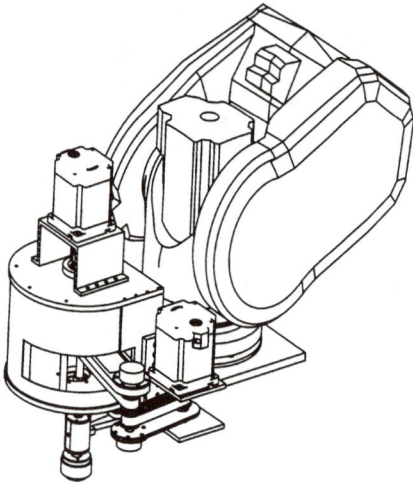

图 2-19　行星式抛光头

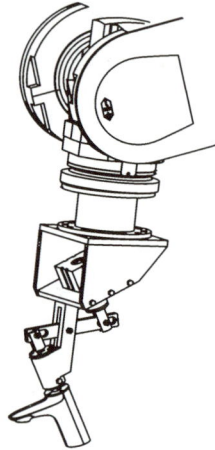

图 2-20　水龙头夹具

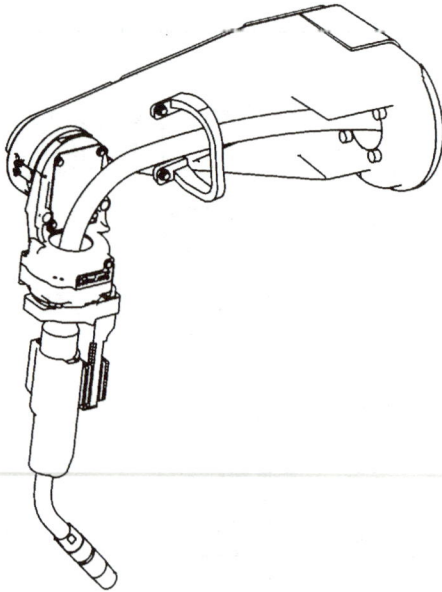

图 2-21　焊枪

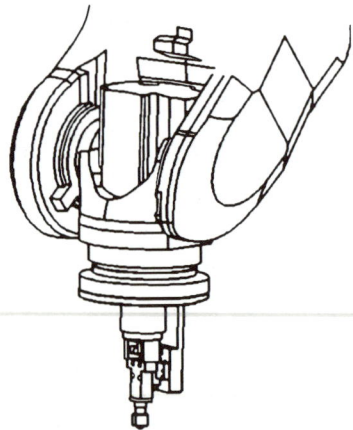

图 2-22　锤击表面强化工具

4. 换接器

机器人工具换接器也称为工具快速换接装置,简称快换装置,该装置可快速完成末端执行器的更换,具有很高的生产效率,被广泛应用于生产过程中。机器人快速换接装置主要由两部分组成，一部分是安装在机器人本体手臂上的机器人侧，另一部分是一个或多个用于安装末端执行器的工具侧，如图 2-23 所示。一般通过电信号和压缩空气完成两侧的配合，同时可让诸如电信号、液体或气体等介质通过快换装置从机器人手臂连接到末端执行器。

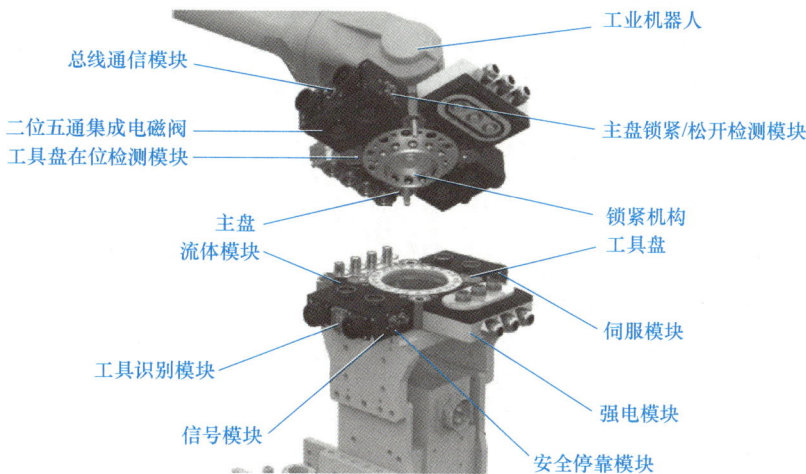

图 2-23　工业机器人快速换接装置

5. 柔顺末端执行器

在机器人装配或力控制场合中，通常要求工业机器人末端执行器具有一定的柔顺能力。常见的机器人末端执行器分为两种柔顺工具：一种是被动柔顺工具，另一种是主动柔顺工具。被动柔顺工具结构简单，采用弹簧或万向轮等结构形式，使末端执行器具有被动调整功能以补偿位置和力偏差，使用方便，但是缺点在于只适合简单的应用场合，对于复杂的曲面或输出力要求严格的场合不适用，如图 2-24a 所示。主动柔顺工具通过传感器来主动感知偏差，并利用驱动装置来主动进行力和位移补偿，实现主动柔顺功能，图 2-24b 为一种旋转推拉式的柔顺末端执行器，可用于机器人的轴孔装配。

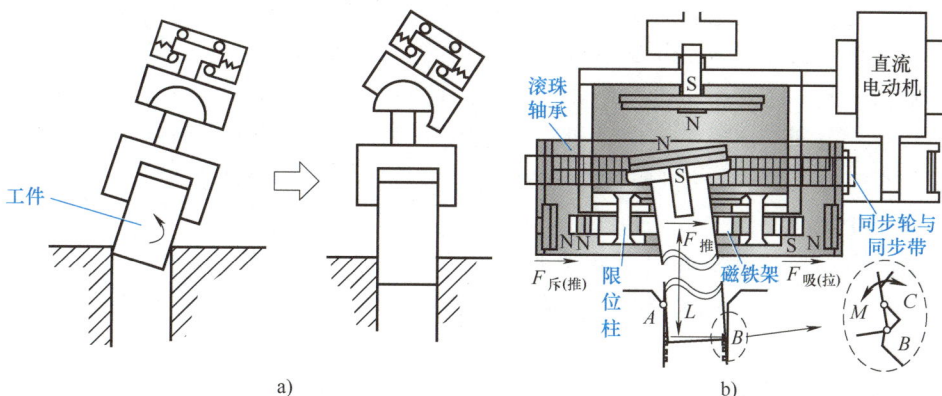

a)　　　　　　　　　　　　　　　　　b)

图 2-24　柔顺末端执行器
a）被动柔顺　b）主动柔顺

2.4 机器人传动机构

2.4.1 机器人驱动形式

液压驱动、气压驱动和电气驱动是目前机器人主要的驱动形式，其中，气压驱动和液压驱动为早期的工业机器人的驱动形式。随着机器人的功能需求越来越复杂以及工业作业对其速度和精度要求越来越高，电气驱动逐渐占据主流，成为工业机器人的主要驱动方式。不过在一些精度要求不高、负载较大、作业环境较为恶劣的情况下，仍然采用液压驱动和气压驱动。

1. 液压驱动

液压驱动常用于负载较大，即输出力较大的场合，常用于大型机器人关节的驱动。液压驱动系统主要由液压缸和液压阀组成，运动平稳，结构简单。特别是应用液压伺服阀可建立液压系统输入与输出之间的反馈连接，形成闭环控制系统，进一步提高控制精度。具体工作原理为液压伺服阀根据伺服放大器采集的位置传感器的偏差值输出指令至液压驱动器，进一步调节油液压力，使系统的输出值与设定值接近。

不过液压驱动也存在一些问题，如油液容易泄漏，造成环境污染；油液黏度随着温度变化而变化，直接影响机器人的工作性能；油液若混入其他杂质（水或气泡），将使系统不稳定。

2. 气压驱动

气压驱动方便快捷，适合于运动速度快、对精度要求不高的场合。气压驱动系统主要由气源、气动控制元件和气动执行元件组成。其中，气动控制元件主要有压力控制阀、流量控制阀和方向控制阀；而气动执行元件一般分为气缸和气马达。尽管气压驱动广泛应用于工业领域，但由于气体的可压缩性，气压驱动很难实现较高的定位精度，因此它较少应用于工业机器人领域。

3. 电气驱动

电气驱动是目前工业机器人最常见的驱动方式，它通过电动机产生力或力矩，并经过机械传动结构的传动来驱动末端执行器。常见的电动机有步进电动机、普通交流或直流电动机及伺服电动机。其中，步进电动机主要用于开环控制系统，所以常用于对速度和定位精度要求不高的场合；普通交流或直流电动机经过减速器后可输出大转矩，但其控制性能较差，一般适用于重型工业机器人；伺服电动机输出转矩相对较小，控制性能好，能实现闭环控制，往往适用于中小型机器人。

以上 3 种驱动形式已发展出了成熟的技术，随着技术的发展，新型的驱动形式不断出现，诸如磁致伸缩驱动、形状记忆合金驱动、超声电动机驱动、介电弹性体驱动、流体弹性体驱动等。

4. 新型驱动

（1）磁致伸缩驱动 克拉克于 1972 年发现拉弗斯相稀土-铁化合物 RFe_2 具有超磁致伸缩效应，这使磁致伸缩效应的研究再次得到重视。磁致伸缩驱动是一种新的驱动形式，具有一系列的优点，如更高的机电耦合系数、更快的响应速度、更大的输出力，利用某些磁体在外加磁场的作用下产生尺寸位移的原理开发出了磁致伸缩驱动器。图 2-25 为一款磁致伸缩驱动器。

（2）形状记忆合金驱动　形状记忆合金的特点在于它能记忆特定温度下合金的外形，即使在外部作用下发生变形，也能在该特定温度下恢复之前的形状，因此形象地认为它具有记忆能力。进一步利用形状记忆合金的变形大、变形迅速及变形方向自由度大的特点，开发出形状记忆合金驱动器，该驱动形式称为形状记忆合金驱动。形状记忆合金驱动器具有位移较大、功率-重量比高、变位迅速、方向自由的特点。

（3）超声电动机驱动　超声电动机（Ultrasonic Motor，USM）技术是多学科交叉融合的新技术，与传统电动机的原理完全不同，它并不是通过电磁的相互作用来获得力和力矩，而是利用压电陶瓷的逆压电效应和超声振动来获得力和力矩。因此，超声电动机中不采用铜线圈，取而代之是压电陶瓷材料。超声电动机驱动器主要由压电陶瓷、摩擦层、转子、簧片、定子等组成，如图 2-26 所示。

超声电动机能实现低速高转矩驱动，不需要额外的齿轮等减速装置，整体尺寸小，重量轻，没有励磁绕组，靠逆压电效应、摩擦耦合及超声振动运转，运行安静，定位精度也较高。此外超声电动机可耐低温、真空，特别适合应用于太空环境，因此在航天器上经常使用。

（4）介电弹性体驱动　介电弹性体是由聚氨酯、丙烯酸酯类、硅树脂橡胶等与其表面柔顺电极构成的薄膜状高分子聚合物，是一种智能软材料。介电弹性体驱动常见类型及原理如图 2-27 所示。介电弹性体驱动常用于仿生机器人的驱动器，具有重量轻、响应速度快、变形大等特点。由于其能量密度与动物肌肉接近，被广泛应用于仿生软体机器人，如仿生蚯蚓、仿生狮子鱼机器人等。

（5）流体弹性体驱动　流体弹性体驱动器是一种新型的具有高度可变性和强适应性的仿生驱动器。它由弹性体层和柔软但不可伸展的分隔布料组成，当通过加压流体时，空腔膨胀实现弯曲运动。图 2-28 为哈佛大学研制的新型流体弹性体驱动器 Pneu-Net，它包括弹性扩展层和应变限制层，当加压流体通过时，空腔会沿着虚线所示方向膨胀利用限制层的作用实现弯曲。

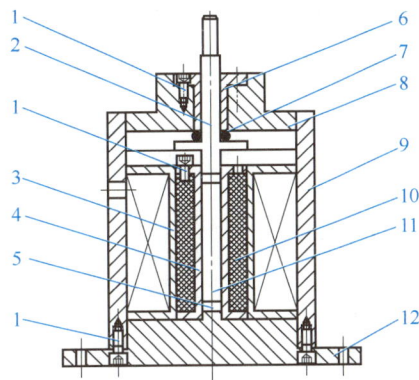

图 2-25　磁致伸缩驱动器
1—内六角螺钉　2—顶杆　3—导线绕桶　4—套筒　5—永磁体　6—直线轴承　7—碟簧　8—端盖　9—外壳　10—相变材料　11—超磁致伸缩棒　12—底座

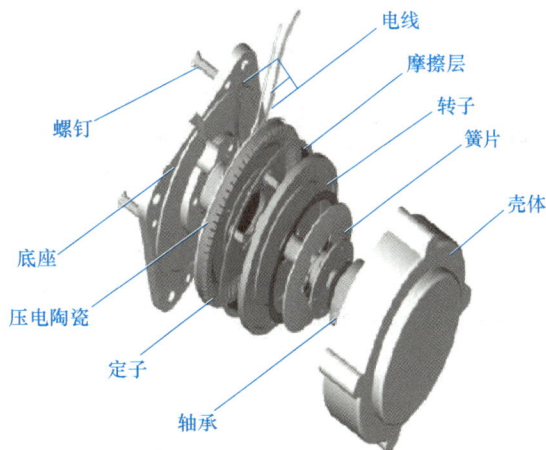

图 2-26　超声电动机驱动器结构示意图

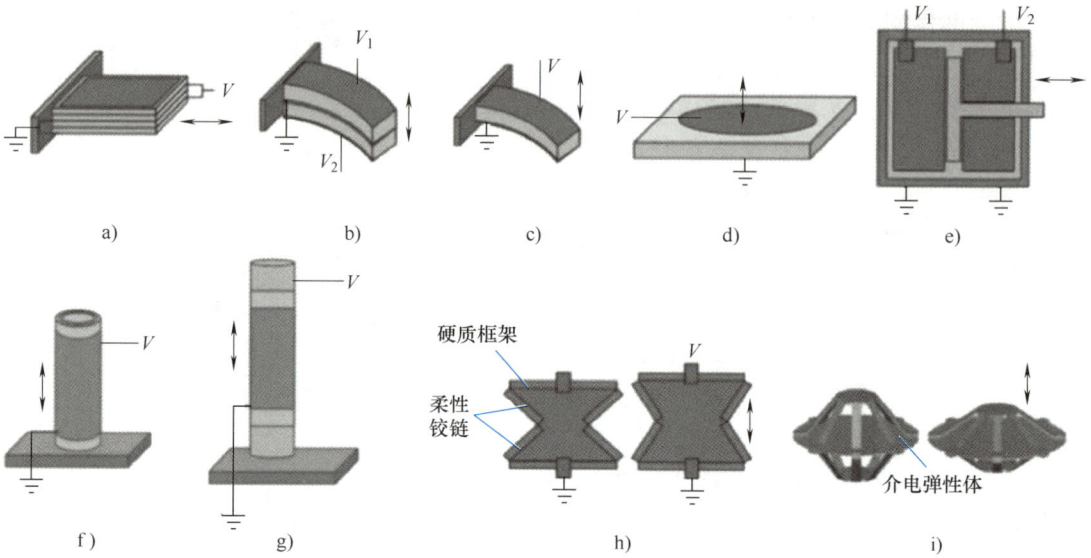

图 2-27　介电弹性体驱动常见类型及原理示意图

a）伸长式驱动器　b）双介电驱动器　c）单介电驱动器　d）隔膜驱动器　e）单轴推拉式驱动器
f）卷轴驱动器　g）管状驱动器　h）蜘蛛型驱动器　i）蝴蝶型驱动器

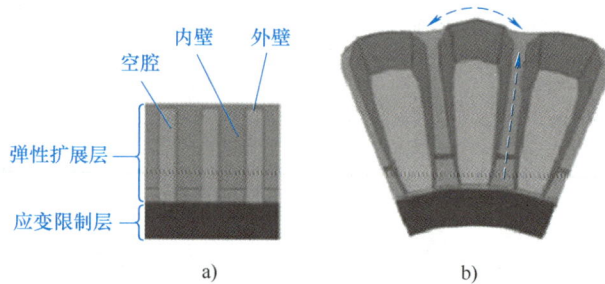

图 2-28　新型流体弹性体驱动器 Pneu-Net 示意图

a）加压前　b）加压后

2.4.2　机器人传动形式

2.4.2
机器人传动形式

1. 直线传动

直线传动方式有很多，可以由气缸或液压缸等直驱元件传动，也可以由齿轮齿条、丝杠螺母等旋转运动间接转换而来，如图 2-29 所示。

（1）齿轮齿条传动　齿轮齿条传动（图 2-29a）由齿轮的旋转运动转换成齿条的直线运动，不过该装置存在反向间隙较大的问题。

（2）丝杠传动　丝杠传动（图 2-29b）是通过丝杠与丝杠螺母的螺旋运动将丝杠的旋转运动转换成螺母的直线运动。相对于普通丝杠传动，滚珠丝杠摩擦力较小且具有较小的反向间隙，在机器人机械系统中经常使用。

（3）气（液压）缸传动 气（液压）缸（图 2-29c、d）传动是常见的直线传动方式，是利用压缩气体（液压泵）输出的压力转化成执行元件的直线往复运动进行传动的。

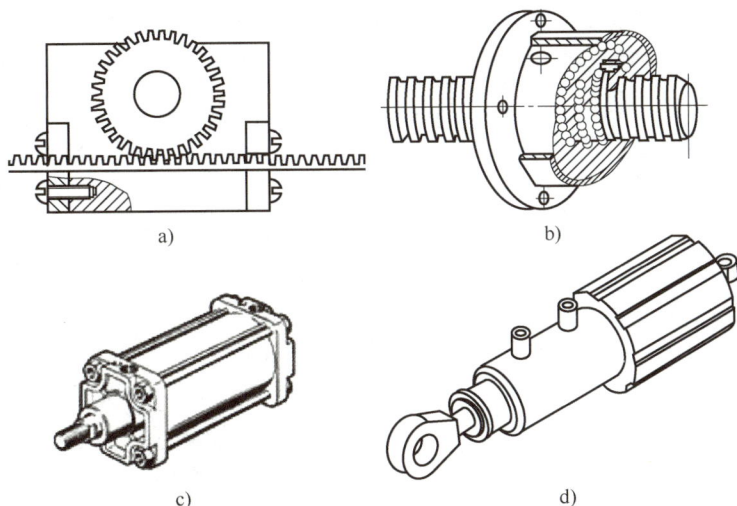

a)   b)

c)   d)

图 2-29 常见直线传动形式

2. 旋转传动

机器人所需的转矩一般都比普通电动机或伺服电动机的转矩高，而转速往往又不需要太高，因此需要减速机构将电动机较高的转速转换成较低的转速，并获得较大的转矩。常见的减速机构如齿轮副、同步带传动等均可实现运动的传递和转换，如图 2-30 所示。图 2-31 为实际工业机器人的内部同步带传动示意图。不过工业机器人所使用的驱动电动机转速往往很高，一般都会达到每分钟几千转，而实际的机械本体动作较慢，可能只需要每分钟几十到几百转的转速，需要大减速比的减速器。传统的齿轮副和同步带传动不适合大减速比的应用场合。另外由于工业机器人结构紧凑、重量轻、精度高，这对减速器提出了更高的要求。目前工业机器人使用的常见减速器有谐波齿轮减速器和 RV 减速器。

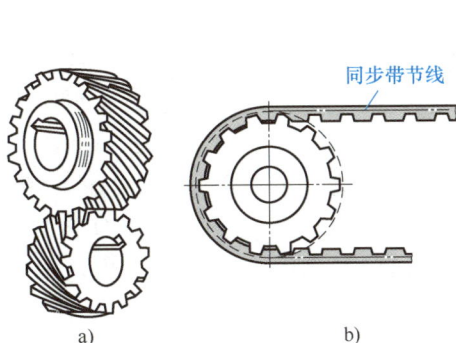

同步带节线

a)   b)

图 2-30 齿轮副与同步带传动

六轴同步带

五轴同步带

图 2-31 工业机器人同步带传动

（1）谐波齿轮减速器 谐波齿轮减速器由柔性轮、刚性轮及波发生器组成，其中，刚性轮固定，波发生器使柔性轮发生径向变形。谐波齿轮减速器不同于传统传动形式，广泛应用于需要结构紧凑且需要大传动比的场合。它的基本原理是由柔性轮产生的弹性变形引起刚性轮和柔性轮相对错齿，进而产生运动，它的传动方式与传统齿轮传动有着本质的区别。由于传动形式的不同和采用高强度的齿轮材料，谐波齿轮减速器具有结构紧凑、精度高、传动比大且承载能力大等优点，其体积和重量不到普通齿轮减速器的 1/3。

　　柔性轮与波发生器装配后柔性轮会被撑成椭圆形，那么柔性轮与固定的刚性轮在椭圆长轴一侧完全啮合，而在椭圆短轴一侧则完全分开。在运动时，由于刚性轮固定，波发生器与柔性轮产生相反的转动，因此当波发生器连续回转时，与刚性轮啮合的柔性轮在椭圆长轴和短轴方向的啮合轮齿不断发生变化，即柔性轮的轮齿不断由啮入转向啮出，或者由啮出转向啮入，如此往复，形成柔性轮的连续运转，如图 2-32 所示。将柔性轮的变形在其圆周上展开，可获得连续的谐波波形，因此将这种传动方式称为谐波齿轮传动。

　　谐波齿轮减速比定义为波发生器的转动圈数与柔性轮转动圈数之比。柔性轮相对刚性轮转动一圈，而波发生器已经旋转多圈，所以其减速比非常大。

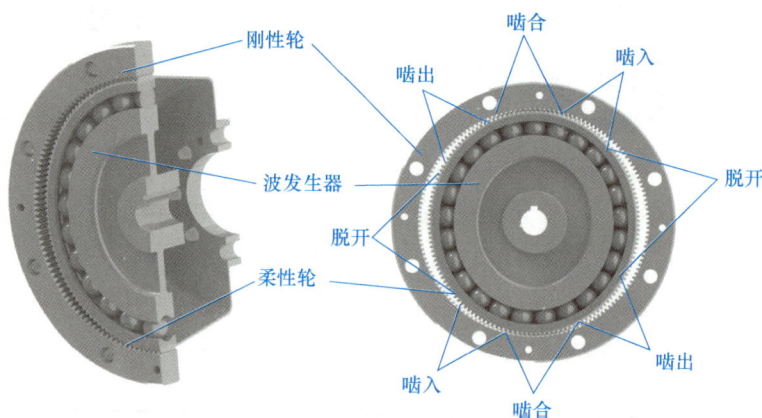

图 2-32　谐波齿轮减速器

谐波齿轮减速器具有以下优点。

　　1）传动比大。相对于传统的减速器，单级谐波齿轮减速器的传动比可达 70～320，一些特殊的谐波齿轮减速器传动比甚至能达到 1000，若采用多级传动，那传动比可以更大。谐波齿轮减速器常用于减速，但也可用于增速。

　　2）承载能力大。谐波齿轮减速器在传动时参与啮合的齿数占 30% 以上，啮合轮齿之间的接触形式为面接触，同时柔性轮一般采用高强度的材料制成，因此谐波齿轮减速器的承载能力很大。

　　3）传动精度高。相对于普通圆柱齿轮传动的单齿啮合，谐波齿轮传动具有多齿啮合的特点，因此多齿啮合可补偿齿间误差并将误差均化，传动误差仅为普通圆柱齿轮的 25%。此外通过改变波发生器的半径尺寸，可达到小侧隙甚至无侧隙啮合，使谐波齿轮减速器的反向间隙非常小，有利于反向传动。

　　4）传动效率高，运行稳定。得益于谐波齿轮减速器的多齿啮合，其径向移动均匀，啮合轮齿间相互的滑移速度很小，因此轮齿磨损小，传动效率高。另外谐波齿轮减速器工作时，啮合轮齿两侧都受力，因此运行无冲击。

　　5）部件少，安装方便。谐波齿轮减速器主要由 3 个基本部件组成，所以结构简单，安装方便。

6）体积小，重量轻。在输出相同力矩的条件下，谐波齿轮减速器比普通减速器的体积小 2/3，重量轻 1/2。

谐波齿轮减速器的缺点是存在回差，即空载和负载条件下的转角不同，如果输出轴刚度不够，卸载后会有一定程度的回弹，因此谐波齿轮减速器一般安装于末端执行器附近，即手腕或小臂的位置，如图 2-33 所示。

（2）RV 减速器　RV 减速器是一种广泛应用于工业机器人的减速器，如图 2-34 所示，它主要由 RV 减速器齿轮、针齿、曲柄轴、外壳、行星支架和输入齿轮组成。减速比由第 1 减速部分和第 2 减速部分组成，第 2 减速部分由输入齿轮和直齿轮的减速比构成，而第 1 减速部分则由 RV 减速器齿轮与针齿的减速比构成，总减速比为这

图 2-33　谐波齿轮减速器的安装位置

两部分减速比的乘积。RV 减速器齿轮的齿数比针齿槽少一个，当曲柄轴旋转一次时，RV 减速器齿轮与针齿槽做一次偏心运动，导致 RV 减速器齿轮沿着曲柄轴反向旋转一个齿轮距离，形成减速比。RV 减速器是由传统针摆行星传动发展起来的，具有精度高、传动比大、传动平稳、结构紧凑等优点。与谐波齿轮减速器相比，RV 减速器的精度不会随着使用时间的增加而显著下降，较为稳定可靠，因此高精度的工业机器人广泛使用 RV 减速器作为主要的传动方式。

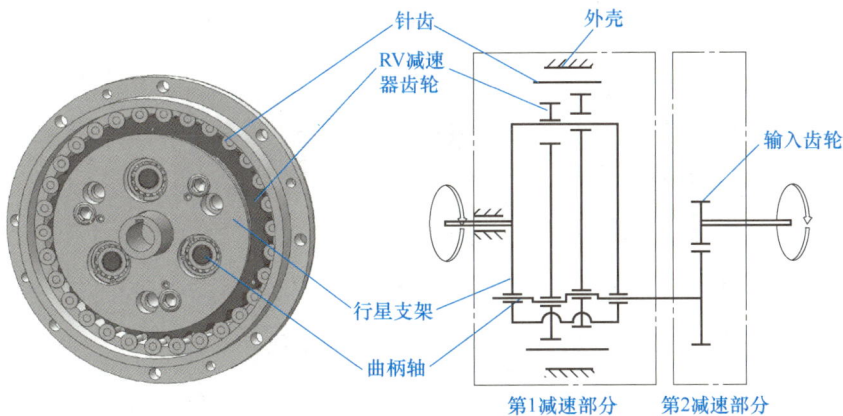

图 2-34　RV 减速器

RV 减速器一般安装在机器人的底座、大臂等重负载位置，如图 2-35 所示。

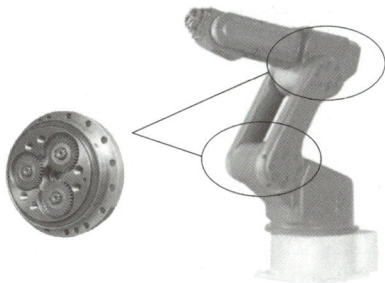

图 2-35　RV 减速器安装位置

2.5 机器人精度校准

　　工业机器人由于每天都执行预先设置的例行程序，随着时间的推移，机器人往往会偏离预定的路径。为确保机器人运动的精准性，需要进行精度校准，以提高生产线上的可靠性。利用激光跟踪仪实现工业机器人的精度校准是较为成熟和常用的技术。Leica 公司是激光跟踪仪技术的开创者，它通过最新的 AT960 激光跟踪仪及 Robodyn 软件，可校准串联机器人的主要参数，包括各轴零点、减速比，臂长及耦合比等。校准的各个实测参数可以写进工业机器人的控制器，用以提高工业机器人的各项精度指标。Robodyn 软件也可根据 GB/T 12642—2013 进行工业机器人各项性能指标的测试。

　　一次测量即可将串联机器人的杆长、各轴零点、减速比、耦合比等参数校准出来。在机器人控制器输入实测的各参数之后，机器人的绝对精度及各项精度测试指标可以得到显著提高；同时，Robodyn 软件还有专门的机器人性能测试模块，能够针对 GB/T 12642—2013 的要求，测试机器人的各项性能指标，包括位姿准确性与重复性、直线轨迹准确性和重复性、直线轨迹速度特性、多方向姿态准确性变动、位置稳定时间、超调量和拐角偏差。Leica 公司的激光跟踪仪特有的 Tmac 机器人专用测试工具，可以动态测量机器人到位姿态准确性及动态姿态，如图 2-36 所示。

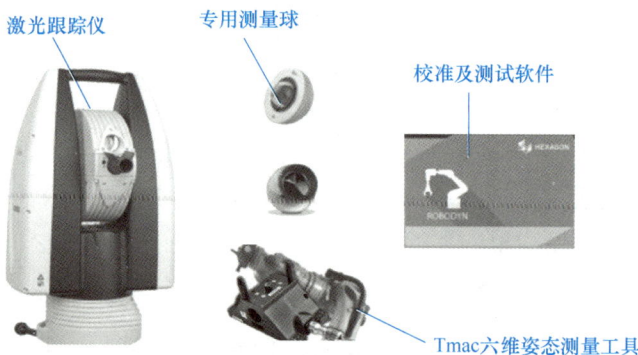

激光跟踪仪　　专用测量球　　校准及测试软件　　Tmac六维姿态测量工具

图 2-36　机器人精度校准工具

　　以 IRB4600 工业机器人为例，机器人精度校准检测流程如下。

　　1）在软件中输入机器人理论 D-H 模型参数，添加仪器。根据工业机器人 IRB4600 出厂参数资料，获得其初始 D-H 模型，其 D-H 模型参数见表 2-1。

表 2-1　IRB4600 D-H 模型参数

$\alpha/(°)$	a/mm	d/mm	$\theta/(°)$
0	0	495	0
−90	175	0	−90
0	900	0	0
−90	175	960	0
90	0	0	0
−90	0	135	180

说明：本节列写 D-H 模型参数仅为了说明机器人精度校准流程，其具体含义及计算方法将在 3.2 节进行讲解。

2）安装机器人末端测量工具（Tmac 或测量球），添加校准空间，软件自动生成校准点位，如图 2-37 所示。

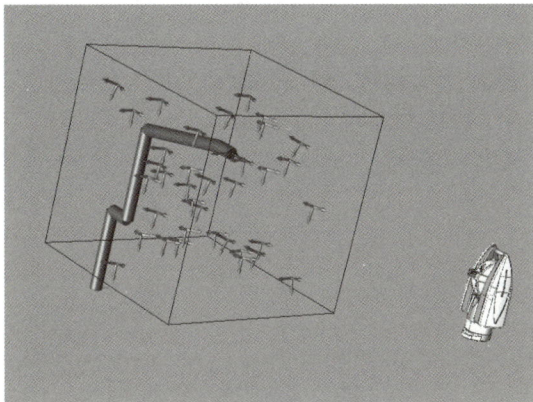

图 2-37　机器人校准空间

3）定义机器人校准空间点的关节坐标。

4）编写机器人程序，连接激光跟踪仪，测量实际空间点位。

5）测量完成，计算减速比和 D-H 参数。

运行校准程序，软件会根据机器人及设定的校准空间，生成一系列的姿态点位（以角度方式给出），这些点位能保证机器人各个旋转轴都在其运动范围内充分旋转，并且每个点位 Tmac 校准工具都能被激光跟踪仪测量到，通过点位之间理论值与实际值的差异，可以得到机器人的精度状态，并校准出机器人的 D-H 参数、零位、减速比及耦合比等误差值。IRB4600 机器人的 D-H 参数等校准数据见表 2-2。

表 2-2　IRB4600 机器人的 D-H 参数等校准数据

$\alpha/(°)$	a/mm	d/mm	$\theta/(°)$	减速比调整比例
0	0	495	−0.0052	1.0001
−89.9596	171.2928	0.0271	−89.9105	1.0001
0.0301	901.5601	0.0271	0.0137	1.0008
−89.9793	174.8877	961.6953	−0.0443	1.0001
89.9713	−0.4204	0.2526	−0.0355	1.0003
−89.9401	0.0407	135.1663	180.011	0.9998

经过数据处理，IRB4600 机器人系统整体空间准确度误差均值为 0.4261mm。

习题

1. 工业机器人机械系统主要由_____、臂部、_____、_____及传动机构组成。

2. 腕部一般具有 3 个自由度，分别是回转、_____和_____。

3. 工业机器人末端执行器可分为钳爪式末端执行器、_____、专业操作器、_____和柔顺末端执行器。

4. 新型驱动方式有_____、形状记忆合金驱动、_____、介电弹性体驱动和_____。

5. 工业机器人的旋转传动主要采用的减速器有_____和_____。

6. 简述机器人末端执行器的特点。

7. 简述工业机器人精度校准流程。

第3章

工业机器人运动理论

D-H模型

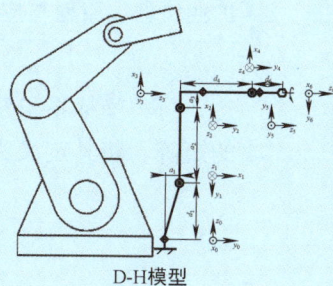

工业机器人一般由若干关节和连杆组成，想要探究关节角度与末端执行器的位置关系，或者是关节力矩与末端执行器的速度、加速度及力之间的关系，必然会涉及工业机器人的运动理论。本章首先介绍工业机器人运动理论基础，包含机器人位姿描述、齐次坐标变换矩阵和 RPY 角与欧拉角。其次对机器人运动学进行分析，讲解 D-H 参数法及连杆坐标系的变换，并提供机器人运动学方程实例和机器人逆运动学方程实例。最后分析机器人动力学，介绍速度雅可比矩阵和力雅可比矩阵，并提供机器人动力学方程实例。本章需要一定的数学基础，学习和应用时，可以通过相关计算软件来完成高效且准确的运算。

3.1 理论基础

3.1.1 机器人位姿描述

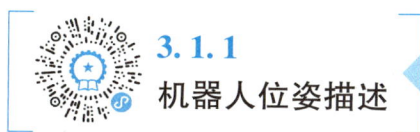

3.1.1
机器人位姿描述

本章所指的工业机器人都是开环结构，由各个关节和连杆组成，实现末端执行器的各种动作，涉及位置、速度、加速度及力等物理量。描述关节、连杆、末端执行器之间的位置、速度等物理量之间的关系，是揭示末端执行器动作规律的关键。最为常见的运动和动力分析方法是在各个关节处建立坐标系，获取各个坐标系之间的相互关系，即机器人的位姿描述。

位姿描述首先解决点的位置描述问题，空间点可以在建立的直角坐标系中用一个 3×1 的位置矢量来表示，如图 3-1 所示，即可以使用位置矢量 $\boldsymbol{p}$ 来表示空间任一点的位置。

$$\boldsymbol{p} = \begin{bmatrix} p_x \\ p_y \\ p_z \end{bmatrix} \tag{3-1}$$

式中，p_x、p_y、p_z 是该位置矢量在坐标系中的三个位置分量。

对空间中的物体，除了要表示其位置信息外，还需要表示其姿态信息。描述物体的空间姿态一般是先在物体上建立坐标系，进一步提出该坐标系相对于参考坐标系的表达方法。类似点的位置用位置矢量来描述，姿态可以用固定于物体上的坐标系与参考坐标系的 3 个单位矢量来描述。如图 3-2 所示，在物体上建立坐标系 $\{B\}$，当用参考坐标系 $\{A\}$ 的坐标来表达，可将坐标系 $\{B\}$ 中的单位矢量表达为 $^A\boldsymbol{n}$、$^A\boldsymbol{o}$、$^A\boldsymbol{a}$。则这 3 个单位矢量可形成一个 3×3 的矩阵，将其定义为旋转矩阵，用符号 $^A_B\boldsymbol{R}$ 来表示，即

$$^A_B\boldsymbol{R} = [\,^A\boldsymbol{n} \quad ^A\boldsymbol{o} \quad ^A\boldsymbol{a}\,] = \begin{bmatrix} n_x & o_x & a_x \\ n_y & o_y & a_y \\ n_z & o_z & a_z \end{bmatrix} \tag{3-2}$$

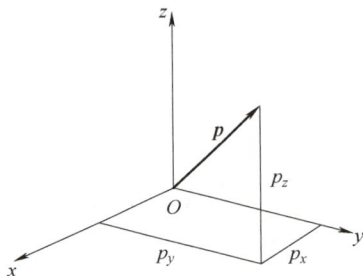

图 3-1　点的位置描述

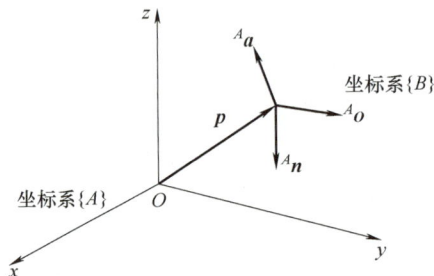

图 3-2　物体姿态描述

上述旋转矩阵用于描述物体在空间中的姿态，利用该矩阵可分别推导绕 x 轴、y 轴和 z 轴的旋转变换矩阵，按照右手法则确定旋转方向，例如，当分别绕着三轴旋转 θ 角，可得到的旋转矩阵为

$$\boldsymbol{R}(x,\theta) = \begin{bmatrix} 1 & 0 & 0 \\ 0 & \cos\theta & -\sin\theta \\ 0 & \sin\theta & \cos\theta \end{bmatrix} \tag{3-3}$$

$$\boldsymbol{R}(y,\theta) = \begin{bmatrix} \cos\theta & 0 & \sin\theta \\ 0 & 1 & 0 \\ -\sin\theta & 0 & \cos\theta \end{bmatrix} \tag{3-4}$$

$$\boldsymbol{R}(z,\theta) = \begin{bmatrix} \cos\theta & -\sin\theta & 0 \\ \sin\theta & \cos\theta & 0 \\ 0 & 0 & 1 \end{bmatrix} \tag{3-5}$$

物体的位姿描述通过上述位置矢量和旋转矩阵来表达，将物体的坐标系 $\{B\}$ 的原点置于物体的明显特征点上或质心上，用位置矢量 $\boldsymbol{p}$ 来描述物体坐标系 $\{B\}$ 的原点在参考坐标系 $\{A\}$ 中的位置，用旋转矩阵 $^A_B\boldsymbol{R}$ 来描述物体坐标系 $\{B\}$ 在参考坐标系 $\{A\}$ 中的姿态。故物体的位姿可用包含位置和姿态的矩阵表达出来，即

$$^A_B\boldsymbol{T} = ^A_B\boldsymbol{R} + \boldsymbol{p} \tag{3-6}$$

矩阵 $^A_B\boldsymbol{T}$ 为物体的坐标系 $\{B\}$ 相对于参考坐标系 $\{A\}$ 的位姿变换矩阵，机器人的关节及连杆之间的关系可通过位姿变换矩阵的叠加来表达。

3.1.2　齐次坐标变换矩阵

齐次坐标是将 n 维空间的位姿用 $n+1$ 维坐标表示，那么该 $n+1$ 维坐标称为 n 维空间的齐次坐标。齐次坐标的应用有利于矩阵变换运算，也就是使坐标变换得以用矩阵相乘方式运算，而避免矩阵复合运算。

为了使位姿变换矩阵运算方便，根据齐次坐标矩阵变换规则将式（3-6）转化为

$$ {}_B^A\boldsymbol{T}' = \begin{bmatrix} {}_B^A\boldsymbol{R} & \boldsymbol{p} \\ \boldsymbol{0} & 1 \end{bmatrix} \tag{3-7} $$

${}_B^A\boldsymbol{T}'$ 称为齐次坐标变换矩阵，该矩阵与式（3-6）的位姿变换矩阵等价描述物体位置之间的平移和角度旋转关系。

当物体的坐标系相对参考坐标系只发生位置平移时，平移矢量为 $\begin{bmatrix} d_x & d_y & d_z \end{bmatrix}^{\mathrm{T}}$，则经过坐标平移变换后的齐次坐标变换矩阵为

$$ \boldsymbol{T} = \begin{bmatrix} 1 & 0 & 0 & d_x \\ 0 & 1 & 0 & d_y \\ 0 & 0 & 1 & d_z \\ 0 & 0 & 0 & 1 \end{bmatrix} \tag{3-8} $$

当物体的坐标系相对于参考坐标系只发生旋转时，若绕着 x 轴旋转 θ 角，可得旋转的齐次坐标变换矩阵为

$$ \boldsymbol{T} = \begin{bmatrix} 1 & 0 & 0 & 0 \\ 0 & \cos\theta & -\sin\theta & 0 \\ 0 & \sin\theta & \cos\theta & 0 \\ 0 & 0 & 0 & 1 \end{bmatrix} \tag{3-9} $$

同理可得绕着 y 轴旋转 θ 角的齐次坐标变换矩阵为

$$ \boldsymbol{T} = \begin{bmatrix} \cos\theta & 0 & \sin\theta & 0 \\ 0 & 1 & 0 & 0 \\ -\sin\theta & 0 & \cos\theta & 0 \\ 0 & 0 & 0 & 1 \end{bmatrix} \tag{3-10} $$

同理可得绕着 z 轴旋转 θ 角的齐次坐标变换矩阵为

$$ \boldsymbol{T} = \begin{bmatrix} \cos\theta & -\sin\theta & 0 & 0 \\ \sin\theta & \cos\theta & 0 & 0 \\ 0 & 0 & 1 & 0 \\ 0 & 0 & 0 & 1 \end{bmatrix} \tag{3-11} $$

当物体的坐标系相对于参考坐标系既发生平移又发生旋转，即先以平移矢量 $\begin{bmatrix} d_x & d_y & d_z \end{bmatrix}^{\mathrm{T}}$ 进行平移，再绕着 x 轴旋转 θ 角时，则将相应的变换矩阵按照变换次序分别左乘，最后得到的齐次坐标变换矩阵为

$$ \boldsymbol{T} = \begin{bmatrix} 1 & 0 & 0 & d_x \\ 0 & \cos\theta & -\sin\theta & d_y \\ 0 & \sin\theta & \cos\theta & d_z \\ 0 & 0 & 0 & 1 \end{bmatrix} \tag{3-12} $$

例 3-1　如图 3-3 所示，若初始时，坐标系 $\{B\}$ 与参考坐标系 $\{A\}$ 的原点重合，然后坐标系 $\{B\}$ 相对参考坐标系 $\{A\}$ 平移，平移矢量为 $\begin{bmatrix} 2 & 4 & 6 \end{bmatrix}^{\mathrm{T}}$，接着坐标系 $\{B\}$ 绕着坐标系 $\{A\}$ 的 y 轴旋转 $90°$，绕着坐标系 $\{A\}$ 的 z 轴旋转 $90°$，试求坐标系 $\{B\}$ 相

对坐标系 $\{A\}$ 的齐次变换矩阵。

解：坐标系 $\{B\}$ 平移后位于参考坐标系 $\{A\}$ 中的 $(2，4，6)$ 位置，其齐次变换矩阵为

$$T_1 = \begin{bmatrix} 1 & 0 & 0 & 2 \\ 0 & 1 & 0 & 4 \\ 0 & 0 & 1 & 6 \\ 0 & 0 & 0 & 1 \end{bmatrix}$$

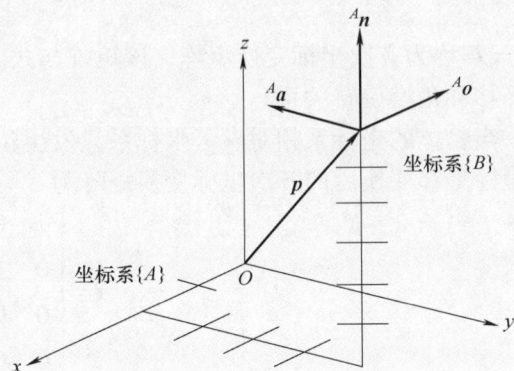

图 3-3　坐标系示意图

绕 y 轴旋转 $90°$ 的齐次变换矩阵为

$$T_2 = \begin{bmatrix} 0 & 0 & 1 & 0 \\ 0 & 1 & 0 & 0 \\ -1 & 0 & 0 & 0 \\ 0 & 0 & 0 & 1 \end{bmatrix}$$

绕 z 轴旋转 $90°$ 的齐次变换矩阵为

$$T_3 = \begin{bmatrix} 0 & -1 & 0 & 0 \\ 1 & 0 & 0 & 0 \\ 0 & 0 & 1 & 0 \\ 0 & 0 & 0 & 1 \end{bmatrix}$$

综合上述矩阵，按顺序合成齐次变换矩阵为

$$T = T_3 T_2 T_1 = \begin{bmatrix} 0 & -1 & 0 & 0 \\ 1 & 0 & 0 & 0 \\ 0 & 0 & 1 & 0 \\ 0 & 0 & 0 & 1 \end{bmatrix} \times \begin{bmatrix} 0 & 0 & 1 & 0 \\ 0 & 1 & 0 & 0 \\ -1 & 0 & 0 & 0 \\ 0 & 0 & 0 & 1 \end{bmatrix} \times \begin{bmatrix} 1 & 0 & 0 & 2 \\ 0 & 1 & 0 & 4 \\ 0 & 0 & 1 & 6 \\ 0 & 0 & 0 & 1 \end{bmatrix} = \begin{bmatrix} 0 & -1 & 0 & -4 \\ 0 & 0 & 1 & 6 \\ -1 & 0 & 0 & -2 \\ 0 & 0 & 0 & 1 \end{bmatrix}$$

若坐标系 $\{B\}$ 先绕着坐标系 $\{A\}$ 的 y 轴旋转 $90°$，再绕着坐标系 $\{A\}$ 的 z 轴旋转 $90°$，最后再相对参考坐标系 $\{A\}$ 以矢量 $\begin{bmatrix} 2 & 4 & 6 \end{bmatrix}^{\mathrm{T}}$ 平移，则其合成的齐次变换矩阵为

$$T' = T_1 T_3 T_2 = \begin{bmatrix} 1 & 0 & 0 & 2 \\ 0 & 1 & 0 & 4 \\ 0 & 0 & 1 & 6 \\ 0 & 0 & 0 & 1 \end{bmatrix} \times \begin{bmatrix} 0 & -1 & 0 & 0 \\ 1 & 0 & 0 & 0 \\ 0 & 0 & 1 & 0 \\ 0 & 0 & 0 & 1 \end{bmatrix} \times \begin{bmatrix} 0 & 0 & 1 & 0 \\ 0 & 1 & 0 & 0 \\ -1 & 0 & 0 & 0 \\ 0 & 0 & 0 & 1 \end{bmatrix} = \begin{bmatrix} 0 & -1 & 0 & 2 \\ 0 & 0 & 1 & 4 \\ -1 & 0 & 0 & 6 \\ 0 & 0 & 0 & 1 \end{bmatrix}$$

两种变换得到的结果不同，可见变换次序将影响最终的变换矩阵，矩阵乘法不满足交换定律。

3.1.3　RPY 角与欧拉角

利用上述位姿变换矩阵可实现不同坐标系之间的变换，但有可能只是达到目标位置，其姿态并不是所期望的，需要进一步旋转坐标系以达到最终期望的位姿。通常采用 RPY 角和欧拉角来表示机器人末端执行器的方位。

RPY 角是借鉴船舶航行和飞机飞行姿态描述的方法，如图 3-4 所示，将机器人末端执行器的前进方向设为 z 轴，则绕着 z 轴旋转的方向称为回转（Roll），将末端执行器的横向设为 y 轴，则绕着 y 轴旋转的方向称为俯仰（Pitch），剩下一轴定义为 x 轴，绕着 x 轴旋转的方向称为偏转（Yaw）。用 RPY 角调整运动姿态是假定末端执行器坐标初始方位与参考坐标系重合，然后将末端执行器坐标系绕着参考坐标系各轴旋转需要的角度。如图 3-5 所示，坐标系先绕着 x 轴旋转 γ 角，再绕着 y 轴旋转 β 角，最后绕着 z 轴旋转 α 角，得到 RPY 姿态变换矩阵如下

$$\mathbf{RPY}(\gamma,\beta,\alpha)=\begin{bmatrix} \cos\alpha & -\sin\alpha & 0 & 0 \\ \sin\alpha & \cos\alpha & 0 & 0 \\ 0 & 0 & 1 & 0 \\ 0 & 0 & 0 & 1 \end{bmatrix} \times \begin{bmatrix} \cos\beta & 0 & \sin\beta & 0 \\ 0 & 1 & 0 & 0 \\ -\sin\beta & 0 & \cos\beta & 0 \\ 0 & 0 & 0 & 1 \end{bmatrix} \times \begin{bmatrix} 1 & 0 & 0 & 0 \\ 0 & \cos\gamma & -\sin\gamma & 0 \\ 0 & \sin\gamma & \cos\gamma & 0 \\ 0 & 0 & 0 & 1 \end{bmatrix}$$

(3-13)

最后得到 RPY 姿态变换矩阵为

$$\mathbf{RPY}(\gamma,\beta,\alpha)=\begin{bmatrix} \cos\alpha\cos\beta & -\sin\alpha\cos\gamma+\cos\alpha\sin\beta\sin\gamma & \sin\alpha\sin\gamma+\cos\alpha\sin\beta\cos\gamma & 0 \\ \sin\alpha\cos\beta & \cos\alpha\cos\gamma+\sin\alpha\sin\beta\sin\gamma & -\cos\alpha\sin\gamma+\sin\alpha\sin\beta\cos\gamma & 0 \\ -\sin\beta & \cos\beta\sin\gamma & \cos\beta\cos\gamma & 0 \\ 0 & 0 & 0 & 1 \end{bmatrix}$$

(3-14)

式（3-14）矩阵表示由 RPY 角引起的姿态变换矩阵。

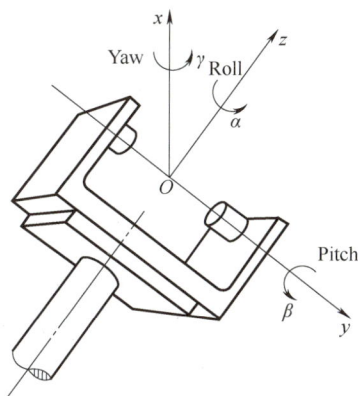

图 3-4　RPY 角示意图　　　　图 3-5　RPY 姿态变换

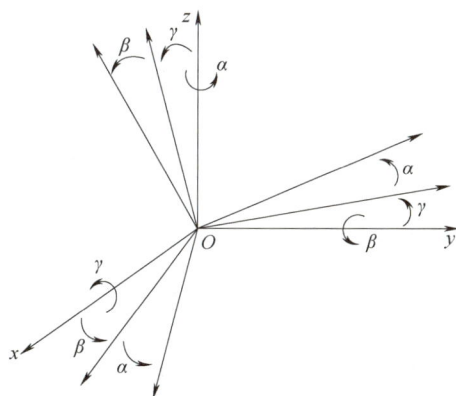

欧拉角与 RPY 角略有区别，欧拉角的旋转是基于当前动坐标系而不是参考坐标系，即动坐标系初始方位与参考坐标系相同，通过绕着动坐标系的 3 轴分别旋转需要的角度。如图 3-6 所示，首先绕着动坐标系 x 轴旋转 γ 角，再绕着动坐标系 y 轴旋转 β 角，最后绕着动坐标系 z 轴旋转 α 角，最后得到欧拉角姿态变化矩阵为

$$\mathbf{Euler}(\gamma,\beta,\alpha)=\begin{bmatrix} \cos\alpha\sin\beta & -\sin\alpha\cos\beta & \sin\beta & 0 \\ \cos\alpha\sin\beta\sin\gamma+\sin\alpha\cos\gamma & -\sin\gamma\sin\beta\sin\alpha+\cos\alpha\cos\gamma & -\cos\beta\sin\gamma & 0 \\ -\cos\alpha\sin\beta\cos\gamma+\sin\alpha\sin\gamma & \sin\alpha\sin\beta\cos\gamma+\cos\alpha\sin\gamma & \cos\beta\cos\gamma & 0 \\ 0 & 0 & 0 & 1 \end{bmatrix}$$

(3-15)

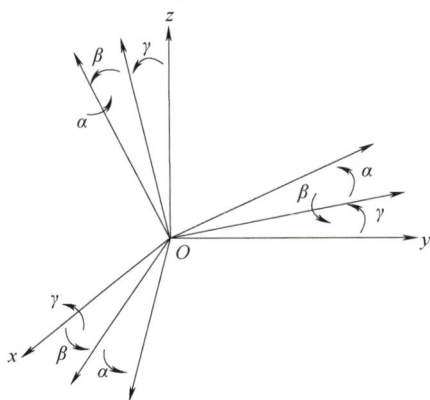

图 3-6 欧拉角坐标变换

3.2 机器人运动学分析

3.2
机器人运动学分析

机器人本质上可看成多关节及连杆组成的机构，对其进行运动学分析需要建立机器人运动学方程。一般在机器人各个关节处建立坐标系，通过齐次变换矩阵描述坐标系之间的位姿关系。为此需要制定各个关节处坐标系的方向、相邻坐标系之间的相对平移和旋转等规则，最常见的用于机器人的连杆位置关系的描述方法是 D-H 参数法。

3.2.1 D-H 参数法

D-H 参数法是由 Denavit 和 Hartenberg 提出的一种在关节链中的杆件上建立坐标系的矩阵方法。如图 3-7 所示，以三个关节和两个连杆的结构为例，第一个关节定义为关节 n，第二个关节为 $n+1$，第三个关节为 $n+2$。定义连杆 n 位于关节 n 和关节 $n+1$ 之间，连杆 $n+1$ 位于关节 $n+1$ 和关节 $n+2$ 之间。基于上述定义，使用 D-H 参数法为每个关节建立坐标系，建立连杆坐标系的规则如下。

1）z_n 轴沿着关节 $n+1$ 的轴线方向。

2）x_n 轴与 z_{n-1} 轴和 z_n 轴的公垂线重合，方向定义为从关节 n 指向关节 $n+1$。

3）y_n 轴满足于 x_n 轴、z_n 轴构成右手直角坐标系的条件。

定义了连杆坐标系，接着定义连杆参数，连杆参数包含连杆自身尺寸参数和相邻连杆间位姿参数。如图 3-7 所示，连杆长度 a 为两个关节之间的距离，即 a_n 等于 z_{n-1} 轴和 z_n 轴的公垂线长度。连杆扭角 α 为两个相邻 z 轴之间的角度，其中符合右手规则为正。连杆长度 a 和连杆扭角 α 是单根连杆尺寸参数。而相邻连杆间参数由连杆距离 d 和连杆转角 θ 来描述，其中连杆距离 d_{n+1} 是公垂线 a_{n+1} 和 a_n 之间的距离，连杆转角 θ_{n+1} 是两个公垂线 a_n 和 a_{n+1} 之间的夹角，符合右手规则为正。利用以上四个参数可描述连杆自身尺寸及两个连杆间的位置关系。

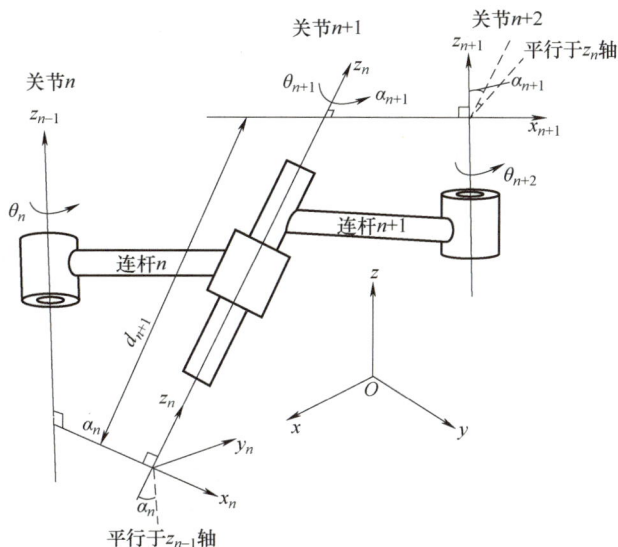

图 3-7　D-H 参数法的连杆参数示意图

3.2.2　连杆坐标系的变换

从一个连杆的坐标系 $\{O_n\}$ 变换到下一个连杆坐标系 $\{O_{n+1}\}$，其坐标变换可由连杆坐标系 $\{O_n\}$ 经过下述变换顺序达到。

1）连杆坐标系 $\{O_n\}$ 绕着 z_n 轴旋转 θ_{n+1} 角，使 x_n 轴与 x_{n+1} 轴同向，即该旋转矩阵为 $\mathrm{Rot}(z, \theta_{n+1})$。

2）连杆坐标系 $\{O_n\}$ 沿着 z_n 轴平移距离 d_{n+1}，使 x_n 轴与 x_{n+1} 轴在同一条直线上，即该平移矩阵为 $\mathrm{Trans}(0, 0, d_{n+1})$。

3）连杆坐标系 $\{O_n\}$ 沿着 x_n 轴平移距离 a_{n+1}，使坐标系 $\{O_n\}$ 的坐标系原点和坐标系 $\{O_{n+1}\}$ 的坐标原点重合，即该平移矩阵为 $\mathrm{Trans}(a_{n+1}, 0, 0)$。

4）将 z_n 轴绕 x_{n+1} 轴旋转 α_{n+1} 角，使 z_n 轴与 z_{n+1} 轴在同一直线上，至此完成坐标系 $\{O_n\}$ 到坐标系 $\{O_{n+1}\}$ 的坐标变换，即该旋转矩阵为 $\mathrm{Rot}(x, \alpha_{n+1})$。

经过上述变换则可得到连杆坐标系变换矩阵。根据矩阵运算原理，且上述变换均是基于当前坐标系的，故上述变换矩阵均应右乘，最终得到连杆坐标系的齐次变换矩阵为

$$_{n+1}^{n}\boldsymbol{T} = \mathrm{Rot}(z, \theta_{n+1})\,\mathrm{Trans}(0, 0, d_{n+1})\,\mathrm{Trans}(a_{n+1}, 0, 0)\,\mathrm{Rot}(x, \alpha_{n+1}) \tag{3-16}$$

即

$$_{n+1}^{n}\boldsymbol{T} = \begin{bmatrix} \cos\theta_{n+1} & -\sin\theta_{n+1} & 0 & 0 \\ \sin\theta_{n+1} & \cos\theta_{n+1} & 0 & 0 \\ 0 & 0 & 1 & 0 \\ 0 & 0 & 0 & 1 \end{bmatrix} \begin{bmatrix} 1 & 0 & 0 & 0 \\ 0 & 1 & 0 & 0 \\ 0 & 0 & 1 & d_{n+1} \\ 0 & 0 & 0 & 1 \end{bmatrix} \begin{bmatrix} 1 & 0 & 0 & a_{n+1} \\ 0 & 1 & 0 & 0 \\ 0 & 0 & 1 & 0 \\ 0 & 0 & 0 & 1 \end{bmatrix} \begin{bmatrix} 1 & 0 & 0 & 0 \\ 0 & \cos\alpha_{n+1} & -\sin\alpha_{n+1} & 0 \\ 0 & \sin\alpha_{n+1} & \cos\alpha_{n+1} & 0 \\ 0 & 0 & 0 & 1 \end{bmatrix}$$

$$= \begin{bmatrix} \cos\theta_{n+1} & -\sin\theta_{n+1}\cos\alpha_{n+1} & \sin\theta_{n+1}\sin\alpha_{n+1} & a_{n+1}\cos\theta_{n+1} \\ \sin\theta_{n+1} & \cos\theta_{n+1}\cos\alpha_{n+1} & -\cos\theta_{n+1}\sin\alpha_{n+1} & a_{n+1}\sin\theta_{n+1} \\ 0 & \sin\alpha_{n+1} & \cos\alpha_{n+1} & d_{n+1} \\ 0 & 0 & 0 & 1 \end{bmatrix} \tag{3-17}$$

综上，对于 n 自由度机器人而言，机器人末端执行器坐标系 $\{H\}$ 相对于基坐标系 $\{B\}$ 的变换矩阵可表示为

$$^B_H\boldsymbol{T}=^B_1\boldsymbol{T}\,^1_2\boldsymbol{T}\,^2_3\boldsymbol{T}\cdots^{n-1}_H\boldsymbol{T} \tag{3-18}$$

3.2.3 机器人运动学方程实例

工业机器人的正向运动学分析是指通过机器人的连杆尺寸参数和关节角矢量，计算末端执行器相对于基坐标系的位姿关系。正向运动学的求解主要在于运动学方程的建立，建立运动学方程的方法如下。

1）首先建立工业机器人各个连杆关节处的坐标系。

2）获得各个连杆的 D-H 参数。

3）确定相邻连杆间的齐次坐标变换矩阵。

4）将各个矩阵相乘，获得机器人末端执行器相对于基坐标系的总变换矩阵。

5）构建包含末端执行器的位姿矩阵和总变换矩阵的机器人运动学方程，并求解。

例 3-2　图 3-8 所示为三自由度平面关节机器人，假设该机器人连杆长度分别为 a_1、a_2、a_3，求该机器人的运动学方程。

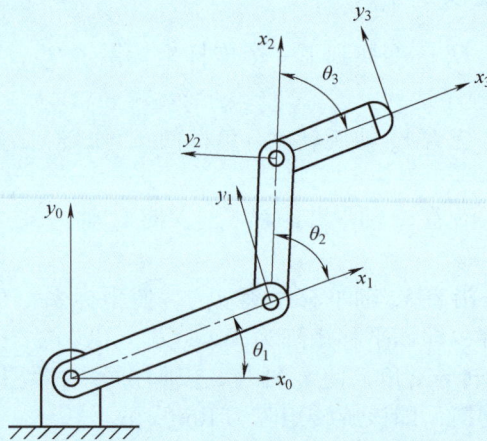

图 3-8　三自由度平面关节机器人

解：1）建立该机器人的 D-H 坐标系。按照 D-H 参数法建立各连杆坐标系。

2）确定该机器人的 D-H 参数。各连杆的 D-H 参数见表 3-1。

表 3-1　三自由度 D-H 参数

连杆 i	θ_i	d_i	a_i	α_i
1	θ_1	0	a_1	0
2	θ_2	0	a_2	0
3	θ_3	0	a_3	0

3）求相邻连杆间的齐次坐标变换矩阵 $^{i-1}_i\boldsymbol{T}$。

$$^0_1\boldsymbol{T} = \text{Rot}(z,\theta_1)\,\text{Trans}(a_1,0,0)$$

$$= \begin{bmatrix} \cos\theta_1 & -\sin\theta_1 & 0 & 0 \\ \sin\theta_1 & \cos\theta_1 & 0 & 0 \\ 0 & 0 & 1 & 0 \\ 0 & 0 & 0 & 1 \end{bmatrix} \begin{bmatrix} 1 & 0 & 0 & a_1 \\ 0 & 1 & 0 & 0 \\ 0 & 0 & 1 & 0 \\ 0 & 0 & 0 & 1 \end{bmatrix} = \begin{bmatrix} \cos\theta_1 & -\sin\theta_1 & 0 & a_1\cos\theta_1 \\ \sin\theta_1 & \cos\theta_1 & 0 & a_1\sin\theta_1 \\ 0 & 0 & 1 & 0 \\ 0 & 0 & 0 & 1 \end{bmatrix}$$

类似地，$\quad ^1_2\boldsymbol{T} = \text{Rot}(z,\theta_2)\,\text{Trans}(a_2,0,0) = \begin{bmatrix} \cos\theta_2 & -\sin\theta_2 & 0 & a_2\cos\theta_2 \\ \sin\theta_2 & \cos\theta_2 & 0 & a_2\sin\theta_2 \\ 0 & 0 & 1 & 0 \\ 0 & 0 & 0 & 1 \end{bmatrix}$

$$^2_3\boldsymbol{T} = \text{Rot}(z,\theta_3)\,\text{Trans}(a_3,0,0) = \begin{bmatrix} \cos\theta_3 & -\sin\theta_3 & 0 & a_3\cos\theta_3 \\ \sin\theta_3 & \cos\theta_3 & 0 & a_3\sin\theta_3 \\ 0 & 0 & 1 & 0 \\ 0 & 0 & 0 & 1 \end{bmatrix}$$

4）最后可得该机器人的运动学方程为

$$\boldsymbol{T} = {}^0_1\boldsymbol{T}\,{}^1_2\boldsymbol{T}\,{}^2_3\boldsymbol{T} = \begin{bmatrix} \cos\theta_{123} & -\sin\theta_{123} & 0 & a_1\cos\theta_1 + a_2\cos\theta_{12} + a_3\cos\theta_{123} \\ \sin\theta_{123} & \cos\theta_{123} & 0 & a_1\sin\theta_1 + a_2\sin\theta_{12} + a_3\sin\theta_{123} \\ 0 & 0 & 1 & 0 \\ 0 & 0 & 0 & 1 \end{bmatrix}$$

式中，$\cos\theta_{ij} = \cos(\theta_i+\theta_j)$；$\sin\theta_{ij} = \sin(\theta_i+\theta_j)$。文中后续出现如此表达方式不再解释。

例 3-3　ABB IRB 6700 型工业机器人属于六轴关节型机器人，具有 6 个自由度。其结构简图如图 3-9 所示，求该机器人的运动学方程。

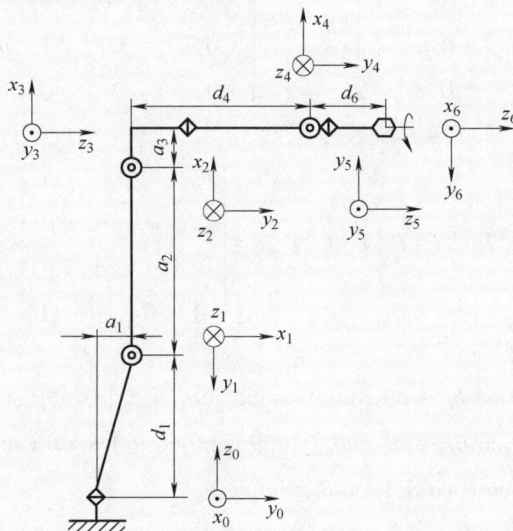

图 3-9　六轴关节型机器人 D-H 模型

解：1）建立 D-H 坐标系。根据 D-H 参数法建立机器人各个连杆的坐标系。

2）确定各个连杆的 D-H 参数，见表 3-2。

表 3-2   ABB IRB 6700 型工业机器人连杆 D-H 参数

连杆 i	θ_i	d_i	a_i	α_i
1	θ_1	d_1	a_1	$-90°$
2	θ_2	0	a_2	$0°$
3	θ_3	0	a_3	$-90°$
4	θ_4	d_4	0	$90°$
5	θ_5	0	0	$90°$
6	θ_6	d_6	0	$0°$

3）计算相邻连杆间的位姿变换矩阵。根据表 3-2 所示的 D-H 参数及连杆坐标系变换规则，计算相邻连杆间的齐次变换矩阵分别为

$$
{}^0_1T=\begin{bmatrix} \cos\theta_1 & 0 & -\sin\theta_1 & a_1\cos\theta_1 \\ \sin\theta_1 & 0 & \cos\theta_1 & a_1\sin\theta_1 \\ 0 & -1 & 0 & d_1 \\ 0 & 0 & 0 & 1 \end{bmatrix},\quad
{}^1_2T=\begin{bmatrix} \cos\theta_2 & -\sin\theta_2 & 0 & a_2\cos\theta_2 \\ \sin\theta_2 & \cos\theta_2 & 0 & a_2\sin\theta_2 \\ 0 & 0 & 1 & 0 \\ 0 & 0 & 0 & 1 \end{bmatrix},
$$

$$
{}^2_3T=\begin{bmatrix} \cos\theta_3 & 0 & -\sin\theta_3 & a_3\cos\theta_3 \\ \sin\theta_3 & 0 & \cos\theta_3 & a_3\sin\theta_3 \\ 0 & -1 & 0 & 0 \\ 0 & 0 & 0 & 1 \end{bmatrix},\quad
{}^3_4T=\begin{bmatrix} \cos\theta_4 & 0 & \sin\theta_4 & 0 \\ \sin\theta_4 & 0 & -\cos\theta_4 & 0 \\ 0 & 1 & 0 & d_4 \\ 0 & 0 & 0 & 1 \end{bmatrix},
$$

$$
{}^4_5T=\begin{bmatrix} \cos\theta_5 & 0 & -\sin\theta_5 & 0 \\ \sin\theta_5 & 0 & \cos\theta_5 & 0 \\ 0 & -1 & 0 & 0 \\ 0 & 0 & 0 & 1 \end{bmatrix},\quad
{}^5_6T=\begin{bmatrix} \cos\theta_6 & -\sin\theta_6 & 0 & 0 \\ \sin\theta_6 & \cos\theta_6 & 0 & 0 \\ 0 & 0 & 1 & d_6 \\ 0 & 0 & 0 & 1 \end{bmatrix}
$$

4）求机器人运动方程。列写矩阵等式为

$$
{}^0_6T={}^0_1T\,{}^1_2T\,{}^2_3T\,{}^3_4T\,{}^4_5T\,{}^5_6T=\begin{bmatrix} n_x & o_x & a_x & p_x \\ n_y & o_y & a_y & p_y \\ n_z & o_z & a_z & p_z \\ 0 & 0 & 0 & 1 \end{bmatrix} \tag{3-19}
$$

计算并对比可得

$n_x=\cos\theta_1\left[\cos\theta_{23}(\cos\theta_4\cos\theta_5\cos\theta_6-\sin\theta_4\sin\theta_6)-\sin\theta_{23}\sin\theta_5\cos\theta_6\right]+\sin\theta_1(\sin\theta_4\cos\theta_5\cos\theta_6+\cos\theta_4\sin\theta_6)$

$n_y=\sin\theta_1\left[\cos\theta_{23}(\cos\theta_4\cos\theta_5\cos\theta_6-\sin\theta_4\sin\theta_6)-\sin\theta_{23}\sin\theta_5\cos\theta_6\right]-\cos\theta_1(\sin\theta_4\cos\theta_5\cos\theta_6+\cos\theta_4\sin\theta_6)$

$n_z=\sin\theta_{23}(\sin\theta_4\sin\theta_6-\cos\theta_4\cos\theta_5\cos\theta_6)-\cos\theta_{23}\sin\theta_5\cos\theta_6$

$o_x=\sin\theta_1(\cos\theta_4\cos\theta_6-\sin\theta_4\cos\theta_5\sin\theta_6)-\cos\theta_1\left[\cos\theta_{23}(\cos\theta_4\cos\theta_5\sin\theta_6+\sin\theta_4\cos\theta_6)-\sin\theta_{23}\sin\theta_5\sin\theta_6\right]$

$o_y=\cos\theta_1(\sin\theta_4\cos\theta_5\sin\theta_6-\cos\theta_4\cos\theta_6)-\sin\theta_1\left[\cos\theta_{23}(\cos\theta_4\cos\theta_5\sin\theta_6+\sin\theta_4\cos\theta_6)-\sin\theta_{23}\sin\theta_5\sin\theta_6\right]$

$$o_z = \sin\theta_{23}(\cos\theta_4\cos\theta_5\sin\theta_6 + \sin\theta_4\cos\theta_6) + \cos\theta_{23}\sin\theta_5\sin\theta_6$$

$$a_x = \cos\theta_1(\cos\theta_{23}\cos\theta_4\sin\theta_5 - \sin\theta_{23}\cos\theta_5) - \sin\theta_1\sin\theta_4\sin\theta_5$$

$$a_y = \sin\theta_1(\cos\theta_{23}\cos\theta_4\sin\theta_5 - \sin\theta_{23}\cos\theta_5) + \cos\theta_1\sin\theta_4\sin\theta_5$$

$$a_z = \sin\theta_{23}\cos\theta_4\sin\theta_5 - \cos\theta_{23}\cos\theta_5$$

$$p_x = \cos\theta_1\left[\cos\theta_{23}(a_3 - \cos\theta_4\sin\theta_5 d_6) - \sin\theta_{23}d_4 - \sin\theta_{23}\cos\theta_5 d_6 + a_1 + \cos\theta_1 a_2\right] - \sin\theta_1\sin\theta_4\sin\theta_5 d_6$$

$$p_y = \sin\theta_1\left[\cos\theta_{23}(a_3 - \cos\theta_4\sin\theta_5 d_6) - \sin\theta_{23}d_4 - \sin\theta_{23}\cos\theta_5 d_6 + a_1 + a_2\cos\theta_2\right] + \cos\theta_1\sin\theta_4\sin\theta_5 d_6$$

$$p_z = \sin\theta_{23}(\cos\theta_4\sin\theta_5 d_6 - a_3) - \cos\theta_{23}(\cos\theta_5 d_6 + d_4) - a_2\sin\theta_2 + d_1$$

3.2.4   机器人逆运动学方程实例

在 3.2.3 小节中讨论了机器人的正向运动学方程的建立及求解问题，即根据机器人各个关节旋转变量值求得机器人末端执行器在笛卡儿坐标系下的位姿。而机器人逆运动学解决的问题正好与之相反，它是在已知机器人末端执行器位姿描述的情况下，求出所需各个关节的旋转角度变量值，以使末端执行器的位姿得到满足。逆运动学方程求解存在以下特性。

（1）逆运动学的解可能不存在　由于工业机器人连杆和关节参数一定，因此机器人的工作范围是一定的，如果设计的末端执行器所要到达的位置位于工作范围之外，那么逆运动学方程的解将无法求出。如图 3-10 所示，如果平面二自由度机械手的末端位置位于工作范围外，即位于外半径 d_1+d_2 和内半径 d_1-d_2 所确定的圆环之外，那么将无法求出机械手的关节旋转变量 θ_1 和 θ_2，因此该逆运动学方程的解不存在。

（2）逆运动学的解存在多重性　如前述例子所示，机器人的逆运动学问题可能出现多解情况，这一情况是由求解反三角函数方程会有多解造成的。尽管逆运动学求解后的多解理论上满足方程的要求，

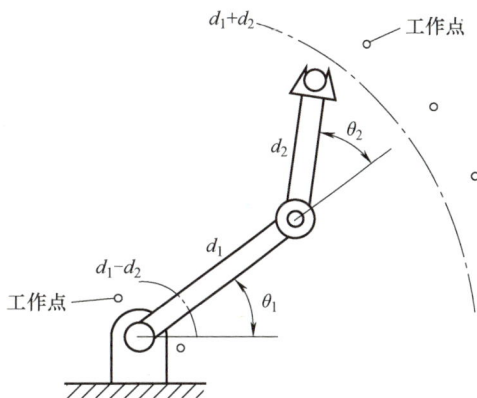

图 3-10　工作区域外逆解不存在

不过在工业机器人实际工作过程中，往往需要选择一组最适合实际情况的解。通常可以根据机器人关节运动空间、躲避实际障碍物情况、效率等因素综合考虑，逐步剔除多余解。

（3）求解方法的多样性　机器人逆运动学常见的求解方法分为两类，一类是封闭解法，另一类是数值解法。两种解法各有优缺点，应根据实际情况合理选择求解方法。

例 3-4　同样以 ABB IRB 6700 工业机器人为例，以封闭解法求解该机器人逆运动学。

解： 由式（3-19）可得该机器人的运动学方程为

Matlab 解算演示

$$\begin{bmatrix} n_x & o_x & a_x & p_x \\ n_y & o_y & a_y & p_y \\ n_z & o_z & a_z & p_z \\ 0 & 0 & 0 & 1 \end{bmatrix} = {}^0_1T\,{}^1_2T\,{}^2_3T\,{}^3_4T\,{}^4_5T\,{}^5_6T \tag{3-20}$$

封闭解法通过在式（3-20）两边依次左乘$_{i+1}^{i}\boldsymbol{T}$的逆矩阵，对比两边矩阵各元素，找出关于θ的方程组，利用Matlab辅助运算求解出对应的θ。由于实际机器人的运动学参数（臂长、减速比等）有误差，使用arcsin或arccos函数会增大误差，为使计算更加精确，采用双变量反正切函数$\theta=\mathrm{atan2}(y,x)$来计算角度。

1）求解θ_1：两边左乘$_1^0\boldsymbol{T}^{-1}$，得

$$_1^0\boldsymbol{T}^{-1}{}_6^0\boldsymbol{T}={}_2^1\boldsymbol{T}{}_3^2\boldsymbol{T}{}_4^3\boldsymbol{T}{}_5^4\boldsymbol{T}{}_6^5\boldsymbol{T} \tag{3-21}$$

对式（3-21）进行化简，由第三行第四列元素可得$\cos\theta_1 p_y-\sin\theta_1 p_x=0$，可得到

$$\theta_1=\mathrm{atan2}(p_y,p_x) \tag{3-22}$$

2）求解θ_3：根据式（3-21）的化简结果，由第一行第四列和第二行第四列元素可得

$$\begin{cases} a_2\cos\theta_2-d_4\sin\theta_{23}+a_3\cos\theta_{23}=\cos\theta_1 p_x+\sin\theta_1 p_y-a_1 \\ a_2\sin\theta_2+d_4\cos\theta_{23}+a_3\sin\theta_{23}=-p_z \end{cases} \tag{3-23}$$

解得

$$\theta_3=\mathrm{atan2}(a_3,d_4)-\mathrm{atan}(K,\pm\sqrt{a_3^2+d_4^2-K^2})$$

$$K=\frac{p_x^2+p_y^2+p_z^2+a_1^2-a_2^2-a_3^2-d_4^2-2a_1(\cos\theta_1 p_x+\sin\theta_1 p_y)}{2a_2}$$

3）求解θ_2：在式（3-21）的基础上两边左乘$_3^2\boldsymbol{T}^{-1}{}_2^1\boldsymbol{T}^{-1}$，得

$$_3^2\boldsymbol{T}^{-1}{}_2^1\boldsymbol{T}^{-1}{}_1^0\boldsymbol{T}^{-1}{}_6^0\boldsymbol{T}={}_4^3\boldsymbol{T}{}_5^4\boldsymbol{T}{}_6^5\boldsymbol{T} \tag{3-24}$$

根据式（3-24）的化简结果，由第三行第四列和第一行第四列元素可得

$$\begin{cases} \cos\theta_{23}(\cos\theta_1 p_x+\sin\theta_1 p_y-a_1)-\sin\theta_{23}p_z-\cos\theta_3 a_2-a_3=0 \\ \sin\theta_{23}(a_1-\cos\theta_1 p_x-\sin\theta_1 p_y)-\cos\theta_{23}p_z+\sin\theta_3 a_2=d_4 \end{cases} \tag{3-25}$$

解得

$$\begin{cases} \sin\theta_{23}=\dfrac{(\cos\theta_1 p_x+\sin\theta_1 p_y-a_1)(\sin\theta_3 a_2-d_4)-p_z(\cos\theta_3 a_2+a_3)}{(\cos\theta_1 p_x+\sin\theta_1 p_y-a_1)^2+p_z^2} \\[4mm] \cos\theta_{23}=\dfrac{(\cos\theta_1 p_x+\sin\theta_1 p_y-a_1)(\cos\theta_3 a_2+a_3)+p_z(\sin\theta_3 a_2-d_4)}{(\cos\theta_1 p_x+\sin\theta_1 p_y-a_1)^2+p_z^2} \end{cases}$$

因此有

$$\theta_2=\theta_{23}-\theta_3=\mathrm{atan2}(\sin\theta_{23},\cos\theta_{23})-\theta_3 \tag{3-26}$$

4）求解θ_4：根据式（3-24）的化简结果，由第一行第三列和第二行第三列元素可得

$$\begin{cases} \cos\theta_{23}(\cos\theta_1 a_x+\sin\theta_1 a_y)-\sin\theta_{23}a_z=-\cos\theta_4\sin\theta_5 \\ \sin\theta_1 a_x-\cos\theta_1 a_y=-\sin\theta_4\sin\theta_5 \end{cases} \tag{3-27}$$

当$\sin\theta_5\ne 0$时，解得

$$\theta_4=\mathrm{atan2}(\sin\theta_1 a_x-\cos\theta_1 a_y,\cos\theta_{23}(\cos\theta_1 a_x+\sin\theta_1 a_y)-\sin\theta_{23}a_z) \tag{3-28}$$

5）求解θ_5：在式（3-24）基础上两边左乘$_4^3\boldsymbol{T}^{-1}$，得

$$_4^3\boldsymbol{T}^{-1}{}_3^2\boldsymbol{T}^{-1}{}_2^1\boldsymbol{T}^{-1}{}_1^0\boldsymbol{T}^{-1}{}_6^0\boldsymbol{T}={}_5^4\boldsymbol{T}{}_6^5\boldsymbol{T} \tag{3-29}$$

根据式 (3-29) 的化简结果，由第一行第三列和第二行第三列元素可得

$$\begin{cases} a_z\cos\theta_4\sin\theta_{23}-a_x\left(\cos\theta_1\cos\theta_4\cos\theta_{23}+\sin\theta_1\sin\theta_4\right)-a_y\left(\sin\theta_1\cos\theta_4\cos\theta_{23}+\cos\theta_1\sin\theta_4\right)=\sin\theta_5 \\ -a_z\cos\theta_{23}-a_x\cos\theta_1\sin\theta_{23}-a_y\sin\theta_1\sin\theta_{23}=\cos\theta_5 \end{cases}$$

$$(3\text{-}30)$$

解得

$$\theta_5=\mathrm{atan2}\left(\sin\theta_5,\cos\theta_5\right) \tag{3-31}$$

6）求解 θ_6：在式 (3-29) 基础上两边左乘 ${}^4_5\boldsymbol{T}^{-1}$，得

$${}^4_5\boldsymbol{T}^{-13}_{4}\boldsymbol{T}^{-12}_{3}\boldsymbol{T}^{-11}_{2}\boldsymbol{T}^{-10}_{1}\boldsymbol{T}^{-10}_{6}\boldsymbol{T}={}^5_6\boldsymbol{T} \tag{3-32}$$

根据式 (3-32) 的化简结果，由第一行第一列和第二行第一列元素可得

$$\begin{cases} n_x\left(\cos\theta_1\cos\theta_4\cos\theta_5\cos\theta_{23}+\sin\theta_1\sin\theta_4\sin\theta_5-\cos\theta_1\sin\theta_5\sin\theta_{23}\right)+n_y\left(\sin\theta_1\cos\theta_4\cos\theta_5\cos\theta_{23}-\right. \\ \left.\cos\theta_1\sin\theta_4\cos\theta_5-\sin\theta_1\sin\theta_5\sin\theta_{23}\right)-n_z\left(\cos\theta_4\cos\theta_5\sin\theta_{23}+\sin\theta_5\cos\theta_{23}\right)=\cos\theta_6 \\ n_x\left(\sin\theta_1\cos\theta_4-\cos\theta_1\sin\theta_4\cos\theta_{23}\right)-n_y\left(\sin\theta_1\sin\theta_4\cos\theta_{23}+\cos\theta_1\cos\theta_4\right)+n_z\sin\theta_4\sin\theta_{23}=\sin\theta_6 \end{cases}$$

$$(3\text{-}33)$$

解得

$$\theta_6=\mathrm{atan2}\left(\sin\theta_6,\cos\theta_6\right) \tag{3-34}$$

在求解 θ_4 时，要求 $\sin\theta_5\neq0$，因为当 $\sin\theta_5=0$ 时，机器人的第四轴和第六轴共线，机械臂无法按预定路径移动，所以关节角 θ_5 应避免接近 0。

3.3　机器人动力学分析

工业机器人的运动学方程解决了工业机器人关节空间与操作空间的位姿关系问题，但上述运动学方程的建立是基于稳态条件的，属于静态情况下的分析，并没有涉及机器人运动中的力、速度及加速度等物理量，也就是说并没涉及动态分析。事实上，机器人运动不只是关节驱动力（或力矩）与外力取得的静力平衡，也是一个动态的响应过程。由于机器人是由多关节和连杆组成的多刚体体系，因此是一个复杂的动力学系统。机器人动力学分析是评价机器人性能指标的重要方法，与运动学分析一样是机器人运动理论的组成部分。机器人动力学主要研究机器人力和运动之间的关系，包括动力学正向和逆向问题。动力学正向问题是基于机器人各个关节的驱动力（或力矩），求解机器人运动的位移、速度和加速度的问题，而动力学逆向问题是已知各个关节的位移、速度和加速度，求解所需的关节力（或力矩）的问题。动力学正向问题主要用于机器人运动仿真，而动力学逆向问题主要用于机器人实时控制。常用雅可比矩阵来描述机器人操作空间与关节空间的映射关系。机器人雅可比矩阵不仅可以表示两个空间的速度映射关系，也可描述两者的力映射关系。可利用机器人雅可比矩阵对其速度和力进行分析，进而建立机器人动力学方程。

3.3.1　速度雅可比矩阵

雅可比矩阵是一个由多元函数组成的偏导矩阵。假设有 6 个函数，每个函数有若干变

量，该函数组合可表示为

$$\begin{cases} y_1 = f_1(x_1, x_2, x_3, x_4, x_5, x_6) \\ y_2 = f_2(x_1, x_2, x_3, x_4, x_5, x_6) \\ \quad\vdots \\ y_n = f_n(x_1, x_2, x_3, x_4, x_5, x_6) \end{cases} \tag{3-35}$$

将式（3-35）写为

$$\boldsymbol{Y} = \boldsymbol{F}(\boldsymbol{X}) \tag{3-36}$$

对式（3-36）求微分得到

$$\mathrm{d}\boldsymbol{Y} = \frac{\partial \boldsymbol{F}}{\partial \boldsymbol{X}} \mathrm{d}\boldsymbol{X}$$

将 $\dfrac{\partial \boldsymbol{F}}{\partial \boldsymbol{X}}$ 定义为雅可比矩阵。

机器人速度雅可比矩阵是一个将关节速度矢量转化为末端执行器相对于基坐标的广义速度矢量的矩阵，利用速度雅可比矩阵可对速度进行分析。

下面以二自由度关节机器人为例说明速度雅可比矩阵的建立和运用，如图 3-11 所示。

末端位置点（x，y）和两个关节变量 θ_1、θ_2 的相互关系为

$$\begin{cases} x = l_1 \cos\theta_1 + l_2 \cos(\theta_1 + \theta_2) \\ y = l_1 \sin\theta_1 + l_2 \sin(\theta_1 + \theta_2) \end{cases} \tag{3-37}$$

对式（3-37）求微分得到

$$\begin{cases} \mathrm{d}x = \dfrac{\partial x}{\partial \theta_1} \mathrm{d}\theta_1 + \dfrac{\partial x}{\partial \theta_2} \mathrm{d}\theta_2 \\[2mm] \mathrm{d}y = \dfrac{\partial y}{\partial \theta_1} \mathrm{d}\theta_1 + \dfrac{\partial y}{\partial \theta_2} \mathrm{d}\theta_2 \end{cases} \tag{3-38}$$

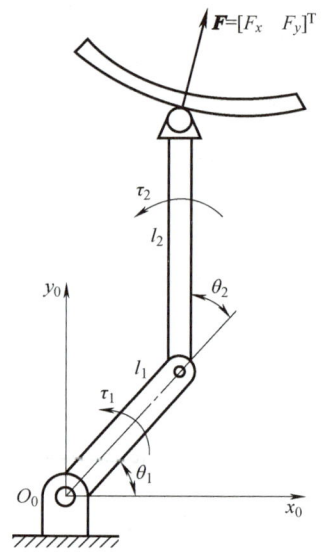

图 3-11　二自由度关节机器人

将式（3-38）改写成矩阵形式为

$$\begin{bmatrix} \mathrm{d}x \\ \mathrm{d}y \end{bmatrix} = \begin{bmatrix} \dfrac{\partial x}{\partial \theta_1} & \dfrac{\partial x}{\partial \theta_2} \\[3mm] \dfrac{\partial y}{\partial \theta_1} & \dfrac{\partial y}{\partial \theta_2} \end{bmatrix} \begin{bmatrix} \mathrm{d}\theta_1 \\ \mathrm{d}\theta_2 \end{bmatrix}$$

令

$$\boldsymbol{J} = \begin{bmatrix} \dfrac{\partial x}{\partial \theta_1} & \dfrac{\partial x}{\partial \theta_2} \\[3mm] \dfrac{\partial y}{\partial \theta_1} & \dfrac{\partial y}{\partial \theta_2} \end{bmatrix} \tag{3-39}$$

于是可简写为

$$\mathrm{d}\boldsymbol{X} = \boldsymbol{J}\mathrm{d}\boldsymbol{\theta} \tag{3-40}$$

式中，dX 是末端执行器的微小位移（m），d$X=\begin{bmatrix} \mathrm{d}x \\ \mathrm{d}y \end{bmatrix}$；d$\boldsymbol{\theta}$ 是关节空间微小运动（rad），

d$\boldsymbol{\theta}=\begin{bmatrix} \mathrm{d}\theta_1 \\ \mathrm{d}\theta_2 \end{bmatrix}$；$J$ 是该机器人的速度雅可比矩阵。

J 矩阵可描述关节空间微小运动与末端执行器微小位移之间的关系。

对式（3-40）进一步计算，可得该二自由度机器人的速度雅可比矩阵为

$$J=\begin{bmatrix} -l_1\sin\theta_1-l_2\sin\theta_{12} & -l_2\sin\theta_{12} \\ l_1\cos\theta_1+l_2\cos\theta_{12} & l_2\cos\theta_{12} \end{bmatrix} \tag{3-41}$$

进一步地推广到 n 自由度的机器人，其关节变量用 $\boldsymbol{q}=\begin{bmatrix} q_1 & q_2 & \cdots & q_n \end{bmatrix}^{\mathrm{T}}$ 来表示，若关节变量为转动变量，则 $q_i=\theta_i$；若关节变量为移动变量，则 $q_i=d_i$。进而，d$\boldsymbol{q}=\begin{bmatrix} \mathrm{d}q_1 & \mathrm{d}q_2 & \cdots & \mathrm{d}q_n \end{bmatrix}^{\mathrm{T}}$ 用于反映关节空间的微小转动或移动。因此可得 n 自由度机器人关节空间微小运动与末端执行器微小位移的关系为

$$\mathrm{d}X=J(\boldsymbol{q})\mathrm{d}\boldsymbol{q} \tag{3-42}$$

式中，$J(\boldsymbol{q})$ 是 n 自由度的速度雅可比矩阵。

可利用速度雅可比矩阵进行速度分析，对式（3-42）左、右两边进行微分计算可得末端执行器操作空间的速度和关节速度的关系为

$$V=\dot{X}=J(\boldsymbol{q})\dot{\boldsymbol{q}}=\begin{bmatrix} \boldsymbol{v} \\ \boldsymbol{\omega} \end{bmatrix} \tag{3-43}$$

式中，V 是机器人末端执行器操作空间的广义速度（m/s 或 rad/s）；$\boldsymbol{v}$ 是末端执行器操作空间的线速度矢量，$\boldsymbol{v}=\begin{bmatrix} v_1 & v_2 & v_3 \end{bmatrix}^{\mathrm{T}}$；$\boldsymbol{\omega}$ 是角速度矢量，$\boldsymbol{\omega}=\begin{bmatrix} \omega_1 & \omega_2 & \omega_3 \end{bmatrix}^{\mathrm{T}}$；$\dot{\boldsymbol{q}}$ 是机器人关节空间的关节速度（m/s 或 rad/s）；$J(\boldsymbol{q})$ 是描述末端执行器操作空间速度和关节空间的关节速度之间关系的雅可比矩阵。即 $J(\boldsymbol{q})$ 的第 i 列表示第 i 个关节速度 $\dot{q}_i$ 对操作空间的线速度和角度的传递比。

对于图 3-11 所示的二自由度机器人而言，$J(\boldsymbol{q})$ 是一个 2×2 的矩阵，可令 J_1 和 J_2 分别为速度雅克比矩阵的第一列矢量和第二列矢量，则

$$V=J_1\dot{\theta}_1+J_2\dot{\theta}_2 \tag{3-44}$$

式中，右侧第一项表示仅由第一个关节运动引起的端点速度，第二项则表示仅由第二个关节运动引起的端点速度，两个关节引起的速度矢量合成为总的端点速度。

该二自由度机器人的末端执行器的速度表示为

$$\begin{aligned} V=\begin{bmatrix} v_x \\ v_y \end{bmatrix} &= \begin{bmatrix} -l_1\sin\theta_1-l_2\sin\theta_{12} & -l_2\sin\theta_{12} \\ l_1\cos\theta_1+l_2\cos\theta_{12} & l_2\cos\theta_{12} \end{bmatrix}\begin{bmatrix} \dot{\theta}_1 \\ \dot{\theta}_2 \end{bmatrix} \\ &= \begin{bmatrix} -(l_1\sin\theta_1+l_2\sin\theta_{12})\dot{\theta}_1-l_2\sin\theta_{12}\cdot\dot{\theta}_2 \\ (l_1\cos\theta_1+l_2\cos\theta_{12})\dot{\theta}_1+l_2\cos\theta_{12}\cdot\dot{\theta}_2 \end{bmatrix} \end{aligned} \tag{3-45}$$

利用式（3-45），根据关节瞬时速度即可获得机器人末端执行器在某一瞬间的速度。反之，如果给定机器人末端执行器操作空间的速度，可同样求解出相应的关节速度值，即

$$\dot{\boldsymbol{q}}=J^{-1}V \tag{3-46}$$

式中，J^{-1} 是机器人的速度逆雅可比矩阵。

例 3-5 如图 3-12 所示，二自由度机器人末端沿着坐标系 x 轴正方向以 0.5m/s 的速度移动，杆长 $l_1 = 0.5$m、$l_2 = 1$m，设在某瞬间，$\theta_1 = 45°$、$\theta_2 = -45°$，求该瞬间的关节速度。

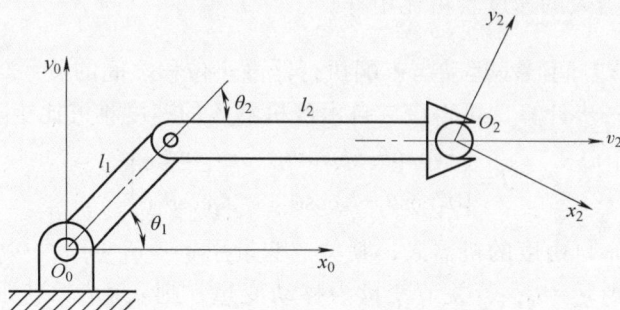

图 3-12   例 3-5 二自由度机器人

解： 由式（3-41）可知，二自由度机器人速度雅可比矩阵为

$$J = \begin{bmatrix} -l_1\sin\theta_1 - l_2\sin\theta_{12} & -l_2\sin\theta_{12} \\ l_1\cos\theta_1 + l_2\cos\theta_{12} & l_2\cos\theta_{12} \end{bmatrix}$$

故计算逆雅可比矩阵为

$$J^{-1} = \frac{1}{l_1 l_2 \sin\theta_2} \begin{bmatrix} l_2\cos\theta_{12} & l_2\sin\theta_{12} \\ -l_1\cos\theta_1 - l_2\cos\theta_{12} & -l_1\sin\theta_1 - l_2\sin\theta_{12} \end{bmatrix}$$

由式 $\dot{\boldsymbol{\theta}} = \boldsymbol{J}^{-1}\boldsymbol{V}$ 和机器人末端速度值，可得

$$\begin{bmatrix} \dot{\theta}_1 \\ \dot{\theta}_2 \end{bmatrix} = \frac{1}{l_1 l_2 \sin\theta_2} \begin{bmatrix} l_2\cos\theta_{12} & l_2\sin\theta_{12} \\ -l_1\cos\theta_1 - l_2\cos\theta_{12} & -l_1\sin\theta_1 - l_2\sin\theta_{12} \end{bmatrix} \begin{bmatrix} 0.5 \\ 0 \end{bmatrix}$$

$$\dot{\theta}_1 = \frac{\cos\theta_{12}}{l_1\sin\theta_2} = -2.828 \text{rad/s}, \quad \dot{\theta}_2 = \frac{\cos\theta_1}{l_2\sin\theta_2} - \frac{\cos\theta_{12}}{l_1\sin\theta_2} = 1.828 \text{rad/s}$$

故当机器人末端速度为 0.5m/s 时，在瞬时角度下计算得到的关节 1 速度值为 -2.828rad/s，关节 2 速度值为 1.828rad/s。

3.3.2   力雅可比矩阵

机器人各个关节提供的驱动力和力矩，经过连杆传递到末端执行器以克服作业过程中的作用力和力矩。关节驱动力和力矩与机器人末端执行器被施加的作用力之间的关系是研究动力学的基础问题，涉及连杆的静力和力矩的平衡问题。根据连杆的静力平衡分析，建立连杆力和力矩平衡方程。定义机器人末端执行器端点的力和力矩，即广义端点力 $\boldsymbol{F}$，表示为

$$\boldsymbol{F} = \begin{bmatrix} \boldsymbol{f} & \boldsymbol{n} \end{bmatrix}$$

式中，$\boldsymbol{f}$ 是机器人末端执行器端点力矢量（N），$\boldsymbol{f} = \begin{bmatrix} f_x & f_y & f_z \end{bmatrix}^{\mathrm{T}}$；$\boldsymbol{n}$ 是端点力矩矢量（N·m），$\boldsymbol{n} = \begin{bmatrix} n_x & n_y & n_z \end{bmatrix}^{\mathrm{T}}$。

各个关节驱动力和力矩写成一个 n 维矢量

$$\boldsymbol{\tau} = \begin{bmatrix} \tau_1 & \tau_2 & \cdots & \tau_n \end{bmatrix}$$

式中，n 是关节数；$\boldsymbol{\tau}$ 是关节力（N）或力矩（N·m），也称为广义关节力矩。

假定机器人各关节无摩擦，连杆质量忽略，可利用虚位移原理推导机器人末端执行器端点力和力矩与关节力矩的关系。机器人末端执行器的虚位移表示为

$$\delta X = \begin{bmatrix} d \\ \varphi \end{bmatrix}$$

式中，d 是末端执行器的线虚位移矢量（m），$d = \begin{bmatrix} d_x & d_y & d_z \end{bmatrix}^T$；$\varphi$ 是末端执行器的角虚位移矢量（rad），$\varphi = \begin{bmatrix} \varphi_x & \varphi_y & \varphi_z \end{bmatrix}^T$。

机器人关节虚位移是各关节虚位移组成的矢量，即

$$\delta q = \begin{bmatrix} \delta q_1 & \delta q_2 & \cdots & \delta q_n \end{bmatrix}^T$$

根据关节与末端执行器产生的虚位移，系统中关节力矩和末端执行器端点力所做的虚功可以表示为

$$\delta W = f^T d + n^T \varphi - \tau_1 \delta q_1 - \tau_2 \delta q_2 - \cdots - \tau_n \delta q_n = F^T \delta X - \tau^T \delta q$$

进一步根据 $\delta X = J \delta q$，可推导得如下结果

$$\delta W = F^T J \delta q - \tau^T \delta q = (J^T F - \tau)^T \delta q$$

根据虚功原理，机器人处于平衡状态的充分必要条件是对任意符合几何约束的虚位移存在 $\delta W = 0$ 的关系，可得

$$\tau = J^T F \tag{3-47}$$

式（3-47）反映静力平衡状态下末端执行器端点力 F 与广义关节力矩 τ 之间的线性映射关系，其中 J^T 称为机器人的力雅可比矩阵，可见机器人力雅可比矩阵是机器人速度雅可比矩阵的转置。

反之，可根据关节力矩来确定机器人末端执行器端部作用力，该问题是上述问题的逆解，可表示为

$$F = (J^T)^{-1} \tau \tag{3-48}$$

如果机器人的自由度超过 6，则力雅可比矩阵不再是方阵，所以没有逆解，因此对该问题的求解很困难，而且一般情况下不一定能得到唯一解。

例 3-6　图 3-13 所示为二自由度机器人，已知末端执行器端点力 $F = \begin{bmatrix} F_x & F_y \end{bmatrix}^T$，忽略关节摩擦和连杆质量，求 $\theta_1 = 45°$，$\theta_2 = 45°$ 时的瞬时关节力矩。

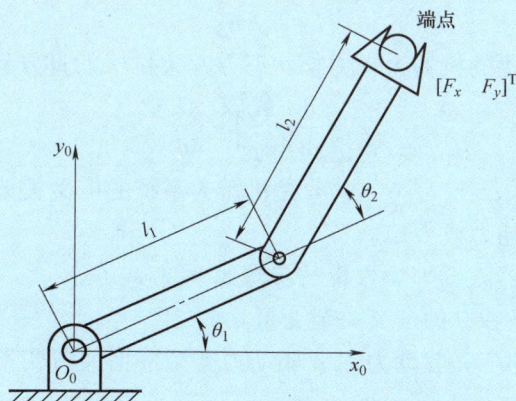

图 3-13　例 3-6 二自由度机器人

解： 由式（3-41）可知，该二自由度机器人的速度雅可比矩阵为

$$J = \begin{bmatrix} -l_1\sin\theta_1 - l_2\sin\theta_{12} & -l_2\sin\theta_{12} \\ l_1\cos\theta_1 + l_2\cos\theta_{12} & l_2\cos\theta_{12} \end{bmatrix}$$

那么其力雅可比矩阵为速度雅可比矩阵的转置，为

$$J^{\mathrm{T}} = \begin{bmatrix} -l_1\sin\theta_1 - l_2\sin\theta_{12} & l_1\cos\theta_1 + l_2\cos\theta_{12} \\ -l_2\sin\theta_{12} & l_2\cos\theta_{12} \end{bmatrix}$$

根据式（3-47）可得

$$\boldsymbol{\tau} = \begin{bmatrix} \tau_1 \\ \tau_2 \end{bmatrix} = \begin{bmatrix} -l_1\sin\theta_1 - l_2\sin\theta_{12} & l_1\cos\theta_1 + l_2\cos\theta_{12} \\ -l_2\sin\theta_{12} & l_2\cos\theta_{12} \end{bmatrix} \begin{bmatrix} F_x \\ F_y \end{bmatrix}$$

进一步可得

$$\tau_1 = (l_1\cos\theta_1 + l_2\cos\theta_{12})F_y - (l_1\sin\theta_1 + l_2\sin\theta_{12})F_x$$

$$\tau_2 = l_2\cos\theta_{12}F_y - l_2\sin\theta_{12}F_x$$

在 $\theta_1 = 45°$，$\theta_2 = 45°$ 时，末端执行器端点力对应的关节力矩为

$$\tau_1 = \frac{\sqrt{2}}{2}l_1F_y - \frac{\sqrt{2}}{2}(l_1 + l_2)F_x, \quad \tau_2 = \frac{\sqrt{2}}{2}(-l_1F_x)$$

3.3.3　机器人动力学方程实例

实际运行的机器人是一个非线性的复杂动力学系统，要求有较高的定位速度、精确的定位和良好的控制性能等，因此必须建立机器人动力学方程，进而分析其动力学性能。目前有很多种研究机器人动力学的方法，诸如牛顿-欧拉法、拉格朗日法、凯恩法及高斯法等，各种解法都有其优缺点，以下着重介绍拉格朗日法。

拉格朗日法基于能量平衡原理，不涉及连杆内力，该方法能够以最简单的形式建立动力学方程且具有显式结构，是最常用的动力学分析方法。拉格朗日函数 L 定义为系统的总动能 E_k 和总势能 E_p 之差，即

$$L = E_k - E_p \tag{3-49}$$

利用拉格朗日函数构建的机器人动力学状态方程为拉格朗日方程，即

$$F_i = \frac{\mathrm{d}}{\mathrm{d}t}\left(\frac{\partial L}{\partial \dot{q}_i}\right) - \frac{\partial L}{\partial q_i} \tag{3-50}$$

式中，n 是机器人连杆数，$i = 1, 2, \cdots, n$；q_i 是机器人系统的广义关节变量；$\dot{q}_i$ 是广义关节速度；F_i 是关节 i 的广义驱动力或力矩。

用拉格朗日法建立机器人动力学方程的步骤如下。

1）选取坐标系，定义独立的广义关节变量 q_i。

2）选定对应关节上的广义驱动力 F_i，驱动力类型根据关节变量是位移还是角度分别设为力和力矩。

3）计算机器人各连杆的动能和势能，构造拉格朗日函数。

4）根据拉格朗日函数，构建机器人系统的动力学方程。

例 3-7　对如图 3-14 所示的二自由度关节型机器人进行动力学分析，并采用拉格朗日法建立其动力学方程。

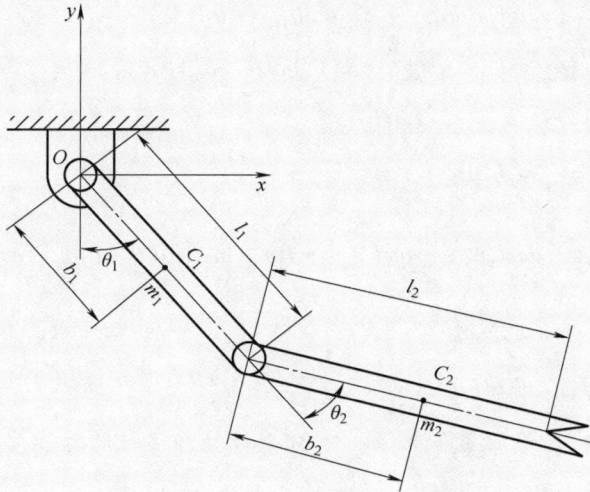

图 3-14　例 3-7 二自由度关节型机器人

解：1）系统参数见表 3-3，并建立系统的坐标系。

表 3-3　二自由度连杆参数

参　数	连 杆 1	连 杆 2
质量	m_1	m_2
杆长	l_1	l_2
质心位置	点 C_1	点 C_2
质心与关节中心距离	b_1	b_2
关节变量	θ_1	θ_2
驱动力矩	τ_1	τ_2

2）构造系统的拉格朗日函数。由图 3-14 所示的几何关系，计算连杆 1 质心 C_1 的位置坐标，有

$$x_1 = b_1\sin\theta_1$$
$$y_1 = -b_1\cos\theta_1$$

进一步获得连杆 1 质心 C_1 的速度平方为

$$\dot{x}_1^2 + \dot{y}_1^2 = (b_1\dot{\theta}_1)^2$$

同理，计算连杆 2 质心 C_2 的位置坐标，有

$$x_2 = l_1\sin\theta_1 + b_2\sin\theta_{12}$$
$$y_2 = -l_1\cos\theta_1 - b_2\cos\theta_{12}$$

连杆 2 质心 C_2 的速度平方为

$$\dot{x}_2 = l_1\cos\theta_1 \cdot \dot{\theta}_1 + b_2\cos\theta_{12} \cdot (\dot{\theta}_1 + \dot{\theta}_2)$$

$$\dot{y}_2 = l_1\sin\theta_1 \cdot \dot{\theta}_1 + b_2\sin\theta_{12} \cdot (\dot{\theta}_1 + \dot{\theta}_2)$$

$$\dot{x}_2^2 + \dot{y}_2^2 = l_1^2\dot{\theta}_1^2 + b_2^2(\dot{\theta}_1 + \dot{\theta}_2)^2 + 2l_1b_2(\dot{\theta}_1^2 + \dot{\theta}_1\dot{\theta}_2)\cos\theta_2$$

计算两连杆的动能为

$$E_{k1} = \frac{1}{2}m_1b_1^2\dot{\theta}_1^2$$

$$E_{k2} = \frac{1}{2}m_2l_1^2\dot{\theta}_1^2 + \frac{1}{2}m_2b_2^2(\dot{\theta}_1 + \dot{\theta}_2)^2 + m_2l_1b_2(\dot{\theta}_1^2 + \dot{\theta}_1\dot{\theta}_2)\cos\theta_2$$

则系统动能可表示为

$$E_k = \sum_{i=1}^2 E_{ki} = \frac{1}{2}(m_1b_1^2 + m_2l_1^2)\dot{\theta}_1^2 + \frac{1}{2}m_2b_2^2(\dot{\theta}_1 + \dot{\theta}_2)^2 + m_2l_1b_2(\dot{\theta}_1^2 + \dot{\theta}_1\dot{\theta}_2)\cos\theta_2$$

将系统势能零点定为质心最低位置，则分别计算两连杆的势能为

$$E_{p1} = m_1gb_1(1-\cos\theta_1)$$

$$E_{p2} = m_2gl_1(1-\cos\theta_1) + m_2gb_2(1-\cos\theta_{12})$$

则系统势能可表示为

$$E_p = \sum_{i=1}^2 E_{pi} = (m_1b_1 + m_2l_1)g(1-\cos\theta_1) - m_2gb_2(1-\cos\theta_{12})$$

根据系统的动能和势能，构造系统的拉格朗日函数为

$$L = E_k - E_p$$
$$= \frac{1}{2}(m_1b_1^2 + m_2l_1^2)\dot{\theta}_1^2 + \frac{1}{2}m_2b_2^2(\dot{\theta}_1 + \dot{\theta}_2)^2 + m_2l_1b_2(\dot{\theta}_1^2 + \dot{\theta}_1\dot{\theta}_2)\cos\theta_2 -$$
$$(m_1b_1 + m_2l_1)g(1-\cos\theta_1) - m_2gb_2(1-\cos\theta_{12})$$

3) 计算关节 1 上的力矩 τ_1。先计算

$$\frac{\partial L}{\partial \dot{\theta}_1} = (m_1b_1^2 + m_2l_1^2)\dot{\theta}_1 + m_2b_2^2(\dot{\theta}_1 + \dot{\theta}_2) + m_2l_1b_2(2\dot{\theta}_1 + \dot{\theta}_2)\cos\theta_2$$

$$\frac{\partial L}{\partial \theta_1} = -(m_1b_1 + m_2l_1)g\sin\theta_1 - m_2gb_2\sin\theta_{12}$$

根据拉格朗日方程可得

$$\tau_1 = \frac{d}{dt}\left(\frac{\partial L}{\partial \dot{\theta}_1}\right) - \frac{\partial L}{\partial \theta_1} = (m_1b_1^2 + m_2b_2^2 + m_2l_1^2 + 2m_2l_1b_2\cos\theta_2)\ddot{\theta}_1 +$$

$$(m_2b_2^2 + m_2l_1b_2\cos\theta_2)\ddot{\theta}_2 + (-2m_2l_1b_2\sin\theta_2)\dot{\theta}_1\dot{\theta}_2 +$$

$$(-m_2l_1b_2\sin\theta_2)\dot{\theta}_2^2 + (m_1b_1 + m_2l_1)g\sin\theta_1 + m_2gb_2\sin\theta_{12} \tag{3-51}$$

式（3-51）表示关节驱动力矩与关节速度、加速度之间的关系，可简写为

$$\tau_1 = D_{11}\ddot{\theta}_1 + D_{12}\ddot{\theta}_2 + D_{112}\dot{\theta}_1\dot{\theta}_2 + D_{122}\dot{\theta}_2^2 + D_1 \tag{3-52}$$

式中，

$$\begin{cases} D_{11} = m_1 b_1^2 + m_2 b_2^2 + m_2 l_1^2 + 2m_2 l_1 b_2 \cos\theta_2 \\ D_{12} = m_2 b_2^2 + m_2 l_1 b_2 \cos\theta_2 \\ D_{112} = -2m_2 l_1 b_2 \sin\theta_2 \\ D_{122} = -m_2 l_1 b_2 \sin\theta_2 \\ D_1 = (m_1 b_1 + m_2 l_1) g\sin\theta_1 + m_2 g b_2 \sin\theta_{12} \end{cases}$$

4）计算关节 2 上的力矩 τ_2。先计算

$$\frac{\partial L}{\partial \dot{\theta}_2} = m_2 b_2^2 (\dot{\theta}_1 + \dot{\theta}_2) + m_2 l_1 b_2 \dot{\theta}_1 \cos\theta_2$$

$$\frac{\partial L}{\partial \theta_2} = -m_2 l_1 b_2 (\dot{\theta}_1^2 + \dot{\theta}_1 \dot{\theta}_2) \sin\theta_2 - m_2 g b_2 \dot{\theta}_1 \sin\theta_{12}$$

根据拉格朗日方程可得

$$\tau_2 = \frac{\mathrm{d}}{\mathrm{d}t}\left(\frac{\partial L}{\partial \theta_2}\right) - \frac{\partial L}{\partial \theta_2} = (m_2 b_2^2 + m_2 l_1 b_2 \cos\theta_2)\ddot{\theta}_1 + m_2 b_2^2 \ddot{\theta}_2 + \tag{3-53}$$

$$\left[(-m_2 l_1 b_2 + m_2 l_1 b_2)\sin\theta_2\right]\dot{\theta}_1 \dot{\theta}_2 + (m_2 l_1 b_2 \sin\theta_2)\dot{\theta}_1^2 + m_2 g b_2 \sin\theta_{12}$$

式（3-53）表示关节驱动力矩与关节速度、加速度和位移之间的关系，可简写为

$$\tau_2 = D_{21}\ddot{\theta}_1 + D_{22}\ddot{\theta}_2 + D_{212}\dot{\theta}_1 \dot{\theta}_2 + D_{211}\dot{\theta}_1^2 + D_2 \tag{3-54}$$

式中，

$$\begin{cases} D_{21} = m_2 b_2^2 + m_2 l_1 b_2 \cos\theta_2 \\ D_{22} = m_2 b_2^2 \\ D_{212} = (-m_2 l_1 b_2 + m_2 l_1 b_2)\sin\theta_2 \\ D_{211} = m_2 l_1 b_2 \sin\theta_2 \\ D_2 = m_2 g b_2 \sin\theta_{12} \end{cases}$$

上述动力学方程反映力和运动之间的关系，即位移、速度、加速度之间的关系。对上述计算式进行分析可知。

1）含有 $\ddot{\theta}_1$ 和 $\ddot{\theta}_2$ 的项表示由加速度引起的关节力矩，其中：含有 D_{11} 和 D_{22} 的项分别表示由关节 1 和关节 2 自身的加速度引起的惯性力矩；含有 D_{12} 的项表示耦合惯性力矩，由关节 2 的加速度作用于关节 1；含有 D_{21} 的项表示耦合惯性力矩，由关节 1 的加速度作用于关节 2。

2）含有 $\dot{\theta}_1^2$ 和 $\dot{\theta}_2^2$ 的项表示由向心力引起的关节力矩，其中：含有 D_{122} 的项表示耦合力矩，由关节 2 的速度引起的向心力作用于关节 1；含有 D_{211} 的项表示耦合力矩，由关节 1 的速度引起的向心力作用于关节 2。

3）含有 $\dot{\theta}_1 \dot{\theta}_2$ 的项表示由哥氏力引起的关节力矩，其中：含有 D_{112} 的项表示耦合力矩，由哥氏力作用于关节 1；含有 D_{212} 的项表示耦合力矩，由哥氏力作用于关节 2。

4）只含关节变量 θ_1、θ_2 的项表示由重力引起的关节力矩项。其中：含有 D_1 的项表示重力矩，由连杆 1、连杆 2 的质量作用于关节 1；含有 D_2 的项表示重力矩，由连杆 2 的质量作用于关节 2。

从这个例子可以看出，该二自由度关节型机器人的动力学方程较为复杂，且各种物理量相互耦合作用，多种物理量都会影响机器人的动力学特性。这仅仅是二自由度机器人，对于更加复杂的多自由度机器人，其动力学方程更加冗杂，推导不易，求解更难。因此，建立机器人动力学方程往往可以根据实际情况，对动力学模型进行适当简化。

由于机器人动力学问题求解较为困难，且运算时间长，因此适当简化有助于降低动力学方程的求解难度，提高求解效率。方程简化一般包含如下方式。

1）当连杆质量很轻时，其重力矩项可以忽略。

2）当关节速度不大时，含有 $\dot{\theta}$ 和 $\dot{\theta}^2$ 的项可以忽略。

3）当关节加速度不大时，含有 $\ddot{\theta}$ 的项可以忽略。

以上简化是在不严重影响动力学性能的前提下提出的，不针对所有机器人系统。

3.4 Matlab Robotics 工具包辅助运算与仿真

3.4 Matlab Robotics 工具包辅助运算与仿真

Robotics 工具包是 Matlab 平台上的一款机器人运算仿真的程序包，由 Peter Croke 团队开发。作为一个功能强大的机器人工具箱，它包含机器人正向、逆向运动学，正向、逆向动力学，轨迹规划，可视化仿真等功能。本节将简单利用 Matlab Robotics 工具包完成相关运动理论的运算与仿真，更多内容可参阅 Peter Croke 的网站 https://petercorke.com/toolboxes/robotics-toolbox/中的技术文档，也可参阅 Peter Corke 的书：*Robotics*，*Vision and Control*：*Fundamental Algorithms in MATLAB*（second edit）。

Matlab Robotics 工具包目前的最新版本为 10.4，支持更为简便的 mltbx 格式安装。安装完成后可运行 rtbdemo 命令，获得工具包示例菜单。如图 3-15 所示，单击示例菜单中的具体内容，工具包会在线按步骤演示实现过程，非常利于快速入门，同时通过菜单可以看出工具包的主要功能。

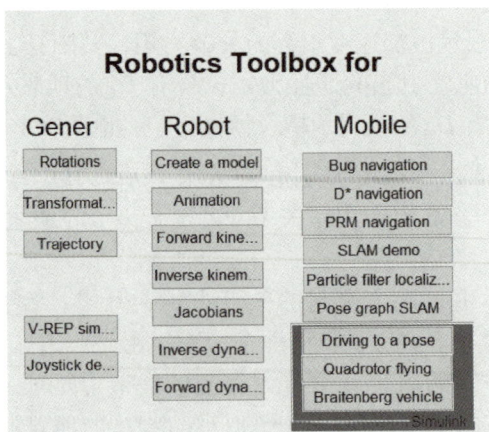

Robotics Toolbox for

Gener	Robot	Mobile
Rotations	Create a model	Bug navigation
Transformat...	Animation	D* navigation
Trajectory	Forward kine...	PRM navigation
	Inverse kinem	SLAM demo
	Jacobians	Particle filter localiz...
V-REP sim...	Inverse dyna...	Pose graph SLAM
Joystick de...	Forward dyna...	Driving to a pose
		Quadrotor flying
		Braitenberg vehicle
		Simulink

图 3-15 Matlab Robotics 工具包示例菜单

1. 坐标变换

Matlab Robotics 工具包能够轻易实现位姿描述及坐标变换，包括二维空间和三维空间的位姿描述。工具包提供的坐标变换函数便于实现旋转、平移及复合坐标变换的计算。表 3-4 列举了一些常用坐标变换函数。

表 3-4　常用坐标变换函数

函 数 名	含 义
rotx、roty、rotz	旋转矩阵（3 个方向）
trplot	旋转可视化
tranimate	旋转动画
transl	齐次坐标平移
trotx、troty、trotz	齐次坐标旋转（3 个方向）

2. 创建机械臂模型

工具包提供一些典型的机械臂，包括著名的 Puma 560 及斯坦福机械臂等。初学者可以在工具包内直接调用这些机械臂，完成其运动学、动力学的仿真，借此熟悉工具包的使用。当构建新的机械臂时，需要 D-H 参数表，利用相应函数完成机械臂的构建，例如可根据 D-H 连杆参数利用 Link 函数建立连杆对象。依次建立几个连杆对象，进而利用 SerialLink 函数连接组成机器人。下面利用示例菜单举例，创建一个二连杆机器人。

1）分别建立连杆 L1 和 L2 对象，L1(or L2)＝Link('d',0,'a',1,'alpha',pi/2)。

2）分别赋值连杆 L1 和 L2 的参数，然后创建命名为"my robot"的二连杆机器人。图 3-16 所示为创建的二连杆机器人的信息。

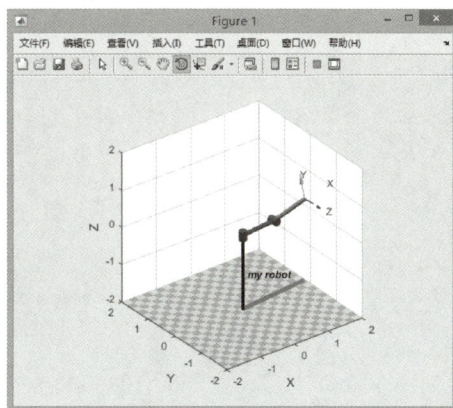

3）可以将该机器人可视化，利用 plot 函数将机器人用图像显示出来，如图 3-17 所示，其显示了当两个关节角为 0.1rad 和 0.2rad 时，该机器人的末端执行器位姿情况。

图 3-16　二连杆机器人信息　　　图 3-17　二连杆机器人可视化

3. 运动学、动力学及轨迹规划

在创建好机器人后，需要对机器人进行运动学和动力学分析，Matlab Robotics 工具包提供了相对应的函数实现上述功能。可利用 fkine 函数对机器人进行正向运动学分析，利用

ikine6s 或 ikine 函数对机器人进行逆向运动学分析。图 3-18 所示为对上述机器人进行正向运动学分析而获得的正向运动学转换矩阵。此外，工具包还提供雅可比矩阵 jacob0 函数、动力学 dyn 函数、逆动力学 rne 函数、关节空间轨迹 jtraj 函数和笛卡儿空间 ctraj 函数等函数，详细使用方法可参阅 Matlab Robotics 工具包示例菜单。

```
>> bot.fkine([0.1 0.2])


ans =

    0.9752   -0.1977    0.0998    1.9702
    0.0978   -0.0198   -0.9950    0.1977
    0.1987    0.9801    0.0000    0.1987
         0         0         0    1.0000
```

图 3-18　正向运动学分析结果

习题

1. 通常采用＿＿＿＿＿＿＿＿＿和＿＿＿＿＿＿＿＿＿＿来表示机器人末端执行器的方位。

2. 常见的机器人逆运动学求解分为两类，一类是＿＿＿＿＿＿，另一类是＿＿＿＿＿＿。

3. 机器人动力学主要研究＿＿＿＿＿＿＿＿和＿＿＿＿＿＿＿＿之间的关系。

4. 简述利用 D-H 参数法建立连杆坐标系的规则。

5. 简述工业机器人正向运动学的求解步骤。

6. 简述逆向运动学方程求解的特性。

7. 如何利用 Matlab Robotic 工具包实现六轴工业机器人的正向运动学分析？

第4章 工业机器人感知系统

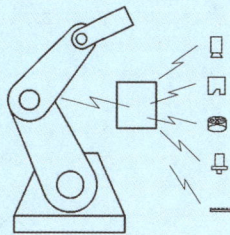

工业机器人为了完成复杂的工作，保证运行过程中的稳定和可靠，需要感知系统来支撑。工业机器人的感知系统为机器人赋予对工件、环境的感觉和适应能力，可通过安装于机器人上的各类传感器实现。随着工业机器人应用领域越来越广，智能化水平越来越高，对工业机器人的感知系统要求也越来越高。感知系统是工业机器人系统的重要组成部分，是工业机器人稳定工作的前提技术，更是智能化应用的基础。本章主要介绍工业机器人内部传感器、外部传感器及多传感器信息融合等内容。

4.1 工业机器人内部传感器

4.1 工业机器人内部传感器

工业机器人内部传感器是用于感知自身状态且置于机器人内部的传感器。内部传感器是保证机器人本体运行稳定可靠，确保按照指令完成动作的硬件。根据机器人的类型不同，内部传感器也是多种多样的，最基本的内部传感器包含位置传感器、速度传感器和加速度传感器。

4.1.1 位置传感器

位置传感器也称为位移传感器，是用于检测位置的元器件，是测量工业机器人关节位置的传感器。关节位置的控制是工业机器人最基本的控制要求，也是基本的感知能力。常见的工业机器人用的位置传感器包括两类：一类是仅检测预先规定的位置或角度的传感器，它只有开和关两个状态，如微型开关和光电开关等。另一类是测量位置和角度的传感器，它能精确测量工业机器人关节角度或位置，如电位器和编码器等。

1. 电位器

电位器包括线绕电阻和滑动触点，通过滑动触点位置变化引起对应的电压变化，可以检测位置量信息。根据结构类型，可分为直线型和旋转型电位器。直线型电位器可以检测直线位移，而旋转型电位器可以检测角度值，两者的工作原理类似，如图4-1和图4-2所示。电位器可以保存当前的位置信息，当系统断电后，其滑动触点会保持在当前位置，当系统恢复供电时，位置信息仍被保留。但电位器的明显缺点是触头容易磨损，且触头接触处容易受环境因素引起的噪声等影响而不稳定，因此在机器人的内部传感器中较少采用。

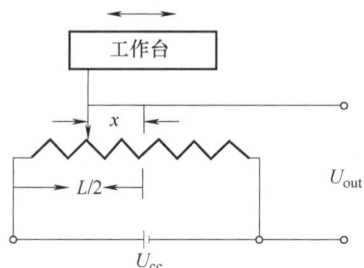

图 4-1　直线型电位器原理　　　　图 4-2　旋转型电位器原理

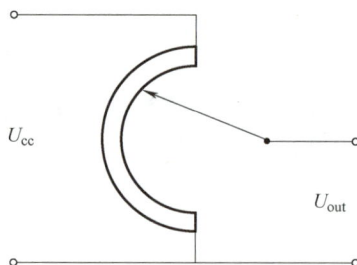

2. 编码器

编码器可将角位移或直线位移转换成电信号，并用数字信号输出，进而可以精确地计算角度值和位移量。编码器在工业机器人领域应用广泛，一般安装于工业机器人的关节电动机上，以便检测各个关节轴的旋转角度，进而控制机器人的运动轨迹。根据原理，编码器可分为磁式、光电式、感应式和电容式，一般光电式编码器应用最广。按照检出信号，编码器可分为绝对式和增量式，图 4-3 所示为增量式光电编码器的构成。增量式光电编码器一般由 5 个部分组成，分别是光源、码盘、检测光栅、光电检测器件和转换电路。辐射状透光缝隙等节距刻于码盘上，一个增量周期由相邻两个透光缝隙组成。检测光栅刻有两组透光缝隙，可控制光源和光电检测器件的光线，并与码盘对应。检测光栅固定不动，码盘与被测轴一起转动，光电检测器件接收来自码盘和检测光栅缝隙的光线，进而输出相位差为 90° 的两组信号，进一步经过光电转换电路得到被测轴的转动角度或转速信息。

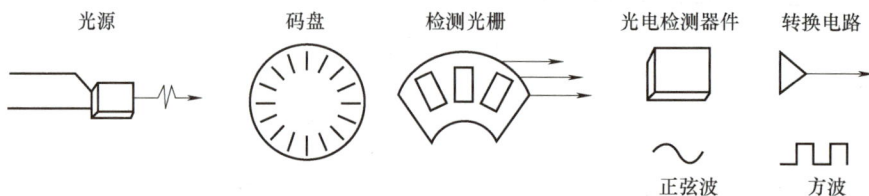

图 4-3　增量式光电编码器的构成

工业机器人采用的是伪绝对式编码器，即采用增量式编码器内置电池的方式。工业机器人内置的编码器与控制柜通信连接，保证机器人控制器及时掌控各个轴编码器的位置信息。

4.1.2　速度和加速度传感器

1. 速度传感器

速度传感器是工业机器人内部传感器之一，是其反馈控制必不可少的环节。一般工业机器人的速度测量对象为各个关节轴的角速度，因此工业机器人用的速度传感器一般为角速度传感器。测速发电机和增量式编码器是最为常见的速度传感器。

测速发电机可将转速转换为电压信号，并利用电压信号与转速成正比的特性获得速度值。测速发电机可分为交流和直流两种类型，其中，直流测速发电机较常用于机器人中。

它的工作原理是利用法拉第电磁感应定律，当磁通量恒定时，磁场中旋转线圈产生的电压与转速成正比，由此检测速度值。由于测速发电机稳定性好，线性度和灵敏度高，可检测线速度为 $20 \sim 40 \text{r/min}$，精度为 $0.2\% \sim 0.5\%$，因此可用于机器人的关节转速测定。直流测速发电机由于电刷接触电阻和电枢反应，因而输出线性误差较大。而交流测速发电机运行时，由于受到转子漏阻抗和激磁绕组漏阻抗的影响，同样线性误差较大。为此，可使用图 4-4 所示的基于霍尔效应的无刷式测速发电机，它可以有效减小测速发电机的输出线性误差。

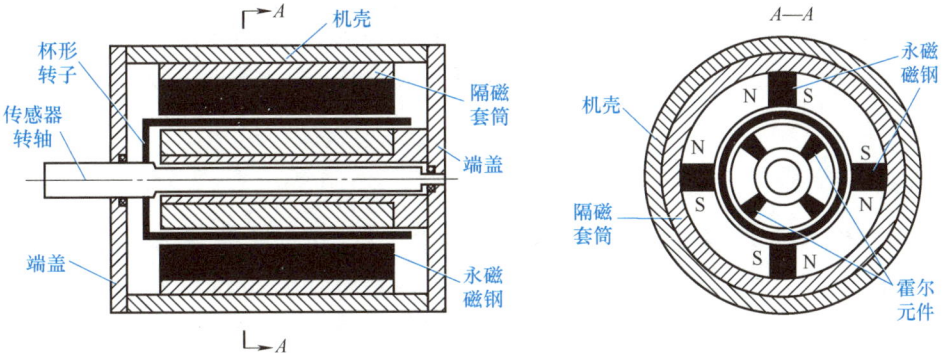

图 4-4 基于霍尔效应的无刷式测速发电机

增量式编码器可以获得机器人关节的相对位置，也可用于关节转速测量。

2. 加速度传感器

加速度传感器是惯性传感器，广泛应用于武器惯性制导、汽车碰撞、机器人及康护医疗器械等领域。工业机器人一般内置加速度传感器，用于测量各轴的加、减速时间，以及机器人的主动安全防护。基于不同的研究机理，有压电式、电容式、压阻式、表面超声等多种原理的加速度传感器。加速度传感器已从起初的单维发展到目前应用较多的六维，图 4-5 所示为组合式三维加速度传感器，这是将一个二维和一个三维微型加速度传感器封装而成的三维加速度传感器。图 4-6 所示为预紧式六维加速度传感器，这是一种十二支链的结构形式，可解决信号失真的问题。

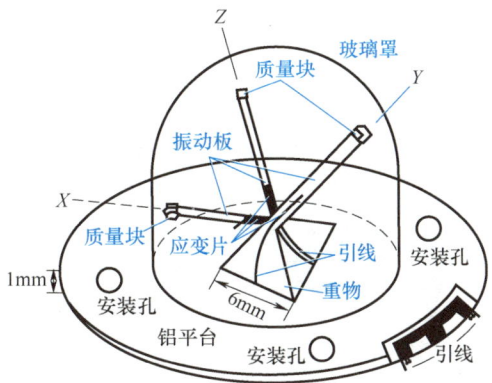

图 4-5 组合式三维加速度传感器

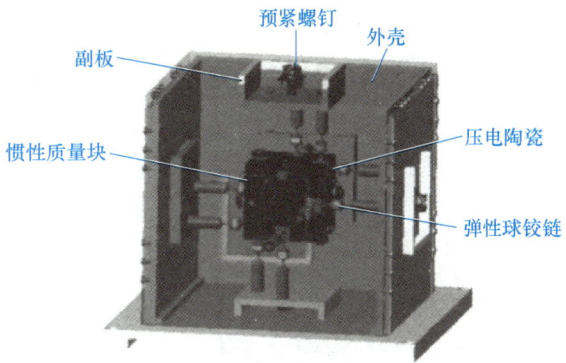

图 4-6 预紧式六维加速度传感器

4.2 工业机器人外部传感器

4.2 工业机器人外部传感器

工业机器人内部传感器是标配，而外部传感器则是选配，外部传感器可用于获得工业机器人本体外的作业环境信息，使机器人能够完成作业任务。机器人的外部环境多样，因此所用到的外部传感器也是多种多样的，这与工业机器人具体的工作任务有关。最常见的工业机器人外部传感器有触觉、力觉、滑觉、接近觉、视觉、激光位移传感器等。

4.2.1 触觉传感器

触觉传感器是机器人感知外部环境的重要信息装置，它可以反映所接触物体的物理属性，包括形状、柔软度、表面粗糙度等。机器人触觉传感器从20世纪70年代开始发展，特别在20世纪90年代得到快速发展，人们提出了基于电阻、电容、热电、电磁、光电及超声等原理的触觉检测方法，并研究对接触目标的物理参数测量触觉阵列。目前，新型柔性化、轻量化触觉传感器（如电子触觉皮肤等）发展迅速。

压阻式触觉传感器利用压力与材料电阻率的关系，实现接触时压力的检测。图4-7所示为基于导电橡胶的头型阵列式触觉传感器。

电容式触觉传感器是通过检测电容变化量来实现触觉检测的，原理是外力作用使两极板间位置发生变化，进而导致两极板间的电容发生变化。该类型传感器具有结构简单、小型和轻量化的特点，不过检测电路复杂。

电感式触觉传感器则是利用电磁感应原理，通过压力和线圈的自感系数和互感系数的变化，获得压力信号。电感式触觉传感器动态范围宽，但体积太大。

压电触觉传感器是基于压电效应，经过信号电路放大和阻抗变换，产生正比于外力的电信号，其结构如图4-8所示。该类型传感器具有体积小、质量轻、灵敏度高的特点，不过容易受到外界电磁干扰。

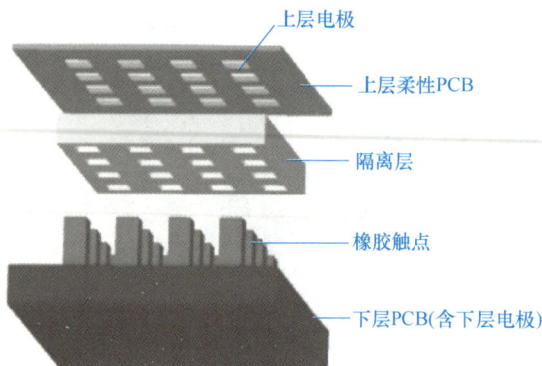

上层电极
上层柔性PCB
隔离层
橡胶触点
下层PCB(含下层电极)

图4-7 基于导电橡胶的头型阵列式触觉传感器

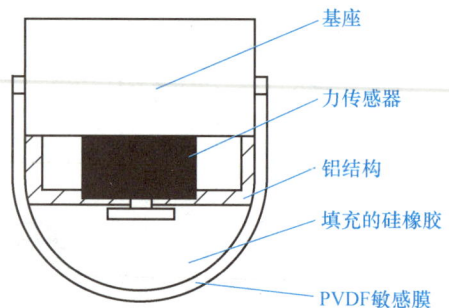

基座
力传感器
铝结构
填充的硅橡胶
PVDF敏感膜

图4-8 压电触觉传感器结构

　　电子触觉皮肤是目前先进的柔性触觉传感器，其转换原理分为电阻式、电容式、压电式和摩擦式四类，如图 4-9 所示。这类传感器材料的柔韧性、延展性和弹性是制备关键，具有良好的电学和力学性能的软体功能材料是电子触觉皮肤研究的核心。电子触觉皮肤传感器的性质主要取决于衬底材料、活性层材料和电极材料。目前电子触觉皮肤传感器正向着柔性化、集成化、低功耗、轻量化及自供电的方向发展。

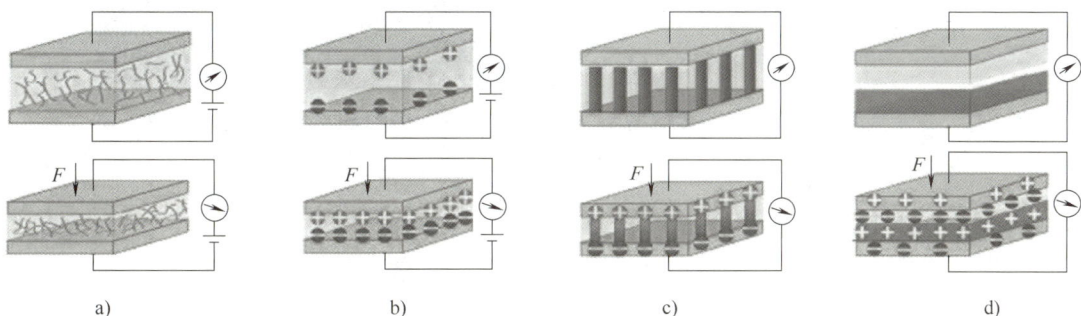

a)　　　　　　　　　b)　　　　　　　　　c)　　　　　　　　　d)

图 4-9　电子触觉皮肤传感器
a）电阻式　b）电容式　c）压电式　d）摩擦式

4.2.2　力觉传感器

　　力觉是工业机器人末端执行器在运行过程中对外部力和力矩的感知。特别是工业机器人在装配、加工制造、搬运等需对工作力或力矩进行严格控制的场合，十分需要力觉传感器（以下简称力传感器）。例如，在机器人抛光过程中，由于抛光力是抛光质量及抛光效率的重要参数，因此需要利用力传感器严格监控抛光力的大小。又如利用机器人实施螺钉自动锁付作业时，需要调整螺钉对准装配孔并拧紧螺钉，此时需要对力和力矩进行控制。因此，力传感器在工业机器人中的应用较为广泛。

　　六维力传感器目前在工业机器人中应用广泛，可测量六个自由度的空间力，即三个正交力和三个正交力矩。六维力传感器常安装于机器人末端执行器上，用于准确测量作业过程中的力和力矩。六维力传感器种类很多，按测量方式，同样也有电阻式、电容式、压电式、电感式等，一种电阻式和一种压电式力传感器分别如图 4-10 和图 4-11 所示。多数传感器都是利用弹性敏感元件间接获得位移量，再将各个敏感介质转化为电信号输出的。应变式六维力传感器技术相对成熟，具有较高测量精度，是一种应用广泛的传感器。但其动态测量时需要进行补偿，多维之间耦合度大。相比之下，压电式六维传感器精度较高，稳定性好，适合要求快速响应的机器人工作场合。随着工业发展和机器人技术快速发展，对力传感器的要求越来越高，目前压电式六维力传感器的测量特性较为符合现今要求。

　　六维力传感器按结构形式可分为梁式、轮辐式、圆筒式及 Stewart 平台等类型。图 4-12 所示为十字梁结构力传感器，梁式六维力传感器的力敏元件安装在梁结构上，让力敏元件感受梁结构的位移进而输出信号。不过梁式结构力传感器的受力有限，其量程也有限。图 4-13 所示为轮辐式切削力传感器，轮辐式结构力传感器与梁式结构力传感器类似，由轮辐、轮圈、轮毂和力敏元件组成，但其测量范围明显大于梁式结构力传感器。

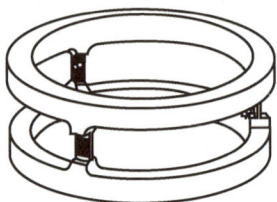

图 4-10　三垂直梁电阻式六维力传感器

图 4-11　KISTLER 压电式力传感器

图 4-12　十字梁结构力传感器

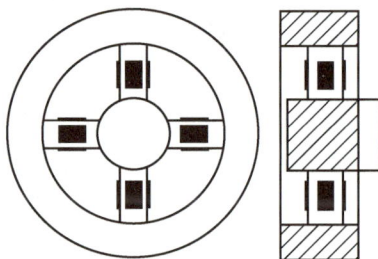

图 4-13　轮辐式切削力传感器

圆筒式力传感器利用并联分载原理，被测构件的受力传递至圆筒表面，圆筒受力变形产生弹性应变并传递到测力元件，如图 4-14 所示。图 4-15 所示的 Stewart 平台结构力传感器最初用于模拟飞行器，具有多自由度、高精度和高刚度等优点，后来被设计成力学测量平台，逐渐成为六维力传感器。

图 4-16 所示为工业机器人布轮抛光恒力跟踪作业，六维力传感器安装在机器人末端执行器上，实时检测抛光力，配合阻抗控制策略，实现恒力抛光作业。

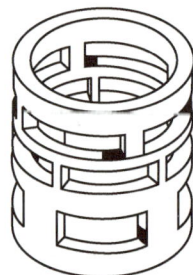

图 4-14　圆筒式力传感器

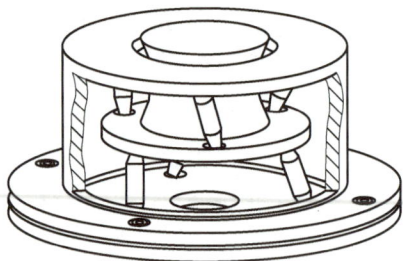

图 4-15　Stewart 平台结构力传感器

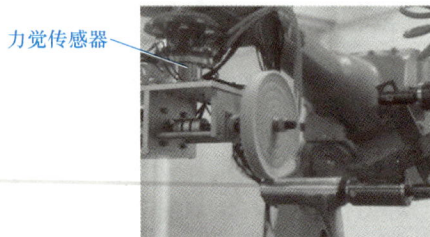

图 4-16　工业机器人布轮抛光恒力跟踪作业

4.2.3　滑觉传感器

滑觉传感器是用于检测机器人末端执行器与被抓取物体之间是否存在滑动的传感器，通过滑觉传感器的反馈，判断末端执行器与被抓取物体间的相对运动状态。滑觉传感器可以防止对物体的机械破坏并帮助机器人完成抓取行为。滑觉传感器由日本东京工业大学首次提出，经过多年发展，已出现包括基于压敏橡胶、视觉原理、声电原理、力敏电阻、电容等多种类型的滑觉传感器。图 4-17 所示为日本电气通信大学开发的基于压敏橡胶的滑觉传感器，已成功应用于多手指机械手上。

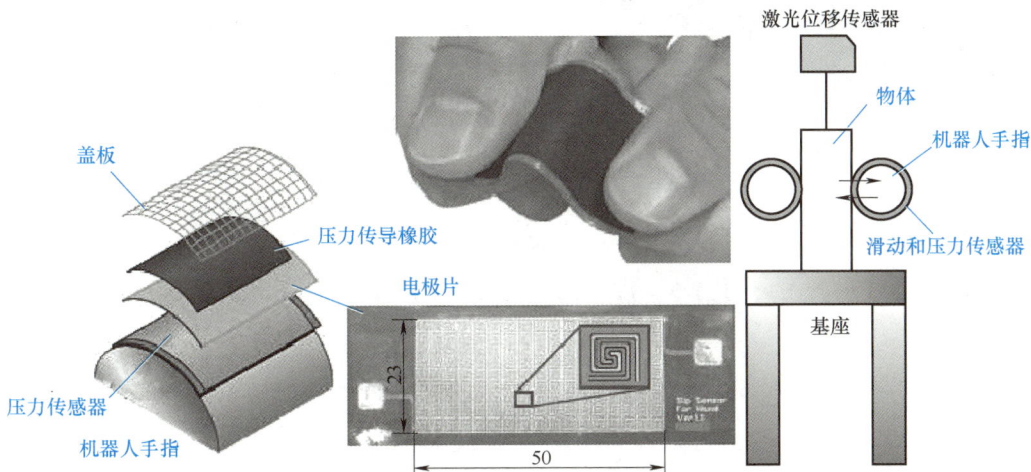

图 4-17　基于压敏橡胶的滑觉传感器

图 4-18 所示为基于力敏电阻的滑觉传感器，该传感器将脊形有机硅粘贴于力敏电阻上，若被抓取物体划过传感器表层，脊形有机硅凸出部分受力产生变形，同时将压力传导至力敏电阻，进而产生信号峰值，从而检测被抓取物体与传感器间的相对运动速度。

图 4-18　基于力敏电阻的滑觉传感器

4.2.4　接近觉传感器

触觉传感器可以获得被抓取物体的物理特征，但在接触物体之前，触觉传感器是无法获得任何物体信息的，存在传感盲区。因此，机器人的传感系统为避开传感盲区，还需要具备接近感知能力。接近觉传感器用于感知机器人末端执行器与被抓取物体之间较小物距的距离信息，感知范围一般在几毫米到几厘米之间，辅助机器人完成视觉捕捉物体—接近物体—抓取物体的动作。

接近觉传感器按照原理同样可分为多种形式，包括光电式、电阻式、电感式、电容式、霍尔等类型，其中，电容式和电感式接近觉传感器最为常见，结构也较简单，比电阻式接近觉传感器响应速度更快。图 4-19 所示为电容式传感器的传感阵列示意图，利用该传感阵列可检测物体接近和接触等相关信息。

光电式接近觉传感器是最为常见的接近觉传感器，又称为红外光电接近开关。它的原理是利用被抓取物体对红外线的遮挡和反射，通过回路选通来检测物体。光电式传感器一般由三部分组成，即发射器、接收器和检测电路，如图 4-20 所示。按照检测方式的不同，光

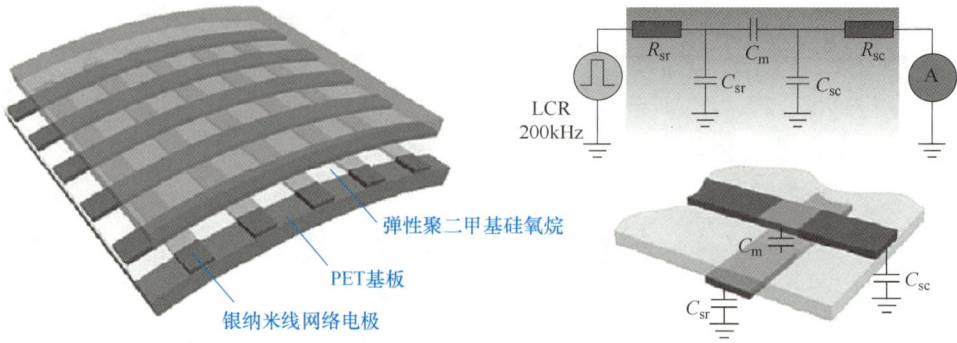

图 4-19 电容式传感器的传感阵列示意图

电式接近觉传感器可分为对射式、光纤式、漫反射式、镜面反射式及槽式五种。其中，对射式光电传感器适合检测不透明物体，漫反射式适合检测表面反射率高的物体，槽式适合检测高速变化的半透明物体。

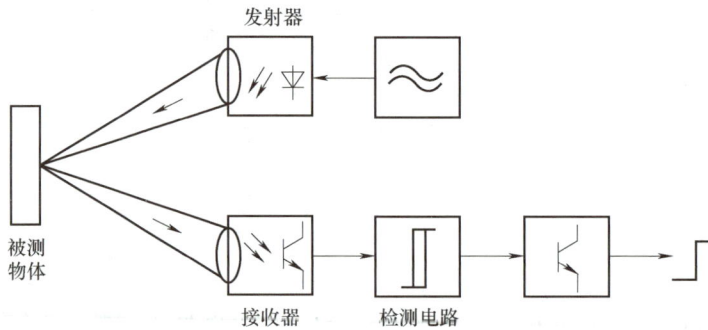

图 4-20 光电式传感器示意图

霍尔接近觉传感器是利用霍尔效应实现的接近觉感知传感器，如图 4-21 所示。它的原理是当传感器接近铁磁体时，霍尔元件受到的磁场强度降低，引起霍尔电动势的变化，进而改变输出电平。

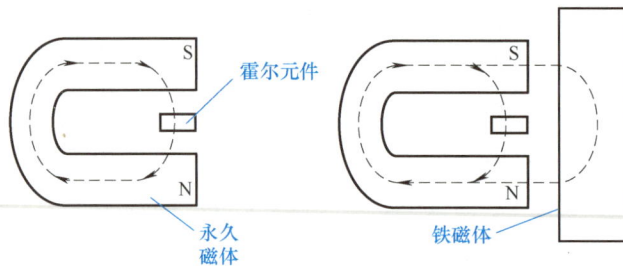

图 4-21 霍尔接近觉传感器示意图

此外，具有双感感知模式的接近觉传感器是目前较为先进的传感器，常见为电容电阻、电容电感双模式。图 4-22 所示为垂直结构电容电感双模式接近觉传感器结构示意图，电感线圈是螺旋结构，电容探测极板位于介质层下方，该传感器可通过开关模式在电感感知模式和电容感知模式之间切换。

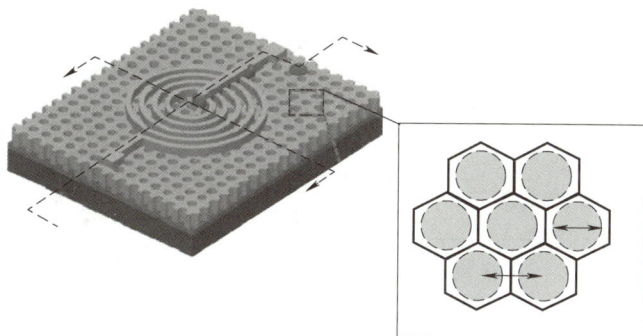

图 4-22　垂直结构电容电感双模式接近觉传感器结构示意图

4.2.5　视觉传感器

随着工业机器人和视觉检测的普及，得益于小型化、专门化和稳定可靠的视觉传感器，视觉系统搭配工业机器人越来越普遍地应用于工业现场。视觉传感器实际上是一个嵌入式视觉系统，具备图像采集、处理和数据传送等功能。国外厂商（如康耐视、基恩士、西门子、欧姆龙等）、国内厂商（如海康威视、维视图像等）均已推出应用于机器人的视觉传感器产品。美国康耐视公司研制的 In-Sight 系列视觉传感器集成高性能的成像系统，配有功能强大的视觉开发工具，能够满足不同的应用需求，如图 4-23a 所示。图 4-23b 所示为日本基恩士公司研制的 IV-H 系列视觉传感器，可完成近距离广视野检测和工件测量，具有直径（直线）长度测量、轮廓识别、面积计算和位置修正等功能。德国西门子公司研发的 VS120 视觉传感器具备最多 15 个示教对象的分类功能，支持常见的串行总线通信，如 PROFIBUS 和 DP/PROFINET，利用远程人机界面实现远程控制和系统诊断，如图 4-23c 所示。常见的工业机器人视觉系统主要应用于目标判定、形位或尺寸测量、条码识别、表面缺陷检测等方面。

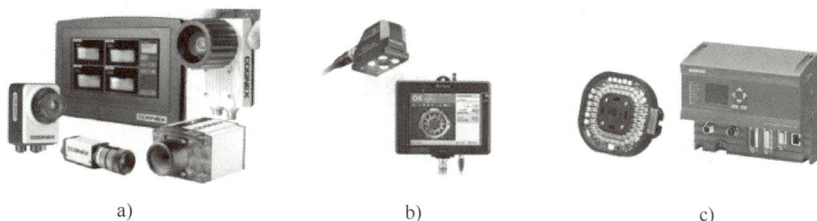

a)　　　　　　　　　　　　　b)　　　　　　　　　　　　　c)

图 4-23　视觉传感器

a）康耐视 In-Sight　b）基恩士 IV-H　c）西门子 VS120

图 4-24 所示为典型的工业机器人视觉应用系统框架。视觉传感器采集图像信息，然后进行数据处理，与外部设备和机器人控制器通信。视觉传感器通常具备多种通信接口，包含 TCP/IP、串口总线、I/O 等。

随着视觉传感器的深入应用及计算机图像处理技术的飞速发展，形成了基于视觉的工业机器人伺服控制，目前机器人视觉伺服控制是机器人感知系统的热门研究方向。所谓的机器人视觉伺服控制是利用视觉传感器间接获得机器人的当前位姿，或者目标体与机器人的相对

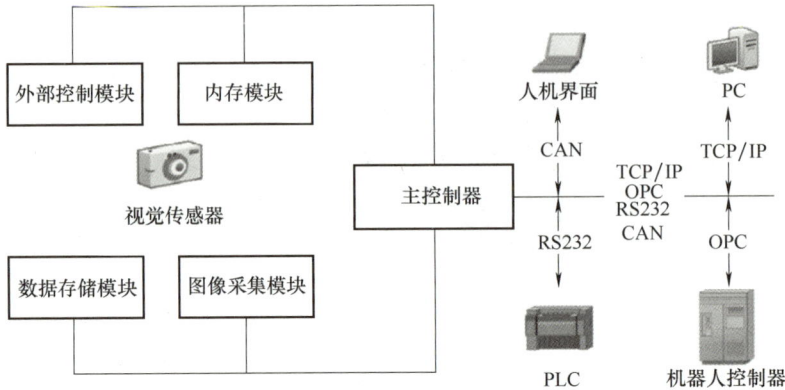

图 4-24　工业机器人视觉应用系统框架

位姿，进一步实现机器人的定位控制和轨迹跟踪。

视觉系统按照相机的数量可分为单目、双目及多目视觉系统，按照相机安装方式又可分为 eye in hand 系统和 eye to hand 系统。机器人视觉伺服控制按照反馈信息类型来分类，可分为基于三维空间坐标位置的视觉伺服控制和基于图像特征的视觉伺服控制，以及为克服基于位置和图像特征的视觉伺服控制缺点而提出的 2.5D 视觉伺服控制。

（1）**基于位置的视觉伺服控制**　基于位置的视觉伺服控制是利用图像特征并结合相机标定参数来估计目标物体的位置，获得机器人末端执行器位姿与目标物体位姿之差，进而将位置误差反馈给控制模块的闭环控制，图 4-25 所示为基于位置的视觉伺服控制模型。该系统的优点在于反馈信号为空间信息，机器人规划路径直观；缺点在于系统精度依赖于相机的标定参数，且目标物体容易脱离相机视野。

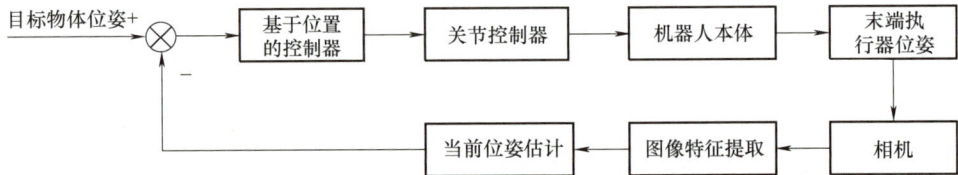

图 4-25　基于位置的视觉伺服控制模型

（2）**基于图像特征的视觉伺服控制**　基于图像特征的机器人视觉伺服控制是比较当前图像与目标图像的差值，通过雅可比矩阵建立图像特征差值与机器人关节的关系，进而控制机器人各个关节运动的闭环控制。图 4-26 所示为基于图像特征的视觉伺服控制模型。该系统的优点在于标定精度对其影响不大，跟踪不易丢失目标；缺点在于雅可比矩阵运算需要时间且可能存在奇异点使系统不稳定。

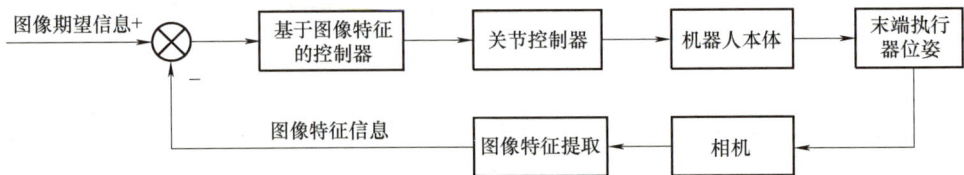

图 4-26　基于图像特征的视觉伺服控制模型

（3）2.5D 视觉伺服控制　2.5D 视觉伺服控制是将机器人的旋转矩阵和平移向量解耦，两部分的自由度控制分别由图像信息误差和空间坐标误差作为输入，进而控制机器人各个关节运动的闭环控制。图 4-27 所示为 2.5D 视觉伺服控制模型。该系统的特征是集合了基于位置和图像特征的视觉伺服控制优点，但实时性矩阵计算量大。

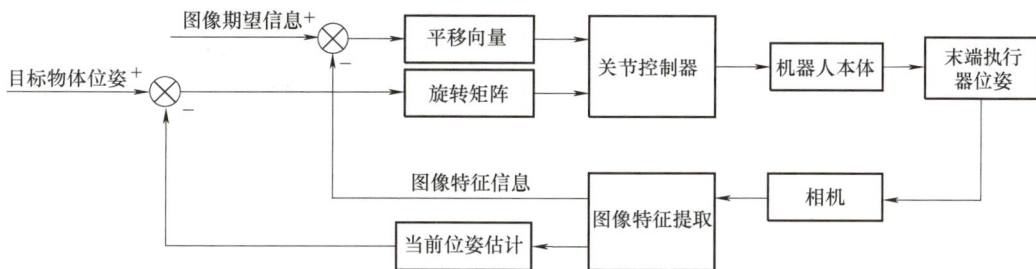

图 4-27　2.5D 视觉伺服控制模型

图 4-28 所示为异构件的视觉定位抓取系统。建立工件坐标系、工具坐标系，利用手眼标定的方法，获取视觉系统与工件坐标系之间的矩阵关系。系统运行时，异构件随着传送带移动至相应的感应区域，光电传感器感应有物体后使传送带停止移动，同时工业相机获取异构件图片。经过图像预处理、立体校正与匹配后，三维坐标和物体偏转角度等信息被计算出来，同时偏转角度被转换成四元数，以便于编程。利用手眼标定后的转换矩阵，将异构件三维坐标转换至机器人坐标系下，进一步利用通信模块将物体信息（三维坐标和位姿数据）发送至机器人的控制系统，控制系统经过运算，发出正确的指令使机器人抓取异构件。

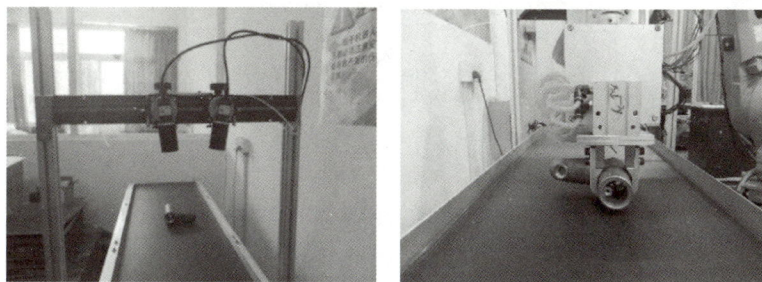

图 4-28　异构件的视觉定位抓取系统

4.2.6　激光位移传感器

激光位移传感器是一种采用非接触式测量方式的传感器，具有较高的精度，可辅助工业机器人完成焊缝测量、形状检测等测量工作，它也是工业机器人常见的外部传感器。激光位移传感器利用三角法原理，如图 4-29 所示，即激光二极管发出的光束聚焦在被测表面上，然后从另一个角度对被测表面进行成像，用 CCD 相机测出光斑像的位置，即可计算得到物体表面激光照射点位置值。激光位移传感器可分为点激光和线激光，它们原理类似，只不过线激光得到的是一系列的点数据，一般点激光位移传感器的精度要高于线激光传感器。日本的基恩士公司是全世界公认的高水平非接触式传感器制造商，其激光位移传感器代表世界最先进水平。

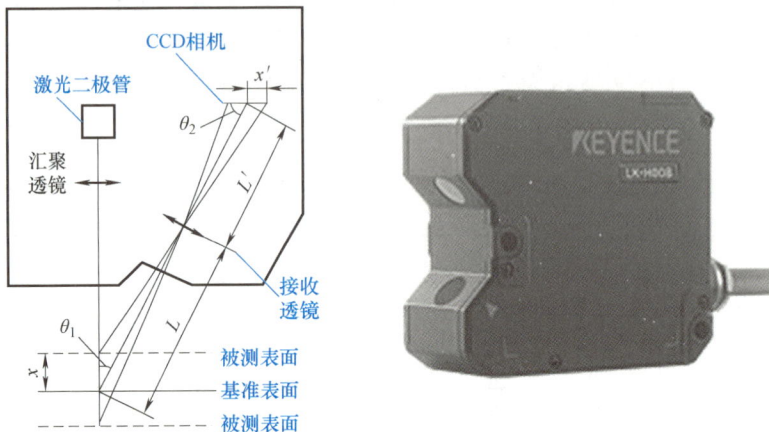

图 4-29　激光位移传感器

　　在利用工业机器人完成中厚板焊接过程中，需要利用线激光位移传感器完成焊接坡口的几何形状测量，进而根据坡口几何形状数据指导工业机器人完成多层多道焊接工作。如图 4-30 所示，在工业机器人末端装载线激光位移传感器，检测中厚板 V 形坡口的几何形状。

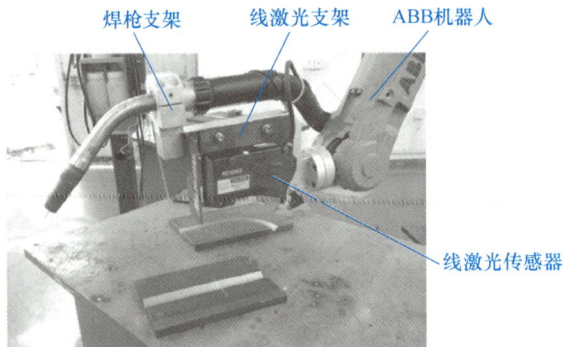

图 4-30　应用线激光传感器的焊接机器人

4.3　多传感器信息融合

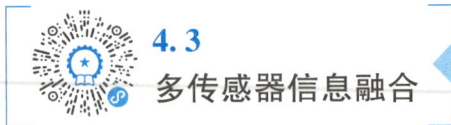

4.3
多传感器信息融合

　　随着机器人技术的快速发展，机器人的应用领域不断扩大，功能不断增强。智能化应用已经成为工业机器人应用的趋势，而传感技术是智能化的基础。智能化的工业机器人拥有高度的感知能力和强大的信息处理能力，这对传感器及其信息融合提出了更高的要求。多传感器信息融合是指综合多个传感器的感知信息，经过融合系统的信息处理获得更全面、更精确、更可靠的传感数据，进而更加精确地、完整地反映被控对象的特征。

4.3.1　多传感器信息融合技术

机器人多传感器信息融合技术用于解决机器人系统如何处理多传感器信息的问题，本质上是一种信息处理方法。该方法通过分类和甄别同构的冗余信息和异构的互补信息，更加准确地反映被控对象的情况，从而为机器人系统决策提供正确依据。

多传感器信息融合的基本原理是充分收集多传感器信息，按照融合算法，将多传感器的冗余和互补信息进行融合处理，进而得到准确且一致的信息。具体融合原理可表述如下。

1）获取系统内多种不同类型的传感器数据。

2）对各个传感器的矢量数据、成像数据、时间函数数据等多种输出数据进行变换，形成观测数据特征矢量。

3）利用模式识别技术处理特征向量，利用数据表述每个传感器。

4）制订融合目标，关联各个传感器的目标描述数据。

5）将每个目标传感器的信息进行信息融合，完整准确地描述一致的目标。

多传感器信息融合的过程如图 4-31 所示，通过采集各个传感器的数据，经过数模转换、数据校验、信息分类和融合处理，最终输出结果。

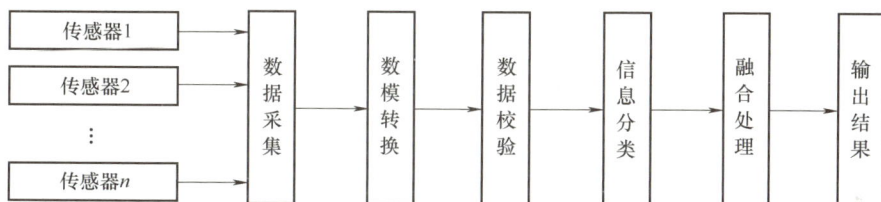

图 4-31　多传感器信息融合过程

4.3.2　多传感器信息融合分类

根据信息处理的抽象程度，从数据层、特征层及决策层对多传感器进行信息融合。

数据层融合主要是对原始数据的处理和融合，原始数据未经任何处理，保留了数据的最详细信息。不过由于原始数据的数据量大，对其进行信息处理需要耗费大量的计算资源，该处理方法抗干扰能力较差。此外，传感器的性能和精度等参数对数据的准确性影响较大，对后续的数据信息融合也有较大影响。

特征层融合是第二阶段的信息处理过程，需要先对原始数据进行除噪处理，保留有效信息并提取相应的特征信息，将这些特征信息分类和匹配。利用这些特征数据建立被采集对象与传感器之间的映射关系。特征层融合介于数据层融合和决策层融合之间，它的优势在于细节保留和抗干扰两个方面。

决策层融合是高级别融合，在对原始数据的预处理后，进行算法分析和处理，获得一致的最优解。该处理方法抗干扰能力强，灵活度高，但决策算法对结果影响较大，同时由于进行了数据预处理，因此可能遗漏重要数据，得到片面结果。

4.3.3　多传感器信息融合方法

多传感器信息融合本质上是一个数据处理过程，而传感器的类型多样，其数据信息形式也多种多样，涉及许多基础的数据处理问题。常用的多传感器信息融合方法如图4-32所示。

（1）人工智能 人工智能主要包含模糊逻辑、自适应神经网络及专家系统。模糊逻辑是通过模糊集合和模糊隶属度，形成系统不确定性模型，模糊理论常与其他人工智能方法相结合，其缺点在于会损失系统的精度。神经网络是通过建立类似人类神经网络的模型，利用大量的测试数据进行训练，获得非线性的数据映射关系。它的精度高低取决于训练集数据量的大小及神经网络算法的优劣。神经网络具有较好的适应性，适合多传感器信息融合的处理。

（2）推理方法 推理方法主要包含广义证据处理、D-S方法及贝叶斯推理。D-S方法属于不确定推理范畴，通过构建传感器的信任函数，按照D-S组合方法对传感器的数据进行融合处理，进而完成目标判断并做出决策。贝叶斯推理首先去除传感器的冗杂和奇异数据，然后利用最大似然估计函数对传感器数据进行融合，也是常见的一种处理方法。

（3）分类方法 分类方法包括学习矢量量化（LVQ）、聚类分析及参数模板法。LVQ是于1988年由Kohonen提出的一类用于模式分类的结构简单、功能强大的监督式学习算法。

（4）估计方法 估计方法包括递归和非递归两类，其中，非递归类方法中最常见的为最小二乘法和加权平均法，这两种估计方法在工程实际中大量应用；而递归类方法中最常见的为卡尔曼滤波。卡尔曼滤波理论通过构建测量和估计方程，实现递推式的最优估计。卡尔曼滤波一般用于数据层融合处理，以及对原始数据进行处理。

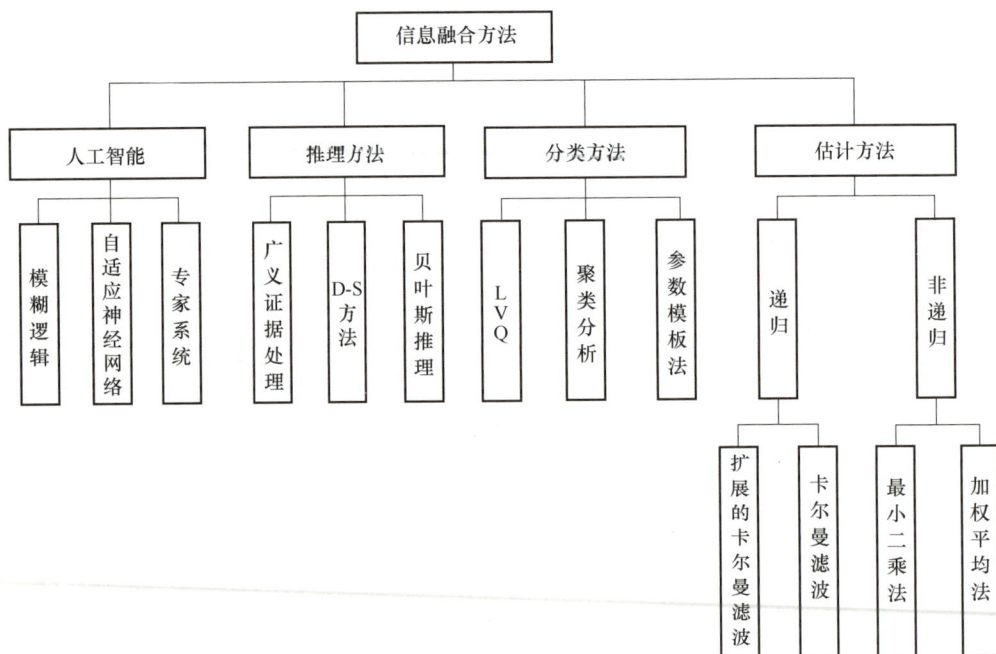

图4-32 多传感器信息融合方法

4.3.4 多传感器信息融合在机器人中的应用

机器人从一开始的单传感器到如今的多传感器，从简单的数据处理到现在的多传感器信息融合处理，多传感器机器人已大量应用于工业领域，是未来的应用趋势。表4-1为一些典型的机器人多传感器信息融合范例，其中，HILARE 是最早应用多传感器信息融合技术的机器人，传感信息包含视觉、听觉和激光测距等传感器信息，融合手段采用加权平均的方法。

表 4-1　机器人多传感器信息融合范例

机器人	年份	传感器	系统模式	融合手段
HILARE	1979	视觉、声音和激光测距	以多变形目标在图形中定位	加权平均
Crowley	1984	旋转超声、触觉	二维线段的连接顺序	可信度系数的匹配
DAPPA ALV	1985	彩色视觉、声纳、激光测距	笛卡儿等高图	小范围内平均最高
NAVLAB & Teregator	1986	彩色视觉、声纳、激光测距	白板上的多令牌和贡献值对	多样可能性
Stanford	1987	半导体激光触觉、超声波	层次化传感器度量与符号表示	卡尔曼滤波
HERMIES	1988	多相机、声纳阵列、激光测距	节点网络图论	基于规则
RANGER	1994	半导体激光触觉、超声波	自适应感知	雅可比张量和卡尔曼滤波
LIAS	1996	超声传感器、红外传感器	分层结构	多种融合方法
Oxford Series	1997	相机、声纳、激光测距	分布式滤波和局部智能控制代理	卡尔曼滤波
Alfred	1999	声音、声纳、彩色相机	模块结构和智能控制	逻辑推理
ANFM	2001	相机、红外探测器、超声波、GPS、惯性导航	远程控制	模糊逻辑和神经网络

多传感器信息融合技术在工业机器人领域的应用也越来越普遍，见表 4-2，能够完成抓取和放置半导体器件、机械产品装配、粘贴包装标签、无缝焊接、检验工件的一致性以及自动识别并抓取工件等工作。

表 4-2　多传感器信息融合技术在工业机器人领域的应用

研究者	使用传感器的类型	所实现的功能
Hitachi 公司	三维视觉传感器、力觉传感器	抓取和放置半导体器件
Groen 等人	视觉传感器、超声波传感器、力（力矩）传感器、触觉传感器	机械产品装配
Smith、Nitan 等人	视觉传感器、力觉传感器	粘贴包装标签
Kremers 等人	视觉传感器、激光测距扫描仪	无缝焊接
Georgia 理工学院	视觉传感器、触觉传感器	检验工件的一致性
王敏、黄心汉	视觉传感器、超声波传感器	自动识别并抓取工件
陈东青、姚超友	触觉传感器、激光传感器、压变传感器	分拣包装
陈婵娟、赵飞飞等人	力（力矩）传感器、位移传感器	协助机器人精确装配

4.3.5 机器人多传感器信息融合发展趋势

(1) 微型和智能化机器人传感器 传感器是实现智能化的基础硬件，随着微机电（MEMS）技术的快速发展，目前传感器正朝着微型和智能化方向发展。例如，德国 VISION COMPONENTS 公司研发的 VCSBC4018 智能传感器融合图像采集、信息处理、通信等多种功能，内置的 DSP 工作频率高达 400MHz，运算速度高达 3200MIPS（每秒处理的百万级的机器语言指令数），而体积仅有 80mm×60mm×35.4mm。

(2) 多传感器信息融合算法的改进 多传感器的数据特征多样，单一算法由于存在自身缺陷，往往不适合多传感器信息的融合处理。目前主要采用多种算法融合来克服缺陷，如将神经网络、小波变换、模糊逻辑等算法有机结合。不过尽管多种算法融合可以克服单一算法的缺陷，但同时不可避免地增加了系统的计算量，使实时性受到限制。因此应根据机器人作业的实际工况和算法特点，对机器人多传感信息融合算法进行改进和创新。

(3) 多传感器信息融合系统研究 机器人的多传感器信息融合系统是一个自上而下的多层次系统，该系统需要在同一时间完成多种任务，或者在不同时间周期完成不同任务，且任务的性能需求不尽相同。因此，多传感器的实时控制和自适应控制是多传感器信息融合的需要，也是智能化多传感器信息融合系统的发展方向。

(4) 信息融合仿生机理研究 自然界中的生命体应用自身的感觉器官收集环境信息，通过神经系统对信息进行融合处理、分析，获得对环境的理解并适应自然。借鉴动物的视觉、听觉、触觉等仿生信息及其处理机制有助于解决机器人工程问题。因此，对信息融合仿生机理的研究有利于开发仿生传感器和信息融合技术。

✎ 习题

1. 工业机器人内部传感器多种多样，但最基本应包括位置、_____和_____传感器。

2. 滑觉传感器可分为基于_____、视觉原理、_____、_____、电容等多种类型的触觉传感器。

3. 接近觉传感器可分为电阻式、_____、_____、电感式和霍尔等类型。

4. 常见的工业机器人视觉系统主要应用于_____、形位或尺寸测量、条码识别和_____等方面。

5. 机器人视觉伺服控制一般分为_____、基于图像特征的视觉伺服控制和_____。

6. 常用的多传感器信息融合方法有_____、推理方法、_____和估计方法。

7. 简述多传感器信息融合的基本原理。

8. 简述机器人多传感器信息融合发展趋势。

第5章 工业机器人控制系统

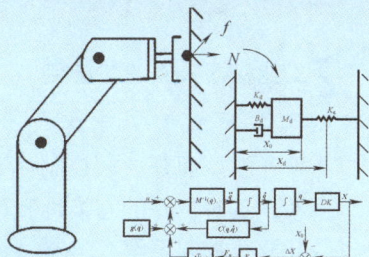

工业机器人由多个关节组成，各关节虽各自独立运动，但又相互耦合，末端执行器的轨迹控制需要各个关节相互协调，才能形成目标轨迹。相比普通自动化设备的控制，工业机器人的控制系统更加复杂，涉及运动学、动力学等分析，是一个非线性、耦合的多变量控制系统，最重要的功能是实现对运动轨迹和力的控制。本章将先从机器人控制系统概述说起，再讨论单关节和多关节控制问题，最后阐述机器人力控制的常用方法。

5.1 机器人控制系统概述

5.1.1 控制系统的组成

机器人控制系统按控制方式可以分为三类，分别是以单片机、可编程控制器及工业控制计算机+运动控制卡为核心的控制系统。其中，以单片机和可编程控制器为核心的机器人控制系统具有价格低廉、体积小、编程较为简单、可扩展性强等优点，但这两类控制系统均不具备复杂的数据处理能力，也不支持先进的算法，不能满足工业机器人多轴联动的复杂轨迹控制需求。目前，主流的工业机器人控制系统硬件采用工业控制计算机+运动控制卡的形式，该类型的工业机器人控制系统硬件主要由上位机（工业控制计算机）、下位机（运动控制卡）、伺服电动机及其驱动器、检测传感器、电源分配板等组成，如图 5-1 所示。

工业控制计算机主要完成接收传感反馈信号、处理信号数据、显示系统信息、发送运动控制指令、实现人机交互等工作。它通过通信接口向运动控制器发送运动控制指令，运动控制卡接收来自工业控制计算机的指令，按照设定的运动模式向伺服驱动器发出指令，使工业机器人各个关节的伺服电动机运转，完成对工业机器人的实时控制。由于运动控制卡提供专用的运动控制函数库和操作系统动态链接库，操作者可以利用这些函数库结合传感器的数据处理结果，高效地实现特定的运动控制。

机器人控制体系结构可分为专用控制体系结构和开放式控制体系结构。专用控制体系结构由大型工业机器人制造商开发，它功能强大，操作系统类似 Windows，但不对

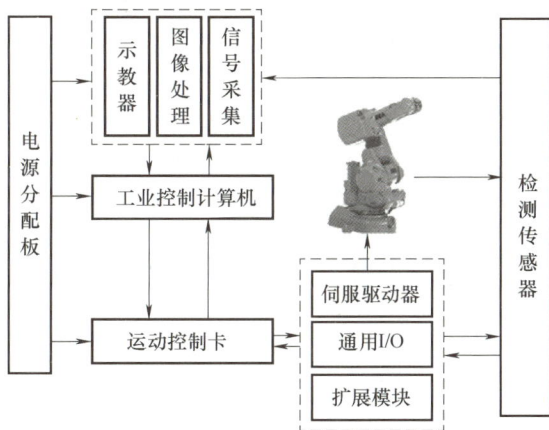

图 5-1 机器人控制系统硬件组成示意图

外开放。而开放式控制体系结构使用非专用计算机平台、标准操作系统、高级语言和总线技术，具有良好的互换性和可移植性，并支持扩展功能，如斯坦福人工智能实验室研发的机器人开放式控制系统。

工业机器人控制系统的软件组成主要包括系统软件和应用软件。系统软件包括计算机的操作系统和下位机的系统初始化程序。应用软件包括运动控制软件、动作运算软件、编程软件和监控软件。根据控制系统的智能化程度，工业机器人控制系统的软件又分为固定程序式、自适应控制和人工智能控制。

5.1.2　操作系统

工业机器人的操作系统是管理工业机器人硬件和软件的程序，是控制系统的核心部分，工业机器人的操作系统通常采用嵌入式实时操作系统，如图 5-2 所示，目前工业机器人操作系统主要有如下几种。

（1）VxWorks　VxWorks 操作系统是美国风河公司开发的嵌入式实时操作系统，该系统以其良好的持续发展能力、高性能的内核及良好的用户开发环境，在嵌入式实时操作系统领域占据重要的地位，被广泛应用在军事、航空、航天、通信等领域。由于工业机器人是对实时性要求很高的机电一体化设备，因此许多工业机器人厂商采用其作为主控制器的操作系统，其中不乏 ABB、库卡等知名的厂商。

（2）Windows Embedded CE　Windows Embedded CE 是美国微软公司开发的一款嵌入式实时操作系统，与 Windows 系统有良好的兼容性。Windows Embedded CE 被设计成针对小型设备（如掌上设备和无线设备等）的通用操作系统。由于其内嵌丰富的开发资源，因此被应用于工业机器人示教器的开发上。

（3）嵌入式 Linux　Linux 系统是开放操作系统，其源代码公开，开发人员可根据自己的需求进行更改和裁剪来定制操作系统。同时 Linux 系统支持的硬件数量很多，而嵌入式 Linux 系统本质上与普通 Linux 系统并无差别，因此其许多硬件驱动源代码都可以共享使用。由于上述便利，许多中小型的机器人公司和研究机构会选择嵌入式 Linux 系统作为机器人的操作系统。

（4）μC/OS-Ⅱ　μC/OS-Ⅱ 同样是源代码公开的系统，它是针对嵌入式应用设计而生，广泛应用于嵌入式系统中。该系统较少应用于大型的工业机器人操作系统，不过在服务机器人、教学机器人等领域应用较广。

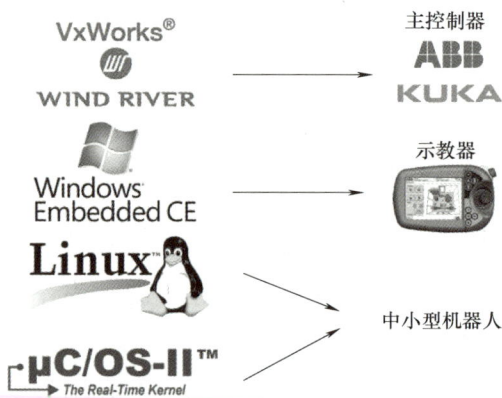

图 5-2　工业机器人操作系统

5.1.3　控制方式

根据划分规则的不同，工业机器人具有多种控制方式，最常见的可分为动作控制方式和示教控制方式。此外，按照对运动轨迹的控制方式，可分为点位控制和连续轨迹控制。如图 5-3a 所示，机器人的点位控制只关注点的位置控制，最多考虑机器人末端执行器的姿态问题，对于点与点之间的轨迹并无限制，因此对于点位控制的技术要求主要在于定位精度和动作速度。机器人的点位控制常用于搬运码垛、点焊等应用场合。如图 5-3b 所示，机器人的连续轨迹控制要求机器人末端执行器沿着预定轨迹运动，因此需要机器人末端执行器经过轨迹上的特定点。实现连续轨迹控制实际上就是对运动轨迹进行插补，对机器人在插补点上进行位置控制。插补点越多，运动轨迹越平滑，机器人控制器的运算速度通常都很快，可以近似认为连续轨迹控制较为平稳。机器人的连续轨迹控制常用于磨削抛光、弧焊及喷涂等应用场合。

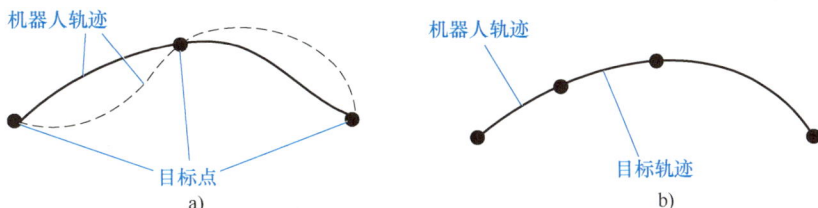

图 5-3　点位控制与连续轨迹控制
a) 点位控制　b) 连续轨迹控制

　　按照对运动物理量的控制方式，机器人控制方式可分为位置控制、速度控制和力（力矩）控制等方式。位置控制和速度控制是实现上述点位和连续轨迹控制的必然要求，力（力矩）控制应用于需要控制末端执行器的作用力或力矩的场合，如装配、抛光等。这类应用需要在机器人末端安装力传感器，通过力反馈实现对被控对象的准确力作用。

　　按照对被控对象和环境的适应程度，机器人控制方式可分为固定程序控制、自适应控制和智能控制等方式。固定程序控制方式是先按照作业要求编制固定的程序，接着由机器人执行事先规划的程序完成作业，如果被控对象或环境发生变化，就必须重新编写程序。自适应控制能够根据变化做出适当的调整，但由于没有深度学习能力，自适应控制也仅能应对变化不大的场合。机器人智能控制使机器人具有较强的自学能力，对环境变化的适应程度高。得益于近些年来神经网络、遗传算法、深度学习等人工智能技术的快速发展，机器人智能控制是目前研究的热点，但技术还不成熟。

　　示教控制是工业机器人一种最常见的控制方式，即通过示教器指导机器人完成任务。在示教过程中，机器人将作业的轨迹和速度等信息存储起来，在执行过程中再现示教过程。这种控制方式简单方便，适应性很强，但需要人工手动进行示教工作，耗费大量人力和时间。如果产品变更导致产线变化，还要重新进行示教工作。因此，可采用离线示教、离线编程的方式间接获得机器人示教数据。

5.2　机器人单关节控制

5.2
机器人单关节控制

5.2.1　机器人单关节数学模型

　　串联工业机器人由多个关节及连杆组成，是一个耦合的非线性系统。对工业机器人控制的研究通常首先从单关节控制入手，一来较为简便，二来由于工业机器人减速比大且运动速度不高，关节耦合作用被大大削弱，因此可近似按照独立关节来考虑。本节以直流伺服电动机为驱动源的单关节为例，讨论机器人单关节的数学模型及其控制问题。

采用直流伺服电动机驱动的单关节简化模型如图 5-4 所示。

图 5-4 所示模型中，直流伺服电动机带动驱动轴的转矩（单位：N·m）为 M_1，通过减速器传递至负载轴的转矩（单位：N·m）为 M_2，两轴之间的传动比为 n。驱动轴和负载轴转角分别为 θ_1 和 θ_2；两轴的转动惯量（单位：kg·m^2）分别为 J_1 和 J_2；两轴的阻尼系数分别为 K_{d1} 和 K_{d2}。由机械原理可知，传动比 $n = z_2/z_1$，负载轴的转矩 M_2 将增大 n 倍，即 $M_2 = nM_1$。

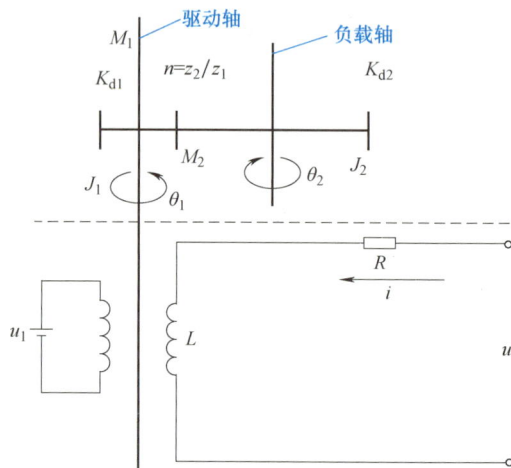

图 5-4 单关节简化模型示意图

根据上述条件可推导机器人单关节的控制系统模型，求出电动机的电枢电压与负载轴转角的传递函数。

首先建立电动机驱动轴的转矩平衡方程为

$$M_1(t) = J_1 \frac{\mathrm{d}^2\theta_1(t)}{\mathrm{d}t^2} + K_{d1}\frac{\mathrm{d}\theta_1(t)}{\mathrm{d}t} + nM_2(t) \tag{5-1}$$

负载轴的转矩平衡方程为

$$M_2(t) = J_2 \frac{\mathrm{d}^2\theta_2(t)}{\mathrm{d}t^2} + K_{d2}\frac{\mathrm{d}\theta_2(t)}{\mathrm{d}t} \tag{5-2}$$

电枢绕组电压平衡方程为

$$u(t) = L\frac{\mathrm{d}i(t)}{\mathrm{d}t} + Ri(t) + K_i\frac{\mathrm{d}\theta_1(t)}{\mathrm{d}t} \tag{5-3}$$

式中，u 是电枢电压（V）；L 是电枢电感（H）；R 是电枢电阻（Ω）；i 是电枢电流（A）；K_i 是电动机的反电动势常数。

然后进一步分析电动机输出转矩和绕组电流的关系方程为

$$M_1(t) = K_n i(t) \tag{5-4}$$

式中，K_n 是电动机的转矩常数。

由于电感 L 数值很小，为简化计算，将其近似为 0，则推导出控制对象的输入电压和输出角位移的关系为

$$K_c u(t) = J\frac{\mathrm{d}^2\theta(t)}{\mathrm{d}t^2} + K_d\frac{\mathrm{d}\theta(t)}{\mathrm{d}t} \tag{5-5}$$

式中，$K_c = K_n/R$；$J = n^2 J_1 + J_2$；$K_d = nK_{d1} + nK_{d2} + nK_nK_i/R$；$\theta(t) = \theta_2(t)$。

对式（5-5）进行拉普拉斯变换，整理得到其传递函数为

$$\frac{\theta(s)}{U(s)} = \frac{K_c}{Js^2 + K_d s} \tag{5-6}$$

5.2.2　机器人单关节 PID 控制

PID 控制由比例单元、积分单元和微分单元组成，是目前自动化控制过程中广泛采用的反馈控制方式。通过利用信号的偏差、积分值和微分值分别对信号现在、过去和未来的值进行控制。对于机器人单关节而言，其直流伺服电动机带有编码器，可以反馈关节的回转角度，进而形成负反馈控制系统，同时根据式（5-6），可得其 PID 控制器控制框图如图 5-5 所示。

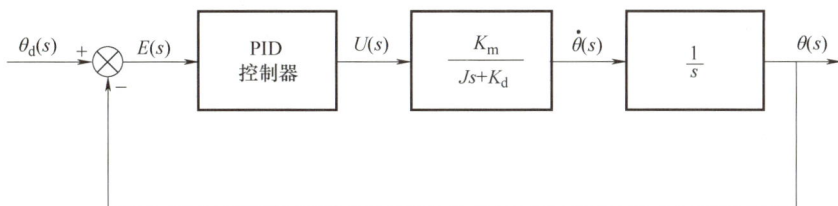

图 5-5　PID 控制器控制框图

而在实际的机械系统应用中，不使用积分调节也可获得较好的控制作用，仅有比例和微分的调节称为 PD 控制。其控制方程可表示为

$$u(t) = K_{\mathrm{P}}\left[\theta_{\mathrm{d}}(t) - \theta(t)\right] + K_{\mathrm{D}}\left[\frac{\mathrm{d}\theta_{\mathrm{d}}(t)}{\mathrm{d}t} - \frac{\mathrm{d}\theta(t)}{\mathrm{d}t}\right] \tag{5-7}$$

式中，K_{P} 是比例增益；K_{D} 是速度反馈增益。

考虑实际的目标值 $\theta_{\mathrm{d}}(t)$ 为定值，且 K_{D} 速度反馈增益通常用 K_{v} 表示，则式（5-7）可表示为

$$u(t) = K_{\mathrm{P}}\left[\theta_{\mathrm{d}}(t) - \theta(t)\right] - K_{\mathrm{v}}\frac{\mathrm{d}\theta(t)}{\mathrm{d}t} \tag{5-8}$$

式（5-8）表示该负反馈 PD 控制系统为带有速度反馈的位置闭环控制系统。带速度反馈的位置闭环控制系统框图如图 5-6 所示。取 $K_{\mathrm{P}} = 1$，则加速度反馈后有

$$\frac{E(s)}{\dot{\theta}(s)} = \frac{\dfrac{K_{\mathrm{m}}}{Js + K_{\mathrm{d}}}}{1 + \dfrac{K_{\mathrm{m}}K_{\mathrm{v}}}{Js + K_{\mathrm{d}}}} = \frac{K_{\mathrm{m}}}{Js + K_{\mathrm{d}} + K_{\mathrm{m}}K_{\mathrm{v}}} \tag{5-9}$$

由于速度负反馈的引入使得被控对象惯性环节的阻尼系数增大，从而使阻尼比增加，系统具有更好的位置控制性能。

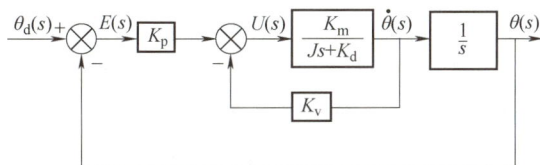

图 5-6　带速度反馈的位置闭环控制系统框图

5.3 机器人多关节控制

5.3
机器人多关节控制

多关节串联工业机器人由 n 个关节和 n 个连杆组成，每个关节处都有一个电动机来驱动关节运动，进而带动连杆运动。关节可以分为旋转型和平移型，多关节控制就是通过控制电动机驱动各个关节做旋转和平移运动。

5.3.1 机器人的动力学模型

不考虑阻尼和摩擦效应，机器人的动力学模型为

$$M(q)\ddot{q}+C(q,\dot{q})\dot{q}+g(q)=u \tag{5-10}$$

式中，q、$\dot{q}$ 和 $\ddot{q}$ 分别是机器人的关节的位移、速度和加速度输出向量；u 是广义力输入向量；$M(q)\in R^{n\times n}$ 是机器人的惯性矩阵；$C(q,\dot{q})\in R^{n\times n}$ 是科里奥利矩阵；$g(q)\in R^n$ 是重力矩向量。

式（5-10）表示了机器人关节在广义力输入作用下的运动情况，可进一步得

$$\ddot{q}=M^{-1}(q)\{u-[C(q,\dot{q})\dot{q}+g(q)]\} \tag{5-11}$$

可由式（5-11）绘制机器人动力学模型框图，如图 5-7 所示。其动力学含义可理解为：输入给机器人关节的广义力在克服重力项 $g(q)$、包括离心力和科氏力的广义力向量 $C(q,\dot{q})\dot{q}$ 的基础上，产生与惯性矩阵 $M(q)$ 相应的加速度 $\ddot{q}$，并依次积分产生速度 $\dot{q}$ 和位移 q。

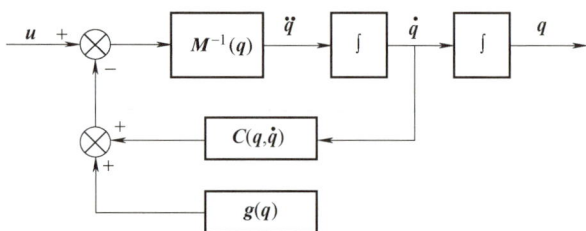

图 5-7　机器人动力学模型框图

5.3.2 机器人关节空间的计算力矩控制

为实现机器人的轨迹跟踪控制，需要考虑机器人动力学内非线性项的处理问题。本小节将介绍一种非线性控制方法——计算力矩控制。以下分别从控制律设计和控制参数选择两个方面介绍计算力矩控制的设计思路。

1. 计算力矩控制的控制律设计

计算力矩控制在控制律设计上采取内外环控制，如图 5-8 所示。内环控制器实现机器人模型的反馈线性化处理，而外环控制器可采用线性控制方法，以使轨迹规划器实现期望轨迹跟踪（关节期望位移、速度和加速度矢量分别表示为 q_d、$\dot{q}_d$ 和 $\ddot{q}_d$）。机器人计算力矩控制框图如图 5-9 所示，以下分别阐述内、外环控制设计思路，并计算内、外环控制器输出。

内环采用逆动力学控制，其控制器输出设计为

$$u=M(q)a_q+C(q,\dot{q})\dot{q}+g(q) \tag{5-12}$$

式中，a_q 为待计算关节加速度矢量。采用上述逆动力学内环控制器，需要根据实时反馈的关节位移矢量 q 和速度矢量 $\dot{q}$，计算惯性矩阵 $M(q)$，包括离心力和科氏力的广义力向量

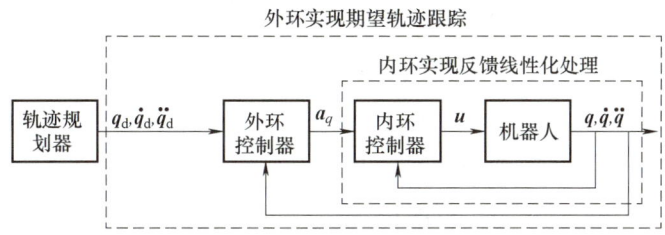

图 5-8　机器人计算力矩控制的内外环控制示意框图

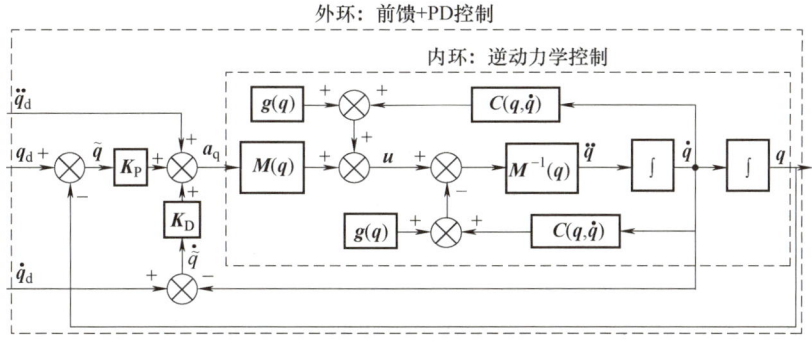

图 5-9　机器人计算力矩控制框图

$C(q,\dot{q})\dot{q}$ 及重力项 $g(q)$。需要注意的是，逆动力学控制器方法对机器人动力学方程中非线性因素的精确抵消，其效果受限于建模误差、负载变化等带来的不确定性。

外环采用前馈+PD 控制，其控制器输出设计为

$$a_q = \ddot{q}_d + K_D \dot{\tilde{q}} + K_P \tilde{q} \tag{5-13}$$

式中，$\tilde{q}$ 为关节位移误差矢量，$\tilde{q} = q_d - q$；$\dot{\tilde{q}}$ 为关节速度误差矢量，$\dot{\tilde{q}} = \dot{q}_d - \dot{q}$。外环控制器本质上是一个带期望关节加速度前馈的 PD 控制，其目的在于实现良好的轨迹跟踪性能。

联立式（5-12）和式（5-13）可得，计算力矩控制的控制律（关节空间）为

$$u = M(q)(\ddot{q}_d + K_D \dot{\tilde{q}} + K_P \tilde{q}) + C(q,\dot{q})\dot{q} + g(q) \tag{5-14}$$

2. 计算力矩控制的控制参数选择

将式（5-14）代入机器人动力学模型式（5-10）中可得关节位移误差的动力学模型

$$\ddot{\tilde{q}} + K_D \dot{\tilde{q}} + K_P \tilde{q} = 0 \tag{5-15}$$

可得其特征方程为

$$s^2 + K_D s + K_P = 0 \tag{5-16}$$

由劳斯-赫尔维茨判据可知，如果比例增益矩阵 K_P 和微分增益矩阵 K_D 的相应元素都取正值，则系统稳定，即关节位移误差将随时间增大衰减至零。而其响应速度和动态性能取决于比例增益矩阵 K_P 和微分增益矩阵 K_D 的相应元素取值。

由标准二阶系统的特征方程 $s^2 + 2\xi\omega s + \omega^2 = 0$，对照式（5-16）可得位移为一维时，$K_P = \omega^2$，$K_D = 2\xi\omega$。为了避免碰撞，机器人手臂一般不允许有超调，故一般取阻尼比 $\xi = 1$，即 $K_P = \omega^2$，$K_D = 2\omega$。因此可以考虑取增益矩阵为

$$K_P = \begin{bmatrix} \omega_1^2 & 0 & \cdots & 0 \\ 0 & \omega_2^2 & \ddots & \vdots \\ \vdots & \ddots & \ddots & 0 \\ 0 & \cdots & 0 & \omega_n^2 \end{bmatrix}, \quad K_D = \begin{bmatrix} 2\omega_1 & 0 & \cdots & 0 \\ 0 & 2\omega_2 & \ddots & \vdots \\ \vdots & \ddots & \ddots & 0 \\ 0 & \cdots & 0 & 2\omega_n \end{bmatrix} \tag{5-17}$$

如上，机器人各关节的响应速度将随自然频率 ω 增大而加快，但太高的自然频率 ω 会导致机构共振。一般取自然频率 $\omega < \dfrac{\omega_r}{2}$，$\omega_r$ 表示关节谐振频率，其取值可以参照 $\omega_r = \sqrt{\dfrac{K_r}{J}}$，其中 K_r 是连杆的等效刚性系数，J 是连杆的转动惯量。

5.3.3 机器人任务空间的计算力矩控制

在了解了如何在关节空间实现对机器人的计算力矩控制的基础上，可以利用机器人运动学，进一步实现任务空间的计算力矩控制。令 $X \in R^6$ 表示机器人末端位姿矢量，$q \in R^6$ 表示机器人关节位移矢量。由第3章机器人运动学理论，根据式（3-42）可得

$$X = DK(q) \tag{5-18}$$

$$\dot{X} = J(q)\dot{q} \tag{5-19}$$

$$\ddot{X} = J(q)\ddot{q} + \dot{J}(q)\dot{q} \tag{5-20}$$

式中，符号 DK 表示正运动学；$J(q)$ 为速度雅可比矩阵。式（5-20）由式（5-19）根据微分运算乘积法则求得。

在任务空间的计算力矩控制中，内环仍采用逆动力学控制，即

$$u = M(q)a_q + C(q,\dot{q})\dot{q} + g(q) \tag{5-21}$$

根据式（5-20），此时外环控制器的待计算关节加速度 $a_q = \ddot{q}$，应设计为

$$a_q = J^{-1}(q)\left[a_x - \dot{J}(q)\dot{q}\right] \tag{5-22}$$

式中，a_x 为任务空间的待计算末端加速度，可由 $a_x = \ddot{X}$ 计算。对于在任务空间给定的时变轨迹 $X_d(t)$，设末端位姿误差 $\tilde{X} = X_d - X$，则任务空间的待计算末端加速度 a_x 可设计为

$$a_x = \ddot{X}_d + K_D\dot{\tilde{X}} + K_P\tilde{X} \tag{5-23}$$

可以看出，式（5-23）仍采用了带末端加速度前馈的 PD 控制器，以实现任务空间的机器人轨迹跟踪。

联立式（5-21）～式（5-23）可得，（任务空间的）计算力矩控制的控制律为

$$u = M(q)\left\{J^{-1}(q)\left[\ddot{X}_d + K_P(X_d - X) + K_D(\dot{X}_d - \dot{X}) - \dot{J}(q)\dot{q}\right]\right\} + C(q,\dot{q})\dot{q} + g(q) \tag{5-24}$$

由此，任务空间的计算力矩控制框图如图 5-10 所示。

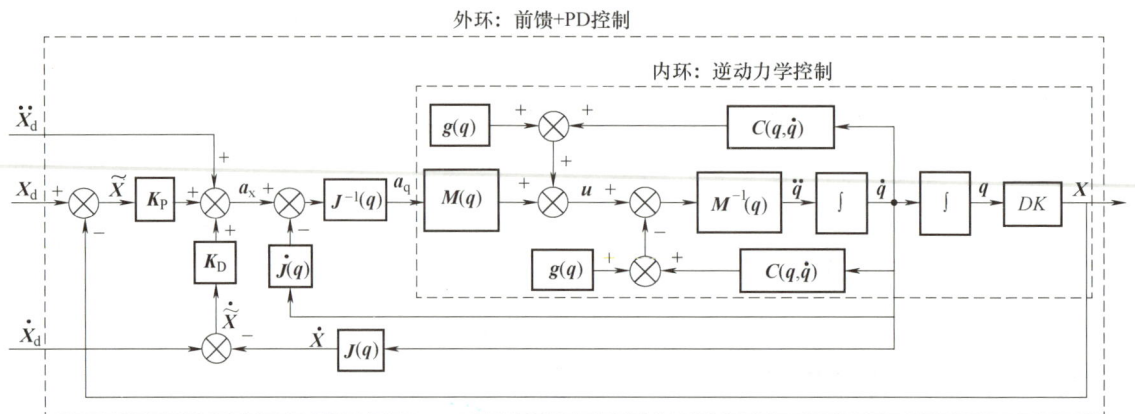

图 5-10　任务空间的计算力矩控制框图

5.4 机器人的力控制

机器人完成焊接、喷漆等工种作业时，只需要实现位置控制，机器人的末端执行器与被控对象无需接触，因此不需要对其进行力控制。但机器人完成打磨、抛光、装配等工种作业时，不仅需要位置控制，还需要控制机器人与被控对象之间的作用力大小，以保证机器人完成任务。通常在机器人末端安装力传感器来实现实时环境力的反馈，所以，一般在任务空间（控制机器人末端位姿的情况）讨论机器人力控制算法。

5.4.1 对偶空间和约束

1. 对偶空间

当机器人从事打磨、抛光、装配等任务时，需要同时考虑机器人位置控制和力控制。此时机器人末端的任务空间就包含了一对运动空间和力空间构成的对偶空间，如图 5-11 所示。

在运动空间中，用广义速度矢量 $V=(v_x,v_y,v_z,\omega_x,\omega_y,\omega_z)^{\mathrm{T}}$ 表示机器人末端的线速度和角速度；而在其对偶空间，即力空间中，用广义力矢量 $F=(f_x,f_y,f_z,n_x,n_y,n_z)^{\mathrm{T}}$ 来表示机器人末端力和力矩。

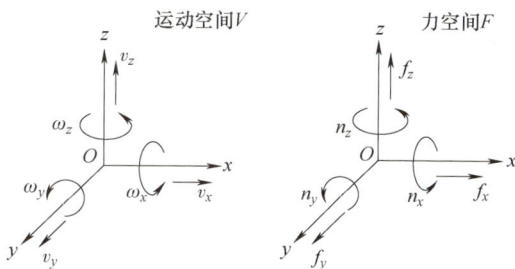

图 5-11　运动空间和力空间

2. 约束

假设机器人与环境发生接触，其表面为理想刚性表面如图 5-12 所示。此时已自然施加于机器人末端坐标系 z 轴上的约束为运动约束 $v_z=0$，表示机器人沿 z 轴方向的直线运动被限制。然而，可人为指定机器人末端坐标系 z 轴上的约束为力约束 $f_z=f_z^{\mathrm{d}}$，f_z^{d} 表示 z 轴期望力，其可按需要由机器人控制系统人为设定。

由图 5-12 所示情况引申，假定机器人在从事相关接触作业时，其接触环境为理想刚性表面，我们可以在设计控制器前，先通过任务分析

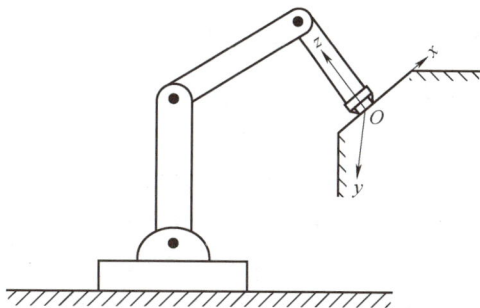

图 5-12　机器人末端与刚性表面接触

来定义其自然约束和人工约束。其中，自然约束指的是：设定环境中，已自然施加于机器人末端坐标系上的运动约束或力约束；人工约束指的是：设定环境中，可人为指定于机器人末端坐标系上的运动约束或力约束。

图 5-13 所示为机器人夹持轴零件完成轴孔装配任务，在工具末端定义坐标系 $Oxyz$ 并进行任务分析。

（1）从直线方向上看　由于孔的内壁为刚性表面，沿 x、y 轴方向的自然约束为运动约束，分别为 $v_x=0$，$v_y=0$，此时沿 x、y 轴方向的对应的人工约束分别为 $f_x=0$，$f_y=0$，即设定装配过程沿 x、y 轴方向的期望力为零；而沿 z 轴方向的自然约束为力约束 $f_z=0$，表示环境

在 z 轴方向上没有施加任何力，此时沿 z 轴方向的对应的人工约束为 $v_z = v_z^d$，即设定沿 z 轴方向的期望线速度为 v_z^d。

（2）从旋转方向上看 绕 x、y 轴方向的自然约束为运动约束，分别为 $\omega_x = 0$，$\omega_y = 0$，表示刚性内壁环境使得轴无法绕 x、y 轴产生角速度，而绕 x、y 轴方向的人工约束为力约束，分别为 $n_x = 0$，$n_y = 0$，即设定装配过程绕 x、y 轴方向的期望力矩为零；沿 z 轴方向的自然约束为力约束 $n_z = 0$，而绕 z 轴方向的人工约束为 $\omega_z = 0$，即人为设定绕 z 轴的期望角速度为零。

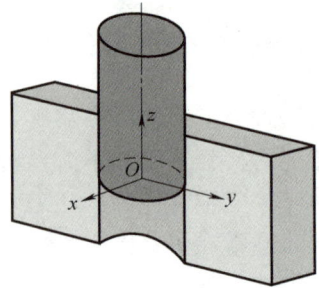

图 5-13 机器人轴孔装配任务示意图

由以上分析可以得出机器人轴孔装配任务的自然约束和人工约束见表 5-1。

表 5-1 机器人轴孔装配任务的自然约束和人工约束

项　　目	自 然 约 束	人 工 约 束
直线方向	$v_x = 0$	$f_x = 0$
	$v_y = 0$	$f_y = 0$
	$f_z = 0$	$v_z = v_z^d$
旋转方向	$\omega_x = 0$	$n_x = 0$
	$\omega_y = 0$	$n_y = 0$
	$n_z = 0$	$\omega_z = 0$

5.4.2　力位混合控制

在确认作业任务的自然约束和人工约束的基础上，可对机器人进行力位混合控制。力位混合控制是指机器人末端的某个方向的运动或力因环境关系受到自然约束时，以人工约束分析为基础进行力控制或位置控制的混合控制方法。下面主要从直角坐标型机器人和关节型机器人两类机器人简述力位混合控制方法。

1. 直角坐标型机器人力位混合控制

三自由度直角坐标型机器人在空间内作业，假设关节运动方向与约束坐标系 $\{C\}$ 的坐标轴方向完全一致，即三个关节的轴线分别沿 x_C、y_C 和 z_C 轴方向，如图 5-14 所示。为简单起见，设每一个连杆质量为 m，滑动摩擦力为零，末端执行器与刚性表面接触。可以看出，在 y_C 轴方向需要力控制，而在 x_C、z_C 轴方向需要位置控制。

力位混合控制的第一步基于模式变换矩阵，选择力控制环和位置控制环；第二步基于传感器反馈的力和位置信息，实现力回路和位置回路上的闭环控制；第三步基于约束条件，对力和轨迹（位置）同时控制，将最终的控制输入分配到各个关节。

图 5-15 所示为笛卡儿直角坐标型机器人

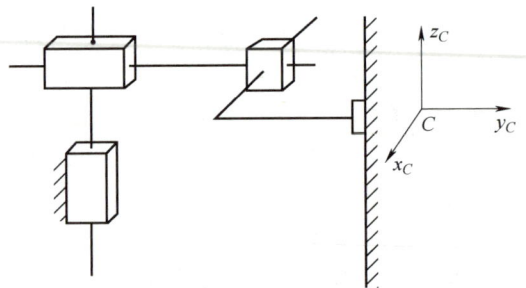

图 5-14 三自由度直角坐标型机器人示意图

力位混合控制系统框图，该混合控制系统通过位置控制律和力控制律反馈跟踪力和位置。采用变换矩阵 S 和 S' 来决定系统由位置模式或力模式控制，从而实现对每个自由度的位置控制或力控制。S 为对角矩阵，对角线上的元素非 0 即 1。对于位置控制而言，矩阵 S 中元素为 1 的位置在矩阵 S' 中对应元素为 0。对于力控制，矩阵 S 中元素为 0 的位置在 S' 中对应元素为 1。这样 S 和 S' 就形成了一个互锁开关，用来确定约束空间下每一个自由度的控制方式。

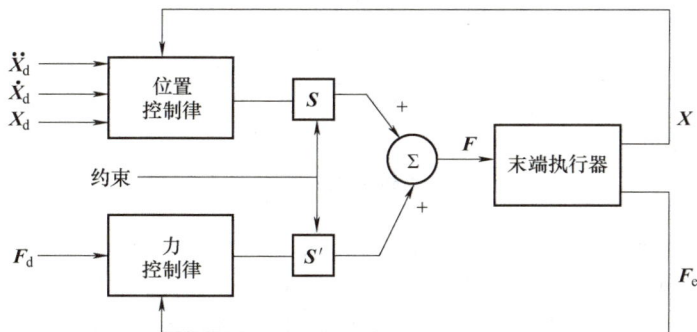

图 5-15　笛卡儿直角坐标型机器人力位混合控制系统框图

对于三自由度关节型机器人，其矩阵 S 应该有 3 个分量受到限定。根据任务分析可知，在 x_c、z_c 轴方向实施位置伺服控制，所以矩阵 S 中对应元素为 1，实现该方向上的轨迹控制；在 y_c 轴方向实施力伺服控制，位置轨迹将被忽略，则 S' 对角线方向上的 0 和 1 元素与矩阵 S 的相反。因此

$$S = \begin{bmatrix} 1 & 0 & 0 \\ 0 & 0 & 0 \\ 0 & 0 & 1 \end{bmatrix}, \quad S' = \begin{bmatrix} 0 & 0 & 0 \\ 0 & 1 & 0 \\ 0 & 0 & 0 \end{bmatrix}$$

对于机器人末端的力位混合控制系统，位置反馈是利用机器人本体关节的编码器检测出关节角度，进而求解出机器人末端位移与期望位置值的偏差；力反馈是利用力（力矩）传感器来获取机器人末端执行器 6 个方向的力（力矩），并与期望值相比较，完成力反馈控制，从而实现机器人末端执行器相互正交的位置和力的同时控制。

2. 关节型机器人力位混合控制

关节型机器人两种极端接触状态如图 5-16 所示。图 5-16a 所示关节型机器人在空间中自由移动，可以在 6 个自由度方向上实现任意位姿，但是在任何方向上均无法施加力，这种情况的控制属于关节型机器人的轨迹跟踪或位置控制问题。图 5-16b 所示为关节型机器人末端执行器紧贴刚性表面运动的情况。在这种情况下，关节型机器人无法沿垂直表面的方向施加位置控制（线速度 v 和角速度 ω），但是可以施加力控制（力 f 和力矩 n）。

关节型机器人力位混合控制的基本思想是采用笛卡儿直角坐标型机器人的工作空间动力学模型。把实际机器人的组合系统和计算模型变换成一系列独立的、解耦的单位质量系统，完成解耦和线性化。

笛卡儿空间下机器人末端动力学方程与式（5-10）类似，可写为

$$F = M_x(q)\ddot{x} + V_x(q,\dot{q})\dot{x} + G_x(q)$$

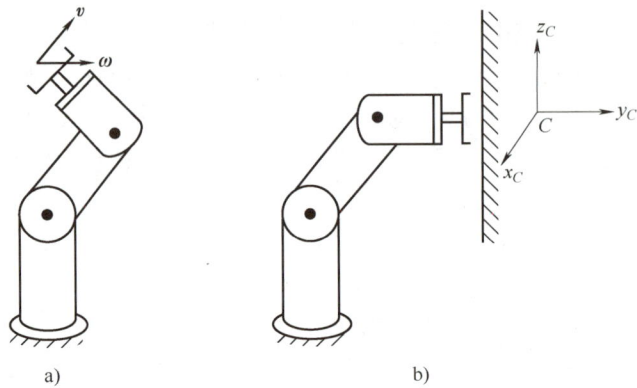

图 5-16　关节型机器人两种极端接触状态

式中，F 是笛卡儿空间下的机器人末端广义力矢量；x 是位置与姿态矢量（简称位姿矢量）；$M_x(q)\ddot{x}$ 是笛卡儿空间（任务空间）下的惯性项矢量；$V_x(q,\dot{q})\dot{x}$ 是速度项矢量；$G_x(q)$ 是重力项矢量，其中下标 x 表示将关节空间下的惯性项、速度项和重力项转化至笛卡儿空间。图 5-17 所示为笛卡儿空间下机器人末端动力学方程的框图。

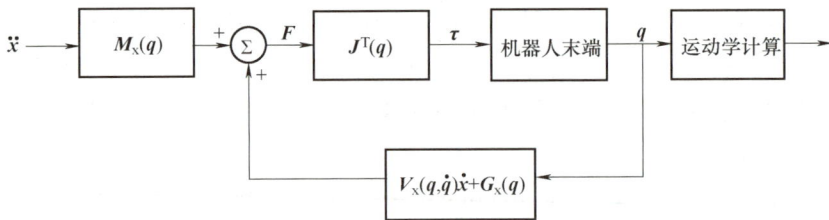

图 5-17　机器人末端动力学方程的框图（笛卡儿空间）

对于机器人末端控制系统来说，根据任务描述建立的约束坐标系与混合控制器的解耦方法所采用的笛卡儿坐标系是一致的，因此只需要将两者结合，就可以推广到一般的力位混合控制器中。图 5-18 所示为一般关节机器人的力位混合控制框图。需要注意的是，这里的动力学方程为工作空间动力学方程，而非关节空间。这就要求运动学方程中包含工作空间坐标系的坐标变换，所检测的力也要变换到工作空间中。

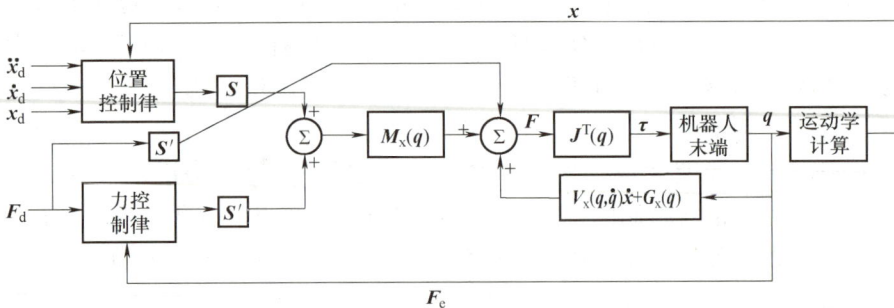

图 5-18　关节机器人的力位混合控制框图

5.4.3　阻抗控制

上述力位混合控制建立在假设接触环境为理想刚性的基础上，而实际的接触环境在受力时会产生柔性形变，如图 5-19 所示，假设环境的表面刚度为 k，则材料变形引起的势能变化为

$$\int_0^t \dot{x}(\delta)kx(\delta)\mathrm{d}\delta = \frac{1}{2}kx^2(\delta)\Big|_0^t = \frac{1}{2}k\big[x^2(t)-x^2(0)\big] \tag{5-25}$$

式（5-25）表明环境表面刚度 k 越大，就越"阻碍"机器人末端执行器运动。根据这种实际情况，研究者提出阻抗控制的概念。

1. 阻抗控制的基本原理

"阻抗"一词常出现于电学和力学当中，电路中的"阻抗"用来描述对电流的阻碍作用。在电压一定的情况下，通过调整阻抗的值来改变电流的值。机器人的阻抗控制是通过控制位移与力的动态关系间接控制期望的力和位置，达到柔顺控制的目的。这种动态关系类似于电路中的阻抗概念，因而以阻抗概念描述机器人和环境的接触特性，并进行机器人力和位置控制的方法称为阻抗控制。

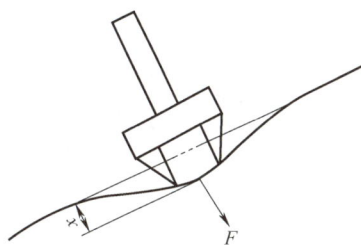

图 5-19　机器人与柔性表面接触

以图 5-19 所示情况为例建立阻抗模型，如图 5-20 所示。这里进行了简化，模型用一维状态进行的图示，实际应用时应采用多维的矢量和矩阵进行计算。M_d、B_d、K_d 分别表示机器人的期望惯量、阻尼、刚度矩阵，K_e 表示环境刚度。X_0 表示机器人与环境初始接触时的位置，X_d 表示机器人期望位移，X 表示机器人实际位移。机器人实际的稳态停留位置将无法达到期望位移 X_d 处，可知位移误差 $\tilde{X} = X_d - X$，环境对机器人的作用力 $F_e = K_e(X-X_0)$。

此时，机器人动力学方程需要在式（5-10）基础上增加机器人末端受到的环境反作用力矩，根据式（3-47），增加的反作用力矩 $\boldsymbol{\tau}_e = \boldsymbol{J}^{\mathrm{T}}(\boldsymbol{q})\boldsymbol{F}_e$，则有

$$\boldsymbol{M}(\boldsymbol{q})\ddot{\boldsymbol{q}} + \boldsymbol{C}(\boldsymbol{q},\dot{\boldsymbol{q}})\dot{\boldsymbol{q}} + \boldsymbol{g}(\boldsymbol{q}) + \boldsymbol{J}^{\mathrm{T}}(\boldsymbol{q})\boldsymbol{F}_e = \boldsymbol{u} \tag{5-26}$$

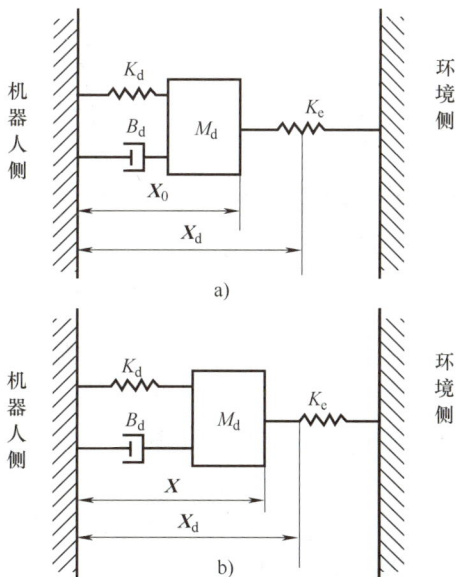

图 5-20　机器人与柔性环境接触的阻抗模型
a）初始状态　b）过程状态

式中，环境反作用力 $\boldsymbol{F}_e = (f_x, f_y, f_z, n_x, n_y, n_z)^{\mathrm{T}}$。

可由式（5-26）及式（5-18）绘制机器人阻抗控制的动力学模型框图，如图 5-21 所示。

2. 基于逆动力学的阻抗控制器设计

基于逆动力学的阻抗控制器在控制律设计上仍采取内外环控制架构，框图如图 5-22 所示，内环仍采用逆动力学控制器实现机器人模型的反馈线性化处理，而外环控制器采用前馈+阻抗控制方法，替代计算力矩控制中的"前馈+PD 控制"方法，来使轨迹规划器实现期

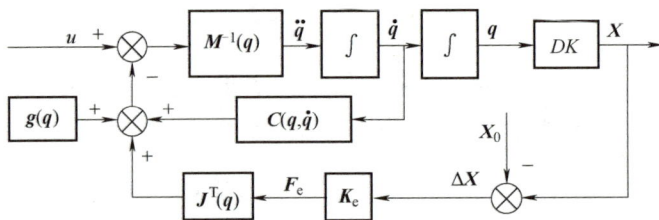

图 5-21 机器人阻抗控制的动力学模型框图

望轨迹跟踪。为便于理解，图 5-22 所示框图中的机器人动力学模型相较于图 5-21 做了简化表达。

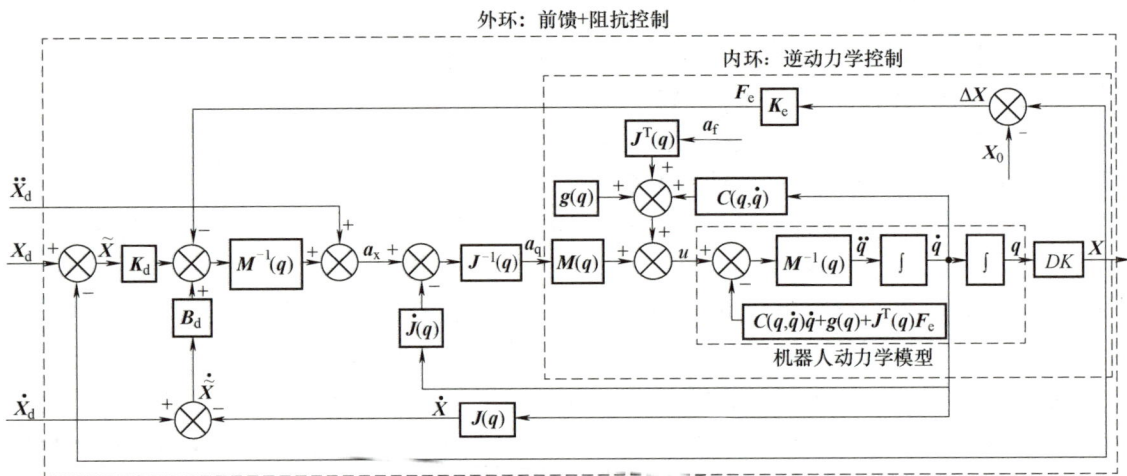

图 5-22 基于逆动力学的阻抗控制框图

首先，内环逆动力学控制器的输出设计为

$$u=M(q)a_q+C(q,\dot{q})\dot{q}+g(q)+J^{\mathrm{T}}(q)a_f \tag{5-27}$$

式中，a_q 和 a_f 分别是在外环控制中待设计的加速度项和力项（关节空间）。

将式（5-27）代入式（5-26）中，可得

$$M(q)\ddot{q}+C(q,\dot{q})\dot{q}+g(q)+J^{\mathrm{T}}(q)F_e=M(q)a_q+C(q,\dot{q})\dot{q}+g(q)+J^{\mathrm{T}}(q)a_f \tag{5-28}$$

进一步化简式（5-28）可得

$$\ddot{q}-a_q=M^{-1}(q)J^{\mathrm{T}}(q)(a_f-F_e) \tag{5-29}$$

机器人末端正运动学方程为

$$\ddot{X}=J(q)\ddot{q}+\dot{J}(q)\dot{q} \tag{5-30}$$

相对应地，任务空间的待设计加速度项为

$$a_x=J(q)a_q+\dot{J}(q)\dot{q} \tag{5-31}$$

联立式（5-29）~式（5-31）可得

$$\ddot{X}=a_x+J(q)M^{-1}(q)J^{\mathrm{T}}(q)(a_f-F_e) \tag{5-32}$$

式中，$J(q)M^{-1}(q)J^{\mathrm{T}}(q)$ 一般称为运动性张量。

取待设计的力项 $a_f=F_e$ 来抵消环境力，则可得线性化的双积分系统

$$\ddot{X} = a_x \tag{5-33}$$

外环控制器的输出（关节空间）待设计加速度项 a_q 可根据式（5-31）设计得到

$$a_q = J^{-1}(q)\left[a_x - \dot{J}(q)\dot{q}\right] \tag{5-34}$$

式中，任务空间的待设计加速度项 a_x 设计为

$$a_x = \ddot{X}_d + M_d^{-1}(B_d\dot{\tilde{X}} + K_d\tilde{X} - F_e) \tag{5-35}$$

可以看出，任务空间的待设计加速度项 a_x 由期望加速度前馈和阻抗控制律两项组成，将式（5-34）代入式（5-35）中可得任务空间轨迹误差（$\tilde{X} = X_d - X$）的动力学模型为

$$M_d\ddot{\tilde{X}} + B_d\dot{\tilde{X}} + K_d\tilde{X} = F_e \tag{5-36}$$

对式（5-36）的进一步理解应结合上述图 5-20 所示模型分情况讨论。

1）如果期望位移 $X_d = X_0$，则环境作用力 $F_e = K_e(X - X_0)$ 的稳态值为 0，机器人末端的稳态误差 $\tilde{X} = 0$，表示机器人末端可以实现无差轨迹跟踪。

2）如果期望位移 $X_d > X_0$，则存在稳态位置误差 $\tilde{X} = \dfrac{F_e}{K_d}$，可进一步得到

$$\tilde{X} = \frac{K_e(X - X_0)}{K_d} \tag{5-37}$$

已知 $X = X_d - \tilde{X}$，代入式（5-37）可得

$$\tilde{X} = \frac{K_e(X_d - X_0)}{K_d + K_e} \tag{5-38}$$

可知，机器人设定刚度 K_d 越大，则稳态误差 $\tilde{X}$ 越小，但环境力 F_e 越大。总的来说，如果希望机器人末端的位置跟踪精度高，则应加大机器人设定刚度 K_d；反之，如果希望减小机器人末端受到的环境作用力，则应减小机器人设定刚度 K_d。

习题

1. 采用工业控制计算机+运动控制卡的机器人控制系统的硬件主要由上位机、_____、_____、_____、检测传感器和电源分配板等组成。

2. 工业机器人常见的控制方式分为_____和_____。

3. PID 控制是由比例单元、_____和_____组成。

4. 机器人系统的伺服控制律可分解为_____和_____。

5. 机器人动力学模型需考虑_____、_____、重力和_____。

6. 常用的机器人力控制方法有_____、力位混合控制、_____和_____。

7. 简述机器人阻抗控制策略。

MoveL
MoveJ
MoveC
MoveAbsJ

P_1
P_i
$\{T\}$
P_{n-1}
P_n

第6章 工业机器人轨迹规划与编程

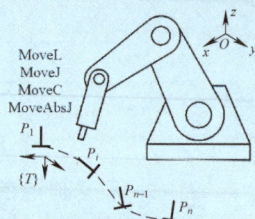

机器人轨迹规划与编程在机器人研究与应用中具有重要地位，本章主要从机器人轨迹规划、机器人编程方式及编程语言、ABB RAPID 程序编程三个主要方面来阐述相关内容。

机器人轨迹规划是指根据任务的需要，确定轨迹位置点和姿态，实时计算并生成运动轨迹。它是工业机器人控制的重要组成部分，轨迹规划控制的目的在于精确实现所规划的运动。轨迹规划的常用方法是采用多项式函数进行插值，形成逼近理论的路径，并按时间轴形成机器人控制的路径点。

机器人应用的一个重要特点是必须具备可编程功能，用户根据需要利用机器人语言编写程序，进而完成各种作业任务。机器人语言有多种类型，基本类似于高级程序语言，编程简单，容易上手，不过不同品牌的机器人语言很难兼容。

6.1 工业机器人轨迹规划

工业机器人轨迹一般是指其末端执行器的运动轨迹，包括运动点的位置、姿态、速度和加速度等，而轨迹控制则是按时间控制末端执行器的空间路径及轨迹路径点对应的关节角。

根据作业要求，机器人必须按一定的轨迹路径运动。轨迹上的点需要经过逆运动学求解映射到关节空间，即求得对应的关节角，并在关节空间中进行关节角插值计算。按照上述方式进行分析和求解的过程通常称为机器人轨迹规划。

机器人轨迹规划包括两个步骤：1）根据作业要求，对机器人的运动路径进行数学建模；2）求解数学问题，并将轨迹转化为机器人控制序列。轨迹生成可通过机器人示教方式和轨迹规划器完成。示教方式可获得机器人的运动轨迹，它由人工完成，通过示教器完成轨迹的描述。轨迹规划器能够实现基本的插补运算，如关节空间的点插补、直角坐标空间的直线和圆弧插补等。基于基本的插补运算，轨迹规划器能够快速拟合复杂的空间曲线，通过机器人运动学将轨迹转化为机器人控制器能够接收的控制序列。

6.1.1 轨迹规划基本内容

机器人的作业可以描述成工具坐标系相对于工件坐标系的一系列运动。如图 6-1 所示，机器人的任何作业可以借助基于工具坐标系的一系列位姿 $P_i (i=1,2,\cdots,n)$ 来描述。

作业路径用工具坐标系相对于工件坐标系的运动来描述，这也是一种较容易理解的作业描述方法。这种作业路径描述与机器人的末端执行器的类型无关，是一种基于坐标系的模型化描述方式，因此该方法不受限于工业机器人类型，也不限于末端执行器的类型。如图 6-2 所示的机器人从初始位置 $\{T_0\}$ 到终止位置 $\{T_f\}$ 完成作业任务，只需关心初始位置与终止位置的坐标变换问题，无需具体的机器人型号或末端执行器类型。这类坐标变换一般包含工具坐标系的位姿变化。

轨迹规划包含位置点和姿态信息，其中位置点的规划更为常见，以下用位置点的规划来展开叙述。例如，码垛等搬运作业的轨迹规划一般只需要起始点和终止点的位置信息，但还有其他很多作业，如电弧焊、抛光等的轨迹规划需要详细的路径轨迹，此时不仅要规定起始点和终止点，也必须规划中间点。有些作业任务还需要考虑路径点间的时间分配

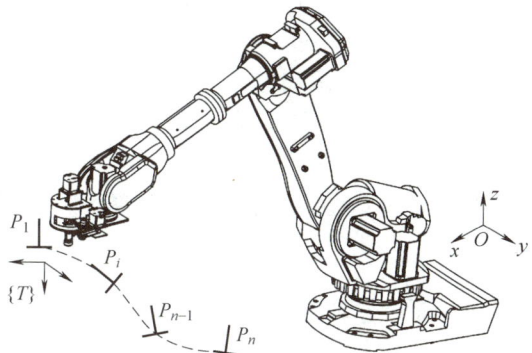

图 6-1　机器人的作业描述

问题，如抛光时末端执行器需要驻留的时间。另外，为了使机器人运动平稳，描述运动的函数需要是连续可导，甚至是二阶可导的，即速度和加速度都应该是连续的，以防止运动冲击和振动。

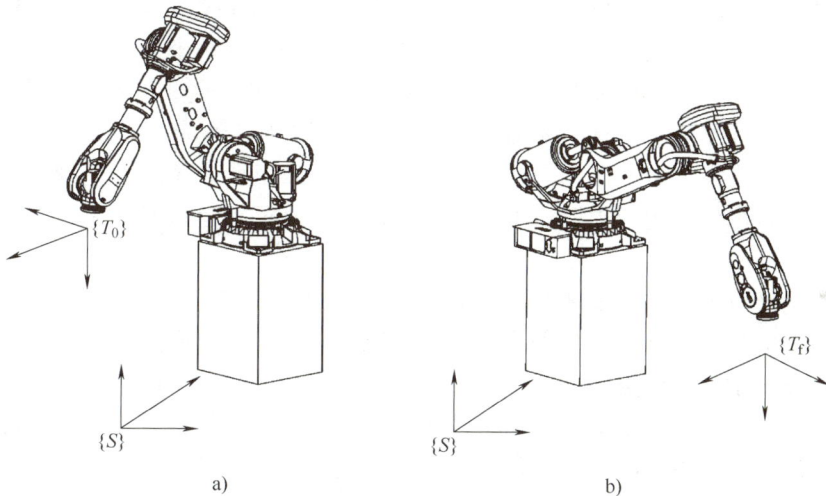

图 6-2　机器人初始状态和终止状态

a）初始状态　b）终止状态

机器人的轨迹规划既可以在关节空间中进行，也可以在直角坐标空间中进行。两个空间的描述都是位置、速度、加速度关于时间的函数，不同的是关节空间轨迹规划的因变量是关节角度，而直角坐标空间轨迹规划的因变量是直角坐标点。

实际作业中，常常需要综合以上因素进行规划，一般轨迹规划涉及以下几个方面的内容。

1）根据作业任务要求，用示教器采集任务轨迹的点信息。

2）解决轨迹插补问题，即确定好重要节点后，确定节点之间如何插补；解决轨迹优化问题，即确定按照哪种优化原则优化轨迹，如速度无突变或加速度平滑等。

3）根据机器人的动态参数，设计基于上述轨迹的控制规律。

4）所规划的轨迹路径是否存在路径上的障碍，即考虑避障问题。

机器人轨迹的描述或生成有以下几种方式。

1）示教与再现：示教时，人工示教机器人轨迹点，定时记录机器人关节变量，构建关

节位移的时间函数。再现时，将记录的关节点的数值转化为序列动作。

2）关节空间运动：该方式对应机器人直接在关节空间进行运动的情况，关节空间的描述方式是求解时间最短的方式。

3）空间直线运动：该方式对应机器人在直角坐标空间进行运动的情况，这种描述方式很直观。

4）空间曲线运动：该方式对应机器人做螺旋、圆周运动等的情况，根据函数关系描述空间运动。

6.1.2 关节空间插补

6.1.2
关节空间插补

关节空间的插补首先需要将作业路径点从直角坐标空间向关节空间进行变换，该过程是利用机器人逆运动学将路径点转化为关节角度值，也就是将直角坐标空间的路径点映射为关节空间的关节路径点，进而形成关节路径点轨迹，再进一步为这些轨迹点拟合出光滑函数，然后进行关节路径点插值。拟合的光滑函数描述了机器人作业的起始点、终止点、中间路径点的数据信息。因此各个关节在相应路径段的时间点一致，所有关节都能同时抵达相应的路径点，使轨迹上的路径点达到预期要求。尽管各个关节路径点运行时间一致，但关节函数是相互独立的。

关节空间是以角度函数来描述机器人的轨迹，因此不必考虑直角坐标空间的轨迹形状。另外关节角直接由各个关节驱动，计算量小，控制简单。由于两个空间不是连续的映射关系，机构的奇异现象在关节空间并不存在，因此不会在直角坐标空间出现失速问题。

对于给定的几个已知点，满足约束条件的关节空间的轨迹路径有多个解，可以生成不同的轨迹，也就是可以采用不同的关节角度函数进行插补，常用的插补方式有如下几种。

1. 定时插补

定时插补就是每间隔一个时间段计算一次插补点的坐标，并将其转换成对应的关节角度值，故时间间隔不可以太长，不然会影响机器人的运动平稳性。

在一个时间间隔内机器人需要完成一次插补运算和逆运动学计算，理论上这个时间间隔越小越好，但它的下限值受机器人控制器计算能力的限制。随着机器人控制器计算能力的不断提高，时间间隔会越来越小，机器人的轨迹精度和平滑度也将进一步提高。

以机器人直线运动为例，运动速度为 v（mm/s），时间间隔为 t_s（ms），则一个时间间隔内机器人移动的距离为

$$P_i P_{i+1} = v t_s \tag{6-1}$$

为保证插补精度就必须使插补点之间的距离足够小，在速度一定的前提下，插补距离与时间成正比。机器人的速度一般不高，运动精度不如机床，故机器人一般采用定时插补的方式。如果需要更高精度的运动轨迹，可采用定距插补。

2. 定距插补

根据式（6-1）可知，机器人的运动速度是可变的，如果使插补点间距 $P_i P_{i+1}$ 恒定且数

值足够小，那么要继续保持运动精度，时间间隔也要变化。也就是说，在定距的条件下，时间间隔要随着运动速度的变化而变化。虽然定距插补与定时插补方式的算法类似，但定距插补由于时间间隔也要变化，相对不容易实现。

3. 三次多项式插值

在已知机器人起始点和终止点关节角的情况下，可利用一个平滑轨迹的函数 $\theta(t)$ 来描述机器人末端的运动轨迹。同时为了实现平稳运动，需对每个关节的轨迹函数设置约束条件，包括起始点和终止点的位置约束和速度约束。

起始点和终止点的位置约束是指两点分别对应的关节角度 $\theta(t)$，即

$$\begin{cases} \theta(0) = \theta_0 \\ \theta(t_f) = \theta_f \end{cases} \tag{6-2}$$

式中，θ_0 是 $t_0 = 0$ 时刻的起始关节角度（rad 或°）；θ_f 是终止时刻 t_f 的终止关节角度（rad 或°）。

为满足运动速度连续性要求，设起始点和终止点关节角速度为零，即

$$\begin{cases} \dot{\theta}(0) = 0 \\ \dot{\theta}(t_f) = 0 \end{cases} \tag{6-3}$$

满足上述约束条件的平滑轨迹函数以三次多项式表示为

$$\theta(t) = a_0 + a_1 t + a_2 t^2 + a_3 t^3 \tag{6-4}$$

对该函数求一阶导数和二阶导数，即对应关节角速度和角加速度为

$$\begin{cases} \dot{\theta}(t) = a_1 + 2a_2 t + 3a_3 t^2 \\ \ddot{\theta}(t) = 2a_2 + 6a_3 t \end{cases} \tag{6-5}$$

把式（6-2）和式（6-3）的 4 个约束条件代入式（6-4）和式（6-5）可得

$$\begin{cases} \theta(0) = a_0 = \theta_0 \\ \theta(t_f) = a_0 + a_1 t_f + a_2 t_f^2 + a_3 t_f^3 \\ \dot{\theta}(0) = a_1 = 0 \\ \dot{\theta}(t_f) = a_1 + 2a_2 t_f + 3a_3 t_f^2 = 0 \end{cases} \tag{6-6}$$

解得

$$\begin{cases} a_0 = \theta_0 \\ a_1 = 0 \\ a_2 = \dfrac{3}{t_f^2}(\theta_f - \theta_0) \\ a_3 = -\dfrac{2}{t_f^3}(\theta_f - \theta_0) \end{cases} \tag{6-7}$$

即为在起始点和终止点速度为零的前提下求解获得的三次多项式的参数。

上述三次多项式插值方法适合机器人末端执行器在路径点停留的情况，若不停留，则上述方法并不适用。实际上机器人末端执行器的运动并不会只是简单地从一个端点到另一个端点，而是对中间的运动轨迹有所要求。因此当规划运动轨迹时，可规划出通过这些路径点的光滑曲线，然后将轨迹分为几段，运用上述三次多项式插值方法连接相邻的路径点。但上

述三次多项式插值方法的约束条件是起始点和终止点速度为零，显然要在轨迹上的中间路径点停留而产生运动停顿，这并不满足实际运动要求。

为了防止出现运动停顿，在利用三次多项式插值函数时，使其起始点和终止点的速度不再为零，而是给定中间点的期望速度，这样可避免运动停顿。仍然采用上述三次多项式的规划方法，将其约束条件改为

$$\begin{cases} \dot{\theta}(0) = \dot{\theta}_0 \\ \dot{\theta}(t_f) = \dot{q}_f \end{cases} \qquad (6\text{-}8)$$

式（6-8）是式（6-3）的一般情况，它描述起始点和终止点的速度约束条件。进一步规划下一段路径时，起始点的速度采用上一段终止点的速度，以实现平滑过渡。

例 6-1　一个多轴工业机器人的第一关节在 3s 内从初始 30°角位置运动到终端 60°角位置，且起始点和终止点速度均为零。使用三次多项式插值函数规划关节的运动轨迹，并计算在第 1s、2s 时关节的角度。

解：将约束条件代入式（6-7），可得

$$a_0 = 30°, \quad a_1 = 0, \quad a_2 = 10°/s^2, \quad a_3 = -2.22°/s^3$$

由此得关节位移、角速度和角加速度分别为

$$\theta(t) = (30 + 10t^2 - 2.22t^3)°$$
$$\dot{\theta}(t) = (20t - 6.66t^2)°/s$$
$$\ddot{\theta}(t) = (20 - 13.32t)°/s^2$$

求得 1s 和 2s 的关节角度为

$$\theta(1) = 37.78°, \quad \theta(2) = 52.24°$$

该关节的角位置随时间变化的曲线如图 6-3a 所示，角速度和角加速度随时间变化的曲线如图 6-3b 所示。

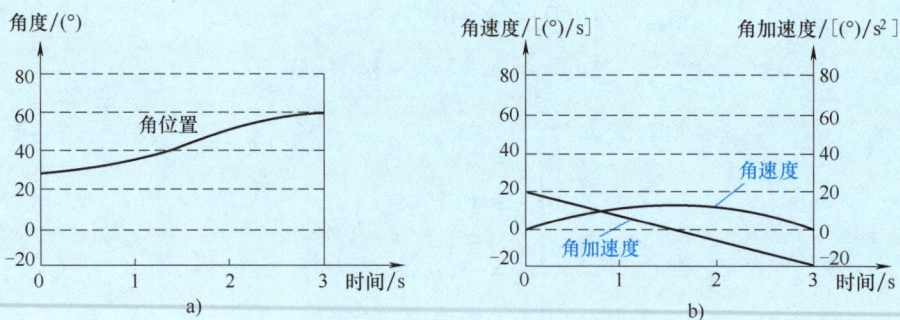

图 6-3　关节的角位移、角速度和角加速度

a）角位置变化曲线　b）角速度和角加速度变化曲线

4. 用抛物线过渡的线性插值

线性插值是最简单的插值方式，图 6-4 所示为起始点至终止点的线性插值。但是线性插值使上一段终止点和下一段起始点的关节运动速度不连续，且加速度为无穷大，会在端点处造成刚性冲击。

为解决速度不连续的冲击问题，可在线性插值端点处设置一段过渡的缓冲区域，如常见的抛物线区域。抛物线函数对时间的二阶导数是常数，说明其加速度恒定，使端点间的速度保持平滑，从而使得轨迹上的速度连续。图 6-5 所示为有抛物线过渡的线性轨迹。

两段过渡抛物线的加速度 $\ddot{\theta}$ 数值相同且符号相反，并具有相同的过渡时间 t_a。如图 6-6 所示，通过抛物线过渡的轨迹并不唯一，为便于说明，假设符合条件的轨迹都经过位置中点 θ_h 和时间中点 t_h。

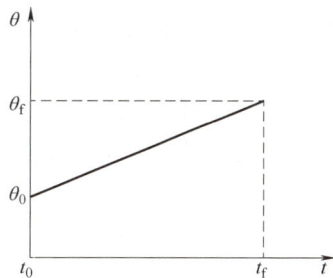

图 6-4　起始点至终止点的线性插值

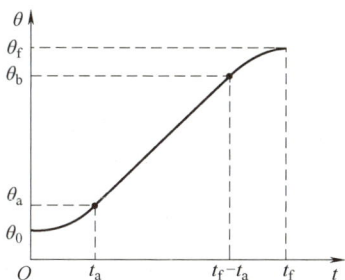

图 6-5　有抛物线过渡的线性轨迹

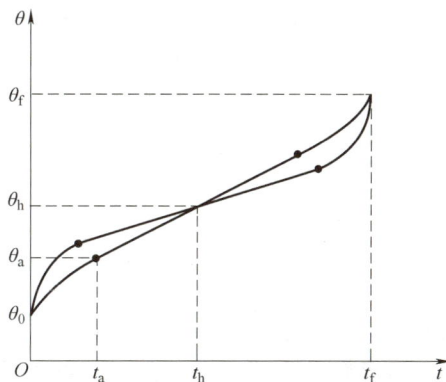

图 6-6　轨迹的多解性和对称性

为防止线性冲击，要求线性段与抛物线段在衔接点的速度必须保持一致，故可得

$$\dot{\theta}_a = \frac{\theta_h - \theta_a}{t_h - t_a} \tag{6-9}$$

式中，θ_a 是对应于抛物线过渡时间 t_a 的关节位置（rad 或 °），可表示为

$$\theta_a = \theta_0 + \frac{1}{2}\ddot{\theta}t_a^2 \tag{6-10}$$

设轨迹持续的总时间为 t_f，则 $t_f = 2t_h$，且有

$$\theta_h = \frac{1}{2}(\theta_f + \theta_0) \tag{6-11}$$

由式（6-9）~式（6-11）得

$$\ddot{\theta}t_a^2 - \ddot{\theta}t_f t_a + (\theta_f - \theta_0) = 0 \tag{6-12}$$

通常，θ_0、θ_f、t_f 是已知条件，这样根据式（6-9）可以选择对应的 $\ddot{\theta}$ 和 t_a 得到相应的轨迹。一般可设定加速度 $\ddot{\theta}$ 的值，进而求出过渡时间

$$t_a = \frac{t_f}{2} - \frac{\sqrt{\ddot{\theta}^2 t_f^2 - 4\ddot{\theta}(\theta_f - \theta_0)}}{2\ddot{\theta}} \tag{6-13}$$

由式（6-13）可知，t_a 有解的条件是加速度值 $\ddot{\theta}$ 满足

$$\ddot{\theta} \geqslant \frac{4(\theta_f - \theta_0)}{t_f^2} \tag{6-14}$$

对式（6-14）进行分析可得，当等号成立时，线性段长度为零，轨迹由两段过渡抛物线组成。加速度值越大，则线性段长度越长，直至变成纯线性段。

因此，利用抛物线过渡的线性插值轨迹规划要求机器人的每个关节都采用等加速、等速和等减速的运动规律，其位置、速度及加速度曲线如图6-7所示。

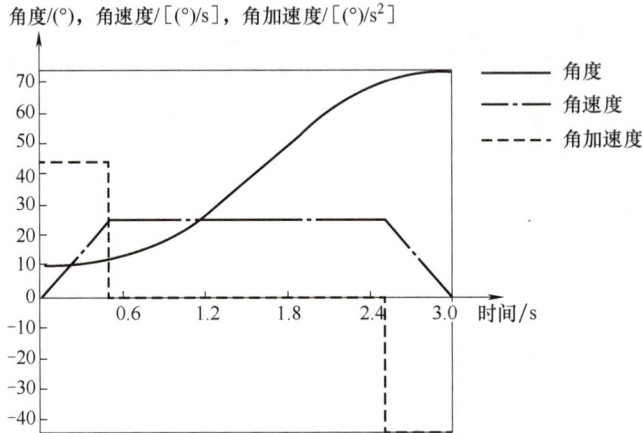

角度/(°)，角速度/[(°)/s]，角加速度/[(°)/s²]

图6-7　有抛物线过渡的线性插值的位置、速度、加速度曲线

当机器人进行线性插值的轨迹规划时，若轨迹由多段线性路径段组成，可采用抛物线过渡的线性路径轨迹方式。过渡的抛物线段将各段线性路径相连，衔接的路径点都采用抛物线进行过渡。由于采用抛物线连接线性路径进行过渡，因此机器人的运动并不会真正达到线性路径的交叉点，如图6-8所示。

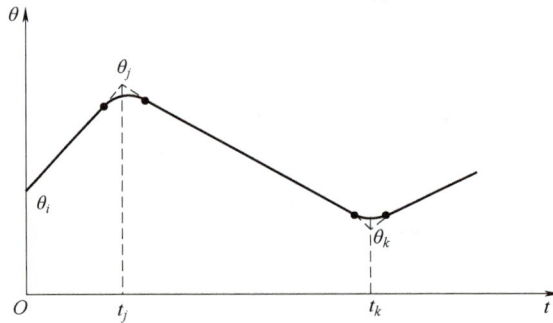

图6-8　多段带有抛物线过渡域的线性轨迹

5. 五次多项式插补

上述插补方式的约束条件包括位置和速度，如果约束条件再加上加速度，构成6个约束条件，则可采用五次多项式来规划运动轨迹，即

$$\theta(t) = a_0 + a_1 t + a_2 t^2 + a_3 t^3 + a_4 t^4 + a_5 t^5 \tag{6-15}$$

$$\dot{\theta}(t) = a_1 + 2a_2 t + 3a_3 t^2 + 4a_4 t^3 + 5a_5 t^4 \tag{6-16}$$

$$\ddot{\theta}(t) = 2a_2 + 6a_3 t + 12a_4 t^2 + 20a_5 t^3 \tag{6-17}$$

根据实际的约束条件，获得角位置、角速度和角加速度的实际值，即可计算得到五次多项式的系数。

例 6-2 已知条件同例 6-1，增加约束条件为起始角加速度和终止角减速度均为 $3°/s^2$，求角位置、角速度和角加速度。

解： 根据已知条件获得起始点和终止点的角位置、角速度和角加速度值分别为

$$\theta_0 = 30°, \quad \dot{\theta}_0 = 0°/s, \quad \ddot{\theta}_0 = 3°/s^2, \quad \theta_f = 60°, \quad \dot{\theta}_f = 0°/s, \quad \ddot{\theta}_f = -3°/s^2$$

将起始和终止约束条件代入式（6-15）~式（6-17）得

$$a_0 = 30°, \quad a_1 = 0, \quad a_2 = 1.5°/s^2, \quad a_3 = 9.1°/s^3, \quad a_4 = -4.72°/s^4, \quad a_5 = 0.63°/s^5$$

求得五次多项式运动方程，即

$$\theta(t) = (30 + 1.5t^2 + 9.1t^3 - 4.72t^4 + 0.63t^5)°$$

$$\dot{\theta}(t) = (3t + 27.3t^2 - 18.96t^3 + 3.15t^4)°/s$$

$$\ddot{\theta}(t) = (3 + 54.6t - 56.88t^2 + 12.6t^3)°/s^2$$

图 6-9a 所示为机器人关节的角位置曲线，图 6-9b 所示为机器人关节的角速度和角加速度曲线。

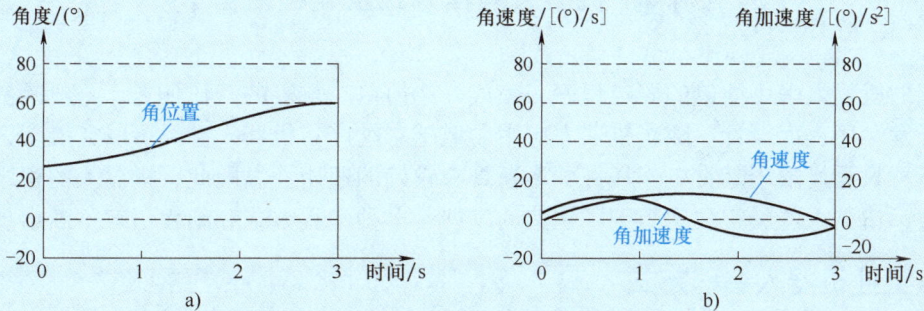

图 6-9 关节的角位置、角速度和角加速度曲线

a）角位置变化曲线　b）角速度和角加速度变化曲线

6.1.3 直角坐标空间

在直角坐标空间下，图 6-10 所示为两关节机器人从 A 点直线运动到 B 点，路径为一条直线。该直线由起始点 A、终止点 B 及 A、B 两点间若干中间点组成。机器人为完成直线运动，需要将直角坐标空间下的点转化为一系列的关节角度值，不断求解机器人的逆运动学方程，计算量较大。直角坐标空间描述的运动轨迹直观明了，而关节空间的描述不能得到可预知的轨迹。

直角坐标空间描述的轨迹非常直观，机器人末端执行器的轨迹很容易识别，但由于逆运动学计算量较大，需要机器人控制器具有较快的计算处理速度才能保证轨

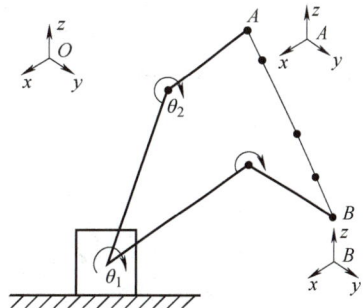

图 6-10 直角坐标空间轨迹规划的问题

迹的计算精度。另外，虽然机器人在直角坐标空间的轨迹表述直观，但是可能存在奇异点。如图 6-10 所示，机器人末端执行器从 A 点直线移动到 B 点的路径上可能存在无法达到的某

些中间点，因此，实际操作中应在路径上设置必须经过的路径中间点，以避开奇异点。

直角坐标空间的轨迹规划函数输出值是机器人末端执行器的位姿，而关节空间轨迹规划函数输出的是关节角度值，为此直角坐标空间轨迹生成需反复求解逆运动学方程，以计算对应的关节角度。直角坐标空间轨迹规划步骤如下。

1）定时轨迹，设定时间间隔。

2）选择合适的轨迹规划方法，建立轨迹函数，计算机器人末端执行器的位姿。

3）利用机器人逆运动学方程求解各个关节角度值。

4）将关节角度值信息发送至机器人控制器。

5）返回至循环开始处。

6.2 机器人编程方式及编程语言

6.2
机器人编程方式及编程语言

早期的机器人采用简单的固定程序，完成一些简单、重复的动作任务，一般是基于某项工作而开发专用程序设计。随着机器人应用领域越来越广，机器人已经可以完成多方面的工作，而不再只是局限于某类工作任务，逐渐具有较好的通用性。因此，机器人的程序设计越来越重要，机器人的编程技术得到了快速的发展，多种编程方式和编程语言不断出现。

6.2.1 工业机器人编程方式

目前工业机器人的编程方式主要分为以下三种。

1. 示教编程

示教编程是最为常见的、简单的机器人编程方式，特别是一些简单的重复性工作任务，常用示教编程来实现。示教时，需要工作人员在工业机器人现场将机器人的末端执行器移动至目标位置，此时机器人的关节角度值将存储至控制器，机器人便记住了目标位置点。复现时，机器人可从控制器读出先前存储的位置信息，就可以再现示教时的轨迹。常见的示教方式有手把手示教和示教器示教。手把手示教是利用机器人手臂上的操作杆，按照规定完成示教动作。而示教器示教是通过示教器上的旋钮驱动机器人完成规定的动作。示教器示教是工业机器人最为常见的示教编程方式，示教器上的旋钮对应机器人的各个关节，操作者可以方便地在各个不同坐标系下完成示教。

示教编程的优点在于操作简单、易于上手，示教速度快，但也存在如下缺点。

1）示教编程必须现场完成，占用机器人生产时间。

2）精确或复杂的轨迹很难通过示教实现。

3）传感信息无法与示教相融合，导致自动化程度不高。

4）与机器人的其他操作无法同步。

2. 机器人语言编程

机器人语言编程是指采用专用的机器人语言来描述机器人的动作轨迹。机器人语言编程是采用类似高级语言的方式实现机器人程序设计，实现机器人与机器人、外部设备之间的互联，完成多种多样的任务。机器人语言有很多种，不同机器人系统可能用同一种语言，也可能用不同的语言。

3. 离线编程

离线编程需要通过特定的软件来实现，是在离线的情况下对机器人进行编程的方法。离线编程软件还支持其他功能，如轨迹仿真碰撞、末端执行器建模与导入、在线调试等功能。离线编程方式可以在不影响生产的情况下完成机器人的编程和仿真，大大提高效率。

6.2.2　工业机器人编程语言

工业机器人编程语言根据程序描述水平的高低，可分为动作级、对象级和任务级三类。

1. 动作级语言

动作级语言由一系列的运动命令组成，主要的形式是两个位置之间的运动指令，每个运动指令对应着一个机器人的动作。动作级语言的指令形式较为简单，易于编程，典型代表为VAL 语言。但动作级语言不支持浮点运算，因此不具备复杂的数学计算能力；能处理开关量信息，无法处理复杂的传感器信息，与机器人外围辅助设备和上位机等的通信能力较差，限制机器人的自动化应用。

2. 对象级语言

对象级语言不仅表达机器人的运动，更体现在表达操作物体间的关系上，它是动作级语言的高阶语言，典型代表有 AUTO PASS、AML 语言等。对象级语言具有如下特点。

1）与动作级语言类似，可进行运动控制。

2）可接收复杂的传感器信号，对信号进行运算处理并输出与执行相关的控制程序。

3）能进行浮点运算，具备较强大的数字运算能力，能实现机器人与上位机之间的文件操作功能。

4）可扩展性强，能自定义功能指令。

3. 任务级语言

任务级语言是智能化的机器人编程语言，它可根据使用者下达的任务要求完成作业任务，并不需要解释机器人的每个动作，只需要给定目标和相应的约束条件，机器人即可以根据环境信息自行学习和计算，并自动生成机器人轨迹。任务级语言类似具备人工智能的能力，自行规划完成任务，但目前这类语言还不成熟。

6.3　ABB RAPID 程序编程

6.3
ABB RAPID 程序编程

RAPID 语言是 ABB 公司开发的专用机器人语言，适用于 ABB 工业机器人的编程，以RobotStudio 软件为编写平台。该语言与计算机高级语言语法类似，语法简单，易学易用，支持二次开发。"RAPID" 本意是快速的，寓意 RAPID 语言可以对 ABB 机器人进行快速编程。

RAPID 语言的指令很多，包含了常见的运动指令、逻辑判断、循环、运算等功能指令。学习 RAPID 语言不仅要学习其语法、指令，也需要了解机器人 RAPID 应用程序框架，本节将对其应用程序结构和常见指令做简要介绍。

6.3.1 RAPID 模块格式

RAPID 程序是由 RAPID 语言的指令根据其语法规则编写而成，机器人控制器执行这一系列的指令完成对工业机器人的动作控制。RAPID 程序的基本架构如图 6-11 所示。

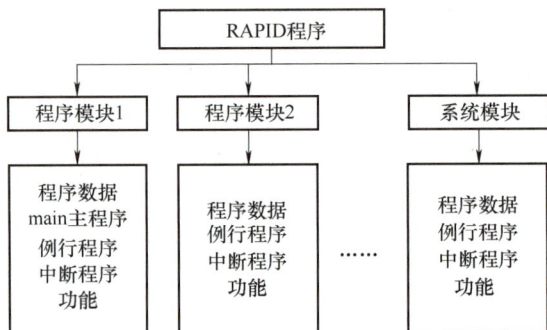

图 6-11 RAPID 程序的基本架构

结合图 6-12，了解以下关于 RAPID 程序的架构说明。

1）一个 RAPID 程序由程序模块和系统模块组成，其中，系统模块用于系统控制，一般情况下不必去编程或改动；程序模块是实现任务的程序段，需要新建程序模块进而编写相应的程序，图 6-12 所示主模块就是程序模块。

2）RAPID 程序的编写也遵循模块化编程思路，不同功能的程序应建立不同的例行程序模块，这样便于管理和分类。程序模块以 "MODULE" 关键字为起点，以 "ENDMODULE" 关键字为结束点。

3）一个 RAPID 程序模块可包含程序数据、例行程序、中断程序和功能四个对象，但不一定四个对象都存在于程序模块中。另外，对象可以在程序模块中互相调用。

4）与其他高级语言类似，一个 RAPID 程序中有且仅有一个 main 主程序，作为整个程序执行的起点。

5）程序一般包含程序进入点、程序指令、结束程序，程序以 "PROC" 关键字加函数名为起点，以 "ENDPROC" 关键字为结束点。

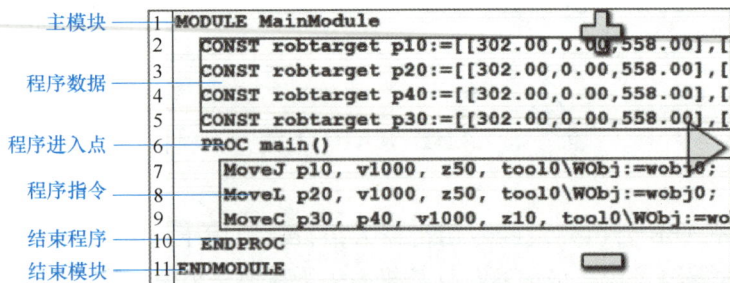

图 6-12 RAPID 程序构成

6.3.2　程序数据

ABB 机器人的程序数据共有 100 个左右，并且可以根据实际情况进行程序数据的创建，方便 ABB 机器人的程序设计。在示教器中的"程序数据"窗口中，可查看和创建所需要的程序数据，如图 6-13 所示。

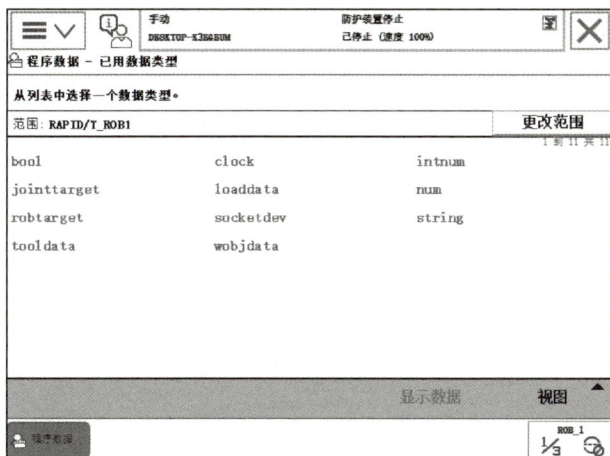

图 6-13　程序数据

1. 程序数据的存储类型

（1）变量（VAR）型　变量型数据在程序执行的过程中和停止时，会保持当前的值。但如果程序指针复位或机器人控制器重启，数值会恢复为声明变量时赋予的初始值。例如，VAR num length：=0 表示名称为 length 的变量型数值数据，其中，VAR 表示存储类型为变量，num 表示声明的数据是 VAR 型数值数据。

（2）可变量（PRES）型　无论程序的指针如何变化，无论机器人控制器是否重启，可变量型的数据都会保持最后赋予的值。例如 PERS string text：=" Hello" 表示名称为 text 的 PRES 型字符数据。

（3）常量（CONST）型　常量的特点是在定义时已赋予了数值，并不能在程序中进行修改，只能手动修改。例如 CONST num gravity：=9.81 表示名称为 gravity 的 CONST 型数值数据。

2. 常用的程序数据

（1）数值数据（num）　num 用于存储数值数据，如用作计数器。num 数据类型的值可以为整数，如−5；可以为小数，如 3.45；也可以用指数的形式写入，如 2E3（=2 * 10^3 = 2000）、2.5E-2（=0.025）。

整数数值为准确的数字，始终将−8388607 与+8388608 之间的整数作为整数储存。小数数值仅为近似数字，因此，不得用于进行等于或不等于对比。若使用小数数值进行除法和运算，则结果也将为小数。

（2）逻辑值数据（bool）　bool 用于存储逻辑值（真/假）数据，即 bool 型数据值可以为 TRUE 或 FALSE。

（3）字符串数据（string） string 用于存储字符串数据。字符串是由一串前后附有引号（""）的字符（最多 80 个）组成，如"This is a character string"。如果字符串中包括反斜线（\），则必须写两个反斜线符号，如"This string contains a \\ character"。

（4）位置数据（robtarget） robtarget 用于存储机器人和附加轴的位置数据。位置数据的内容是在运动指令中机器人和外轴将要移动到的位置。例如，位置数据 p15 的定义及各个参数的含义如图 6-14 所示。

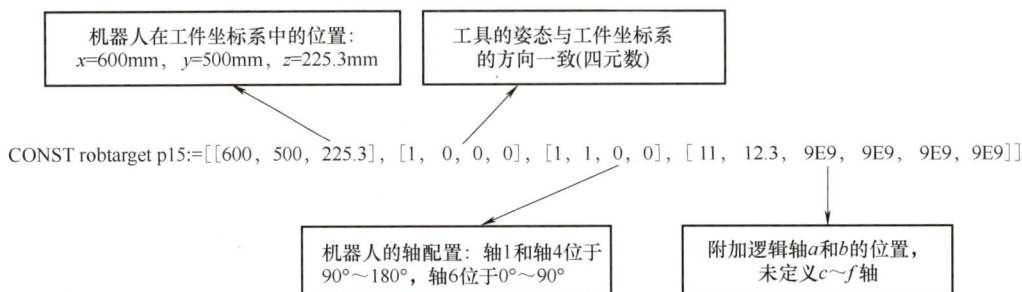

图 6-14　位置数据格式

（5）关节位置数据（jointtarget） jointtarget 用于存储机器人和附加轴的每个单独轴的角度位置。另外，MoveAbsj 可以使机器人和附加轴运动到 jointtarget 关节位置处。图 6-15 所示为关节位置数据 calib_pos 的定义及其各参数含义。

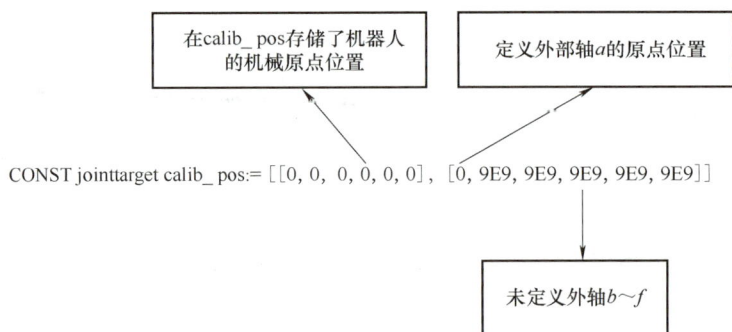

图 6-15　关节位置数据格式

（6）速度数据（speeddata） speeddata 用于存储机器人和附加轴运动时的速度数据。速度数据定义了工具中心点（Tool Center Point，TCP）移动时的速度、工具的重定位速度、线性或旋转外轴移动时的速度。图 6-16 所示为速度数据 vmedium 的定义及各个数据的含义。

（7）转角区域数据（zonedata） zonedata 用于规定如何结束一个方向的运动并设置转弯半径，即在朝下一个方向移动之前，机器人应如何接近编程位置。可以以停止点或飞越点的

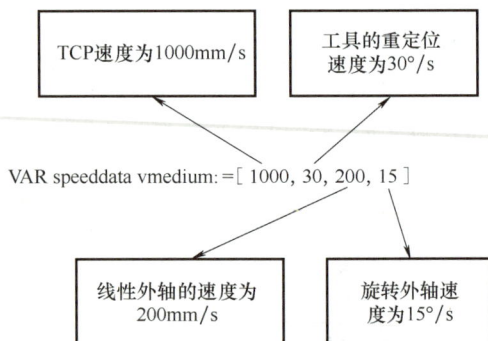

图 6-16　速度数据格式

形式来终止一个位置。停止点意味着机械臂和外轴必须在下一个指令执行之前达到指定位置（静止不动）；飞越点则是在达到该位置之前改变运动方向。图 6-17 所示为转角区域数据 path 的定义及其各参数含义。

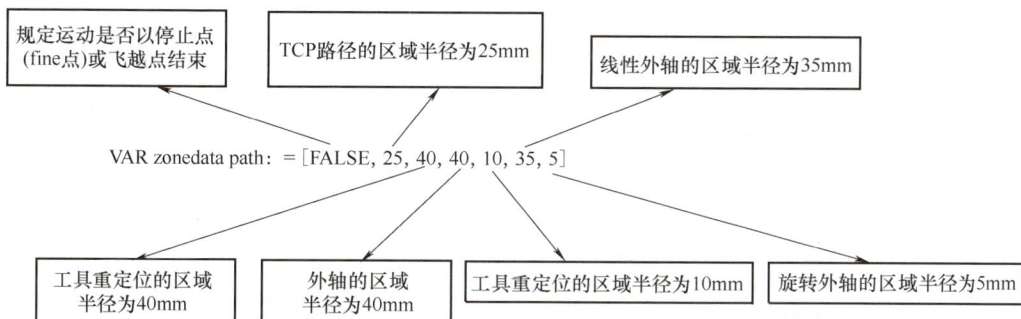

图 6-17 转角区域数据格式

（8）工具坐标系数据（tooldata） tooldata 用于描述安装在机器人第六轴上的 TCP、质量、重心等工具坐标系数据。默认工具（tool0）的 TCP 位于机器人安装法兰的中心。图 6-18 所示为工具坐标系数据 gripper 的定义及各参数的含义。在已知工具物理特征的情况下，可以直接输入对应的信息，获得工具坐标系数据。若工具的具体尺寸信息是未知的，则可利用不同姿态多点法获得工具坐标系数据，具体将在第 7 章介绍。

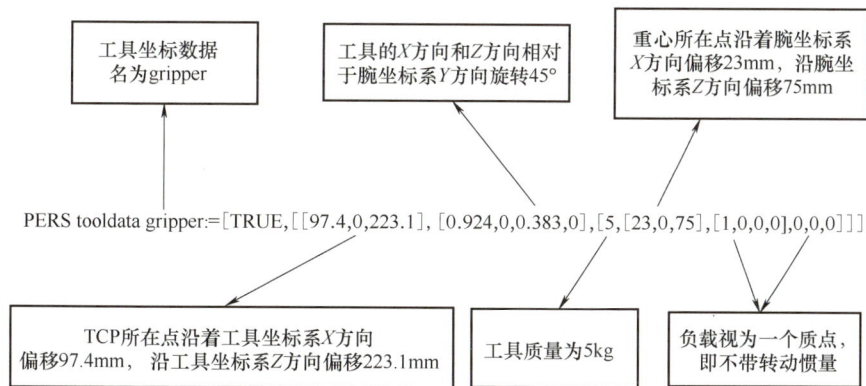

图 6-18 工具坐标系数据格式

（9）工件坐标系数据（wobjdata） 工件坐标系对应工件，它定义工件相对于大地坐标系（或其他坐标系）的位置。机器人可以拥有若干工件坐标系，或者表示不同工件，或者表示同一工件在不同位置的若干副本。对机器人进行编程就是在工件坐标系中创建目标和路径。利用工件坐标系的优点在于重新定位工作站中的工件时，只需更改工件坐标系的位置，所有路径将即刻随之更新。另外允许操作以外轴或传送导轨移动的工件，因为整个工件可连同其路径一起移动。图 6-19 所示为工件坐标系数据 wobj1 的定义及其各参数含义。在对象的平面上，只需要定义三个点，就可以建立一个工件坐标。①②点确定工件坐标 X 正方向，③点确定工件坐标 Y 正方向，工件坐标符合右手定则。具体的建立工件坐标系的方法将在后述章节介绍。

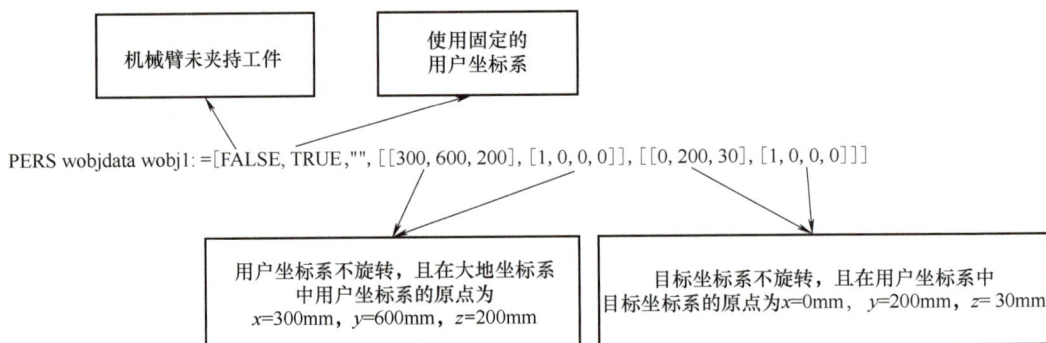

图 6-19　工件坐标系数据格式

（10）有效载荷数据（loaddata）　loaddata 用于设置机器人轴 6 上安装法兰的负载载荷数据。载荷数据常常定义机器人的有效负载或抓取物的负载（通过指令 GripLoad 或 MechUnitLoad 来设置），即机器人夹具所夹持的负载。同时将 loaddata 作为 tooldata 的组成部分，以描述工具负载。图 6-20 为有效载荷数据的含义及各参数的含义。

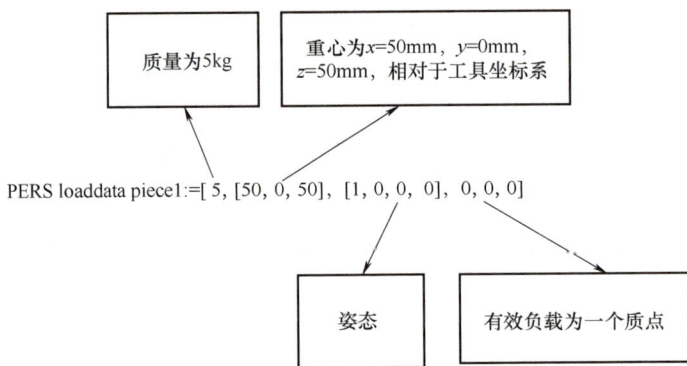

图 6-20　有效载荷数据格式

6.3.3　常用的 RAPID 编程指令

RAPID 语言提供了十分丰富的编程指令以完成各式各样的机器人应用，以下介绍一些常见的 RAPID 编程指令。由于编程指令参数多样，且不同应用场合需要设置的参数不同，故以下所介绍的编程指令参数仅仅针对例子，并不完整，更多参数说明和用法可参见 ABB RAPID 编程手册。

1. 赋值指令

赋值指令（":="）用于对程序数据进行赋值，赋值的方式可以是用常量或数学表达式。例如，reg1:=5 为用常量赋值，reg1:=reg2+6 为用数学表达式赋值。

2. 工业机器人运动指令

RAPID 语言主要提供了 4 种工业机器人空间运动的指令，即线性运动指令（MoveL）、关节运动指令（MoveJ）、圆弧运动指令（MoveC）和绝对位置运动指令（MoveAbsJ）。工业机器人运动指令的一般格式如图 6-21 所示。

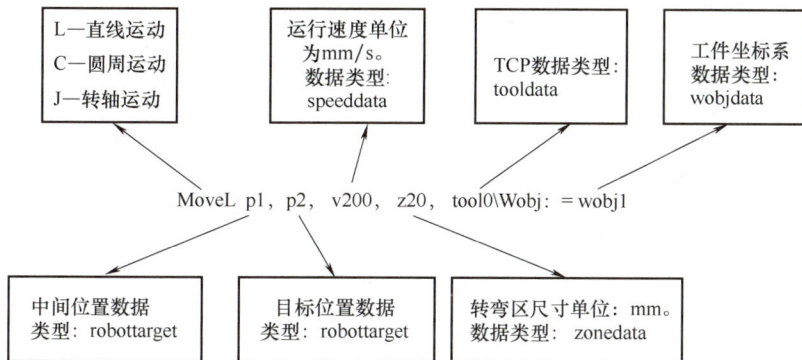

图 6-21　运动指令一般格式示意图

转弯区尺寸即转弯半径，如图 6-22 所示，转弯半径越大，机器人运动路径越圆滑，但路径将不经过目标点进行偏移。fine 表示精准达到，防止转弯时与周边物体碰撞。

（1）线性运动指令（MoveL）　线性运动是指工业机器人的 TCP 从起点到终点之间的路径始终保持为直线，一般在焊接、涂胶等对路径要求高的场合使用此指令。线性运动示意图如图 6-23 所示。

以工业机器人的 TCP 从点 $p10$ 线性运动到点 $p20$ 为例，MoveL 指令程序为：

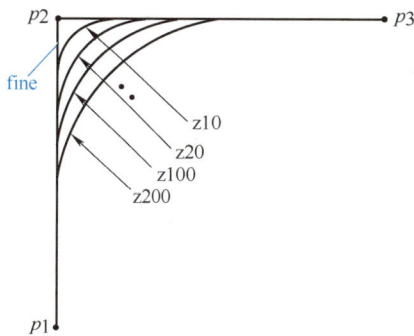

图 6-22　转弯区尺寸示意图

```
MoveL p20,v100,fine,tool1\Wobj:=wobj1;
```

其中，v100 是指移动速度设为 100mm/s；fine 定义转弯区尺寸的大小。该移动指令所使用的工具坐标为 tool1，所使用的工件坐标为 wobj1。

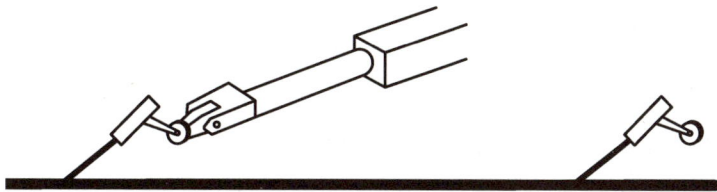

图 6-23　线性运动示意图

（2）关节运动指令（MoveJ）　关节运动指令（MoveJ）与线性运动指令（MoveL）的用法类似，不同的是工业机器人 TCP 从起点到达终点的路径不一定是直线，如图 6-24 所示。关节运动指令适用于工业机器人大范围的运动，以避免运动过程中陷入死点。

同样以工业机器人 TCP 从点 $p10$ 大范围移动至点 $p20$ 为例，MoveJ 指令程序为：

```
MoveJ p20,v500,fine,tool1\Wobj:=wobj1;
```

其中的参数与 MoveL 指令类似，只不过用于一般大范围移动，所设置的移动速度一般较快。

（3）圆弧运动指令（MoveC）　圆弧运动指令（MoveC）用于使工业机器人完成圆弧运

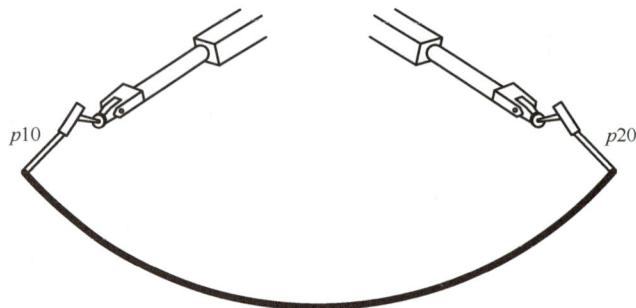

图 6-24 关节运动路径

动，该指令需要定义可达范围的 3 个位置点信息，即圆弧起点、圆弧中间点和圆弧终点，如图 6-25 所示。

以工业机器人 TCP 从起点 $p20$ 出发，经过圆弧中间点 $p30$，最后到达终点 $p40$，从而形成圆弧轨迹为例，MoveC 指令程序为：

```
MoveC p30 p40,v200,fine,tool1\
Wobj:=wobj1;
```

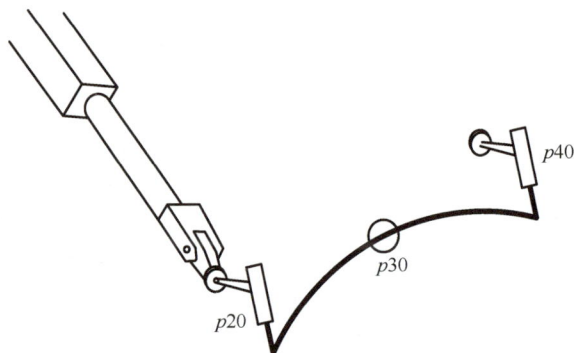

图 6-25 圆弧运动路径

其中的参数用法与上述其他指令类似。

（4）绝对位置运动指令（MoveAbsJ） 绝对位置运动指令（MoveAbsJ）是绝对关节运动指令，用于将工业机器人和外轴移动至轴位置中指定的绝对位置，该位置是以关节角度来定义的。终点是一个单一点，起点是上一行程序的终点。

以工业机器人 TCP 沿非线性路径运动至绝对轴位置 $p50$ 为例，MoveAbsJ 指令程序为：

```
MoveAbsJ p50,v1000,fine,tool1\Wobj:=wobj1;
```

其中的参数用法与上述其他指令类似。

3. 偏移指令

（1）Offs（Point XOffset YOffset ZOffset） 该指令为工件坐标系偏移函数，是使机器人沿着工件坐标系进行偏移的函数。例如，将机械臂移动至距位置 $p2$（沿 z 方向）10mm 的一个点，指令程序为

```
MoveL Offs(p2,0,0,10),v1000,z50,tool1;
```

（2）RelTool（Point Dx Dy Dz[\Rx][\Ry][\Rz]） 该指令为工具坐标系偏移函数，是使机器人沿着工具坐标系进行偏移的函数。例如，沿工具的 z 方向，将机械臂移动至距位置 $p1$ 100mm 的一处位置，指令程序为

```
MoveL RelTool(p1,0,0,100),v100,fine,tool1;
```

4. I/O 控制指令

I/O 控制指令用于完成与工业机器人外部通信设备的 I/O 控制，包括 I/O 信号的置位、复位及判断等功能，以下为基本的 I/O 控制指令。

（1）**Set**　该指令用于将数字信号输出置位为"1"。

（2）**Reset**　该指令用于将数字信号输出置位为"0"。

（3）**WaitDI**　该指令是数字输入信号判断指令，用于对比数字输入信号与设定值是否一致，若一致，则程序继续往下执行；若不一致，则等待设定的时间，超过等待时间仍然不一致，将执行出错程序或者进行报警处理。例如，WaitDI di5 1 表示仅在置位 di5 后，程序方可继续往下执行。

（4）**WaitDO**　该指令是数字输出信号判断指令，用于对比数字输出信号与设定值是否一致，若一致，则程序继续往下执行；若不一致，则等待设定的时间，超过等待时间仍然不一致，将执行出错程序或者进行报警处理。例如，WaitDO grip_status 0 表示仅在重置 grip_status 后，程序方可继续往下执行。

（5）**WaitUntil**　该指令是信号判断指令，用于判断信号是否达到设定值，如果达到设定值，则程序继续往下执行，未达到则一直等待，直到达到最大等待时间。例如，WaitUntil di5 = 1 表示仅在设置 di5 输入后，程序才继续执行。

5. 条件逻辑判断指令

条件逻辑判断指令是常见的指令，通过判断条件是否满足要求，而选择执行对应的程序。以下为基本的条件逻辑判断指令。

（1）**Compact IF**　Compact IF 是紧凑型条件判断指令，用于在满足给定条件的情况下，执行单个指令。

（2）**IF**　IF 是条件判断指令，用于在满足给定条件的情况下，执行不同的指令。例如，判断信号 di0 是否为 1，如果是，则执行 RoutineX 的子程序，如果不是，则执行 RoutineY 的子程序，最后以 ENDIF 为结束标识，对应的程序为：

```
IF di0 = 1 THEN
    RoutineX;
ELSE
    RoutineY;
ENDIF
```

（3）**FOR**　FOR 是重复执行判断指令，用于在一个或多个指令重复执行时使用。例如，重复执行 10 次 Routine1 的程序，对应的程序为：

```
FOR i FROM 1 TO 10 DO
    Routine1;
ENDFOR
```

（4）**WHILE**　WHILE 是条件判断指令，用于在给定条件表达式评估为 TRUE 的情况下，重复执行一个或多个指令。例如，判断 no_of_parts 是否大于 0，如果是，则执行 Produce_part 子程序，否则不执行该子程序，对应的程序为：

```
WHILE no_of_parts>0 DO
    Produce_part;
ENDWHILE
```

6. 等待指令

WaitTime 是时间等待指令，可设定等待时间，程序将等待给定时间后继续往下执行。例如，WaitTime 0.5 表示等待时间为 0.5s。

7. 调用新无返回值指令

ProcCall 是调用新无返回值指令，用于将程序执行转移至另一个无返回值程序。

8. 返回值指令

RETURN 是返回值指令，用于完成程序的执行，若程序是一个函数，则同时返回函数值。

9. 中断指令

在机器人执行 RAPID 程序的过程中，如果发生需要紧急处理的情况，机器人就要中断当前的执行，程序指针 PP 马上跳转到专门的程序中，对紧急的情况进行相应的处理，结束了以后程序指针 PP 返回到原来被中断的程序位置，继续往下执行程序。那么，可将专门用来处理紧急情况的程序称为中断程序（TRAP）。中断程序经常用于出错处理等实时响应要求高的场合。例如，当检测到信号 tMonitor 为正值时，可利用中断程序 TRAP 实现停止运动，对应的程序为：

```
TRAP tMonitor
    StopMove;
ENDTRAP
```

配套指令还包括取消指定中断的指令 IDelete、连接一个中断标识符到中断程序的指令 CONNECT、根据一个数字信号触发中断的指令 ISignalDI 等其他相应的中断指令。例如，取消中断标识符 iWaring，将 iWaring 与中断服务程序 tWaring 相连接，接着当中断信号 X11 变为 1 时，触发中断表示符 iWaring，对应的程序为：

```
IDelete iWaring;
CONNECT iWaring WITH tWarning;
ISignalDI X11,1,iWaring;
```

RAPID 语言指令丰富，以上介绍的仅为常见的一些基本指令，更多指令可参见 RAPID 指令功能数据手册。

6.3.4 四元数与轨迹规划

1. 四元数基本概念

RAPID 语言程序编程涉及四元数的计算，特别是机器人轨迹规划编程经常使用四元数。四元数是一种超复数，由实数加上 i、j、k 三个虚数单位组成，三个虚数单元满足：$i^2=j^2=k^2=-1$，$i^0=j^0=k^0=1$。四元数的一般形式为 $a+bi+cj+dk$，其中 a、b、c、d 是实数，因此四元数是由实数和 i、j 和 k 的线性组合而成的。

轴角由旋转轴和旋转角组成，可以用 (x,y,z,θ) 来表示，前面三个参数 x、y、z 表示以单位矢量定义的轴，最后一个参数 θ 表示以标量定义的旋转角。轴角的表示方式容易理解，但其缺点在于不能进行插值计算，且旋转角是标量，无法直接施加于点和矢量，只能转换为矩阵或四元数。因此，可以把四元数看成是轴角的进化形式，即利用四元数的一个三维向量表示旋转轴，一个角度向量表示旋转角度，如图 6-26 所示。

2. 四元数计算方式

四元数的主要应用便是在机器人位姿计算方面，下面以 ABB 机器人为例具体讲解四元数的计算方法。

ABB 机器人中，初始状态的四元数为（1,0,0,0）。这时的四元数表示没有旋转的状态，即初始状态。这时的初始方向与机器人底座中心（即工件坐标系初始值）是同方向的，如图 6-27 所示。

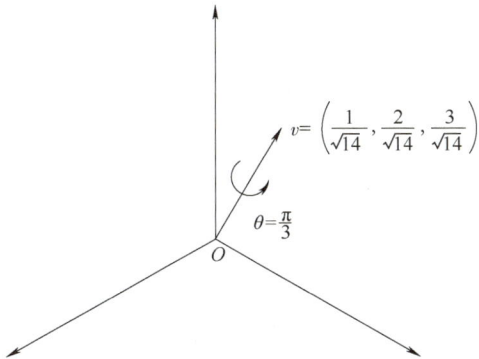

图 6-26　空间中四元数示意图

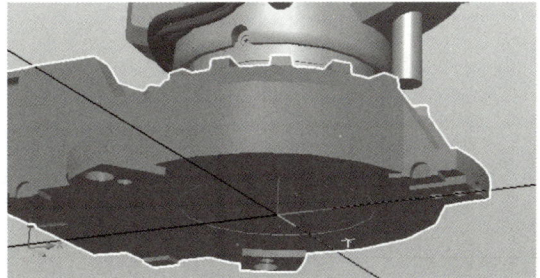

图 6-27　初始状态四元数

在 ABB 机器人控制中，机器人的位姿由机器人的空间位置及其姿态组成，其中的机器人姿态便可用四元数进行表示。在先前介绍的 RAPID 程序的位置数据（robtarget）的定义（图 6-14）中，第二项为四元数矢量，用于表示姿态。

ABB 机器人中，四元数可通过工具坐标系相对参考坐标系的旋转矩阵来表示。如图 6-28所示，$OXYZ$ 为工具坐标系，而 $X_1Y_1Z_1$ 为参考坐标系。

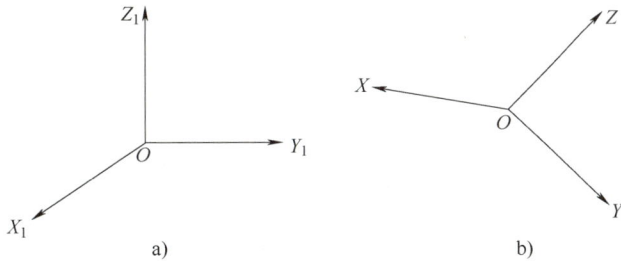

图 6-28　参考坐标系与工具坐标系

如果工具坐标系中的坐标 (x,y,z) 可以描述为

$$x = (x_1, x_2, x_3)$$
$$y = (y_1, y_2, y_3) \tag{6-18}$$
$$z = (z_1, z_2, z_3)$$

式中，x_1、x_2、x_3 分别是工具坐标系的 x 坐标在参考坐标系 $OX_1Y_1Z_1$ 中的 x_1、y_1、z_1 方向分量；y_1、y_2、y_3 分别是工具坐标系的 y 坐标在参考坐标系 $OX_1Y_1Z_1$ 中的 x_1、y_1、z_1 方向分量；z_1、z_2、z_3 分别是工具坐标系的 z 坐标在参考坐标系 $OX_1Y_1Z_1$ 中的 x_1、y_1、z_1 方向分量。

那么，可以得到一个旋转矩阵

$$R = \begin{bmatrix} x_1 & y_1 & z_1 \\ x_2 & y_2 & z_2 \\ x_3 & y_3 & z_3 \end{bmatrix} \qquad\qquad (6\text{-}19)$$

因此，四元数 (q_1, q_2, q_3, q_4) 可以用相对简洁的式子来表示，见表6-1。

表6-1　四元数的计算方法

数　　值	符　　号
$q_1 = \dfrac{\sqrt{x_1 + y_2 + z_3 + 1}}{2}$	无
$q_2 = \dfrac{\sqrt{x_1 - y_2 - z_3 + 1}}{2}$	q_2 的符号与 $y_3 - z_2$ 一致
$q_3 = \dfrac{\sqrt{y_2 - x_1 - z_3 + 1}}{2}$	q_3 的符号与 $z_1 - x_3$ 一致
$q_4 = \dfrac{\sqrt{z_3 - x_1 - y_2 + 1}}{2}$	q_4 的符号与 $x_2 - y_1$ 一致

注意 q_2、q_3 和 q_4 的符号。例如，q_2 的数值按公式来计算，则当 $y_3 - z_2 > 0$ 时，q_2 为正；当 $y_3 - z_2 < 0$ 时，q_2 为负。

例6-3　如图6-29所示，已知机器人基坐标系为 $O''X''Y''Z''$，第六轴末端，即法兰盘中心位置坐标系为 $OXYZ$，机器人工具末端坐标系为 $O'X'Y'Z'$，其中坐标轴 OZ 和坐标轴 $O'Z'$ 之间的夹角为30°，求法兰盘中心和机器人工具末端对应的四元数。

解：由图6-29可知，z 坐标和 x'' 坐标同方向，y 坐标和 y' 坐标同方向，x 坐标和 z'' 坐标反方向。因此

$$x = -z'' = (0, 0, -1)$$
$$y = y'' = (0, 1, 0)$$
$$z = x'' = (1, 0, 0)$$

则对应的旋转矩阵为

$$R = \begin{bmatrix} 0 & 0 & 1 \\ 0 & 1 & 0 \\ -1 & 0 & 0 \end{bmatrix}$$

根据表6-6可以计算出第六轴末端对应的四元数，即法兰盘中心对应的四元数 $(q_1, q_2, q_3, q_4) = (0.707, 0, 0.707, 0)$。由于坐标轴 OZ 和坐标轴 $O'Z'$ 之间的夹角为30°，因此可以得到如图6-30所示位置关系。

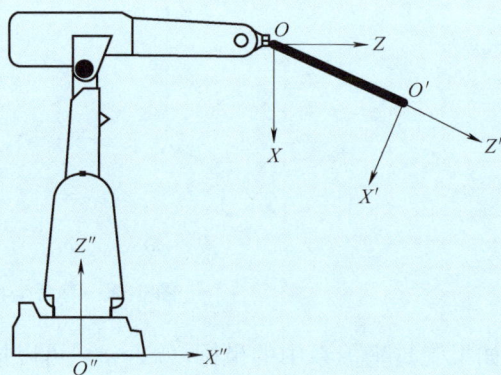

图6-29　机器人坐标系

根据图6-30所示位置关系，可以求得工具末端坐标系相对基坐标系的表达式为

$$x' = (-\sin30°, 0, -\cos30°)$$
$$y' = (0, 1, 0)$$
$$z' = (\cos30°, 0, -\sin30°)$$

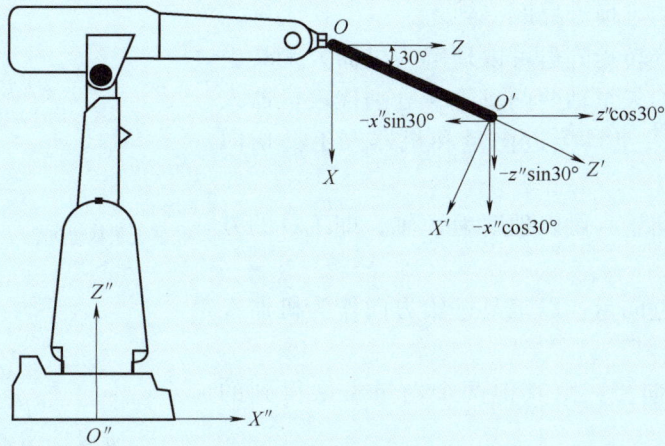

图 6-30　机器人坐标转换

其对应的旋转矩阵为

$$M = \begin{bmatrix} -\sin30° & 0 & \cos30° \\ 0 & 1 & 0 \\ -\cos30° & 0 & -\sin30° \end{bmatrix}$$

通过计算，得到工具末端对应的四元数为 $(q_1', q_2', q_3', q_4') = (0.5, 0, 0.866, 0)$。

注意 q_3' 的正负号，因为 $z_1 - x_3 = \cos30° - (-\cos30°) > 0$，所以 q_3' 符号为正。

3. 离线编程中的四元数

RobotStudio 是 ABB 公司研发的基于 RAPID 编程语言的一款实用型机器人离线编程仿真系统软件。其中 RAPID 程序中四元数的计算可由编程软件计算生成，可用于四元数计算的编程软件或语言有 Matlab、Python、C# 等，以下利用 Matlab 讲解四元数的生成过程。

图 6-31a 所示为一个非球面工件，需要机器人工具沿着光栅路径运行表面处理，如图 6-31b 所示。要达到良好的表面处理效果，机器人工具的末端需要始终与工件表面法向量同向，这时便需要机器人实时进行姿态的转换，就需要进行机器人四元数的计算。

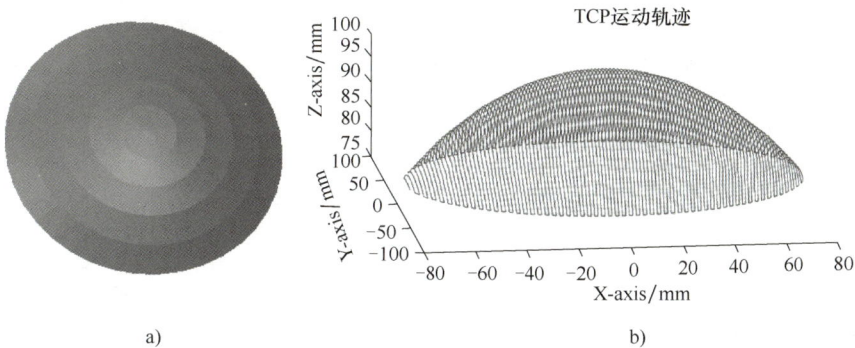

图 6-31　非球面工件及其光栅路径

a）非球面工件　b）光栅路径

在进行四元数的计算之前，需要先将工件表面的坐标点转换为旋转矩阵，其中工件表面的坐标点可以由其三维模型提取得到。

在机器人中，旋转矩阵也可以理解为机器人工具坐标，旋转矩阵之间的矢量轴两两垂直，分别代表机器人工具法向量、机器人工具接近向量和机器人工具切向量，如图 6-32 所示。

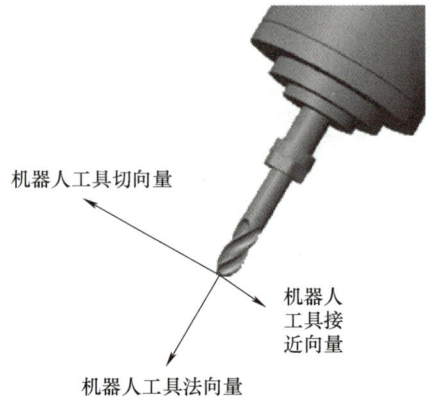

机器人工具法向量：可以理解为 **Z** 轴，即工具的方向向量。

机器人工具接近向量：以工具进给方向作为机器人工具接近向量方向。

机器人工具切向量：由其他两个向量叉乘得到的向量。

如果将机器人工具法向量用 **n** 表示，其分量为 n_x、n_y、n_z；机器人工具接近向量用 **p** 表示，其分量为 p_x、p_y、p_z；机器人工具切向量用 **t** 表示，其分量为 t_x、t_y、t_z；则机器人末端姿态可以表示为

图 6-32　旋转矩阵在机器人中的表示

$$\boldsymbol{R} = \begin{bmatrix} n_x & p_x & t_x \\ n_y & p_y & t_y \\ n_z & p_z & t_z \end{bmatrix} \tag{6-20}$$

根据以上关系，便可在 Matlab 中计算得到工件表面坐标点的旋转矩阵 **R**。

计算得到旋转矩阵后，便可将其代入四元数计算公式进行计算，以下是 Matlab 的伪代码表示：

```
Algorithm Quaternion generation
Procedure(q₁,q₂,q₃,q₄,nₓ,nᵧ,n_z,pₓ,pᵧ,p_z,tₓ,tᵧ,t_z)
    q₁=sqrt((nₓ+pᵧ+t_z+1)/2)
    If p_z-tᵧ<0
    else
    q₂=sqrt((nₓ-pᵧ-t_z+1)/2)
    If tₓ-n_z<0
    else
    q₃=sqrt((pᵧ-nₓ-t_z+1)/2)
    If nᵧ-pₓ<0
    q₄=sqrt((t_z-nₓ-pᵧ+1)/2)
End proceduce
```

经过计算后的四元数便可表达每个轨迹点的姿态，使机器人按照指定的轨迹去动作，从而解决轨迹规划的问题。

6.3.5　RAPID 程序综合应用

以上介绍了 RAPID 基本指令及其四元数模块，下面以一个简易的例子讲解 RAPID 程序的应用。如图 6-33 所示，现需要操控机器人进行试抛光试验，需要用指令完成以下动作。

1）机器人从 home 点以指定速度移至抛光起始点上方指定位置。

2）在移动到起始点上方过程中，机器人末端工具转换为 25°的姿态。

3）机器人移动到起始点上方后缓慢下移至起始点。

4）机器人在起始点驻留一定的时间后缓慢抬升，后返回 home 点。

首先进行机器人姿态的计算，要想机器人转换为 25°的姿态，就需要机器人末端法兰盘中心坐标系统某一轴进行旋转，将机器人末端工具旋转一定的姿态，只需要将现有旋转矩阵左乘相应的旋转变换矩阵即可。根据该旋转变换计算四元数，设定该机器人姿态的四元数定义为 ori_1_ql。

机器人试抛光试验的 RAPID 程序为：

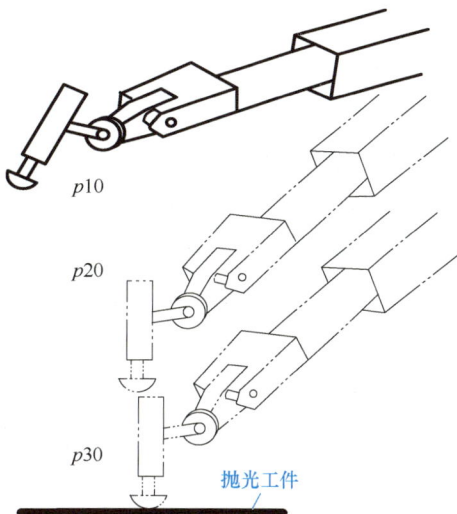

图 6-33　试抛光示意图

```
MODULE MainModule
    PERS orient ori_1_ql=[0,0,0.9763,-0.2164];        %定义设定机器人姿态的四元数
    !PERS confdata robc_plane:=[0,-1,0,0];            %配置机器人轴
    !PERS extj_planeoint extj_plane:=[9E+09,9E+09,9E+09,9E+09,9E+09,9E+09];
                                                       %配置机器人外部轴
    PERS num x_q:=60;                                  %设定初始点 x 坐标
    PERS num y_q:=80;                                  %设定初始点 y 坐标
    PERS num z_q:=55.07;                               %设定初始点 z 坐标
    PERS num down_q:=0.6;                              %设定下压量
    PERS num staytime:=25;                             %设定驻留时间
    PROC p_point()
        MoveL[[x_q,y_q,z_q+50],ori_1_ql,robc_plane,extj_plane],speed_recor,fine,
qinangtou\WObj:=clxp;
                                                       %将机器人 TCP 移至初始点上方指定位
                                                          置并进行姿态变换
        MoveL[[x_q,y_q,z_q],ori_1_ql,robc_plane,extj_plane],v10,fine,qinangtou\
WObj:=clxp;
                                                       %将机器人 TCP 移至初始点
        MoveL[[x_q,y_q,z_q-down_q],ori_1_ql,robc_plane,extj_plane],v10,fine,qinang-
tou\WObj:=clxp;
                                                       %将机器人 TCP 移至下压量设定值
        WaitTime staytime;                            %驻留时间
        MoveL[[x_q,y_q,z_q+50],ori_1_ql,robc_plane,extj_plane],v10,fine,qinangtou\
WObj:=clxp;
                                                       %将机器人 TCP 移至初始点上方指定位置
        MoveAbsJ jpos10\NoEOffs,v200,z5,qinangtou\WObj:=clxp;
```

	%将机器人移至 home 点
StopMove;	%程序停止
ENDPROC	%主程序结束指令
ENDMODULE	%全部程序结束指令

注意：轴的配置和外部轴矩阵按默认设置；程序中的定义（x_q,y_q,z_q）应根据需要设定，其中 z_q 需要进行对刀操作来确定；下压量 down_q 指的是机器人工具在初始点向下加工的参数量；驻留时间 staytime 指的是机器人工具实际加工作业的时间；程序中 qinangtou 为工具坐标系，clxp 为工件坐标系。

✏️ 习题 •

1. 运动轨迹的描述或生成的方式有＿＿＿＿＿＿＿、关节空间运动、＿＿＿＿＿＿＿和＿＿＿＿＿＿。

2. 关节空间插补可采用定时插补、＿＿＿＿＿＿＿、三次多项式插补、＿＿＿＿＿＿＿和五项式插补等方法。

3. 目前工业机器人编程方式可分为＿＿＿＿＿＿＿、机器人语言编程和＿＿＿＿＿＿＿。

4. 工业机器人编程语言可分为三级，即＿＿＿＿＿＿＿、对象级和＿＿＿＿＿＿＿。

5. 什么是轨迹规划？简述轨迹规划的方法并说明其特点。

6. 要求一个六轴机器人的第一关节在 5s 内从初始 30°角位置运动到终端 75°角位置，且起始点和终止点的速度均为零。试用三次多项式规划该关节的运动，并计算在第 1s、2s、3s 和第 4s 时关节的角度。

7. 根据以下旋转矩阵 $\boldsymbol{R} = \begin{bmatrix} 0 & 0 & 1 \\ 0 & 1 & 0 \\ -1 & 0 & 0 \end{bmatrix}$ 计算其对应的四元数。

8. 简述工业机器人运动指令及其控制机器人在空间中进行运动的方式。

第7章 ABB工业机器人操作与实训

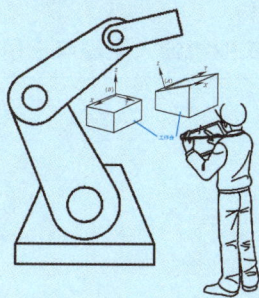

7.1 ABB 工业机器人基本操作

7.1.1 ABB 工业机器人的硬件

ABB 在全球范围内安装了超过 40 万台机器人，在工业机器人领域是全球领先的供应商。其产品包括多关节机器人、并联机器人、SCARA 机器人、协作机器人和喷涂机器人。本章节将以多关节机器人 ABB IRB120 工业机器人（以下简称 IRB120）为例，分别介绍机器人本体、控制器、示教器。

IRB120 机器人本体主要由基座、臂部、腕部、手部等组成。根据工作需要，在机械臂最前端装配不同的末端执行器，以完成不同的工作内容。控制器是机器人工作站的核心，负责控制和支持机器人完成各种工作，由主计算机板、轴计算器板、机器人驱动器等组成。IRB120 所使用的是 IRC5 控制器，它是 ABB 第五代机器人控制器。根据工作环境和工作需求，可以选择不同型号的控制器。图 7-1 所示为 IRB120 机器人本体和 IRC5 控制器。图 7-2 所示为 IRB120 控制器的接口信息。

IRB120 作为 ABB 机器人家族最小、最快的工业机器人，其技术参数见表 7-1。

图 7-3 所示的示教器又称为示教编辑器，是实现机器人与操作员人机交互的关键，操作员的所有操作都需要通过示教器来实现，包括编程、调试、运行程序、设定、查看当前参数等。

电源输入	200V/230V，50～60Hz
尺寸	710mm×449mm×442mm
重量	30kg
防护等级	IP20
扩展安全	安全现场总线 工具位置、速度和方向监督 轴心位置和速度监控 停顿监督

图 7-1　IRB120 机器人本体和 IRC5 控制器

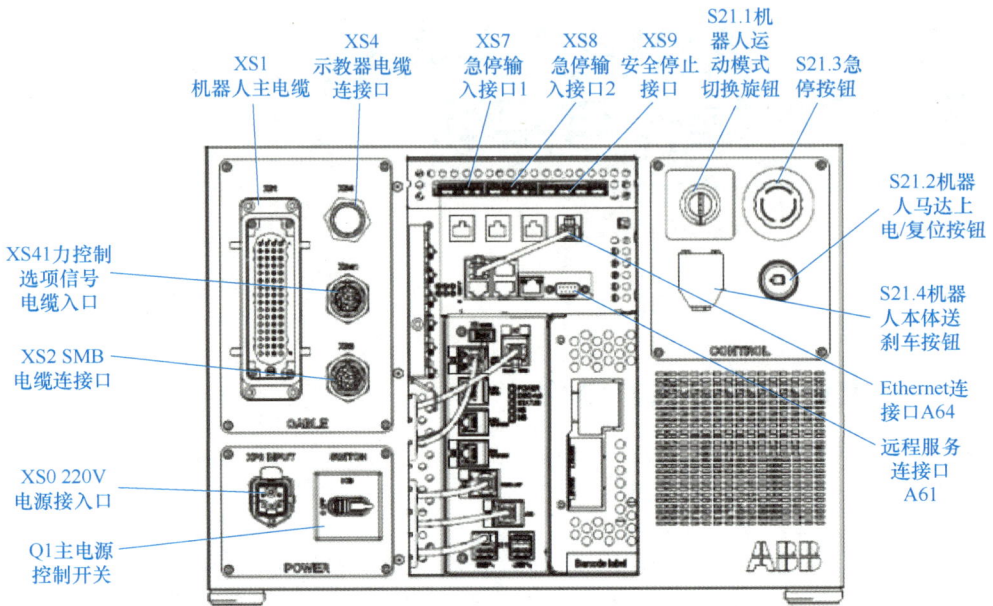

图 7-2　IRB120 控制器接口示意图

表 7-1　IRB120 的技术参数

动作自由度		6
最大负载/kg		3
工作范围/mm		580
最大范围/(°)	J1	±165
	J2	+110~−100
	J3	+70~−110
	J4	±160
	J5	±120
	J6	±400
最大运动速度/[(°)/s]	J1	250
	J2	250
	J3	250
	J4	320
	J5	320
	J6	420
重复定位精度/mm		+0.01

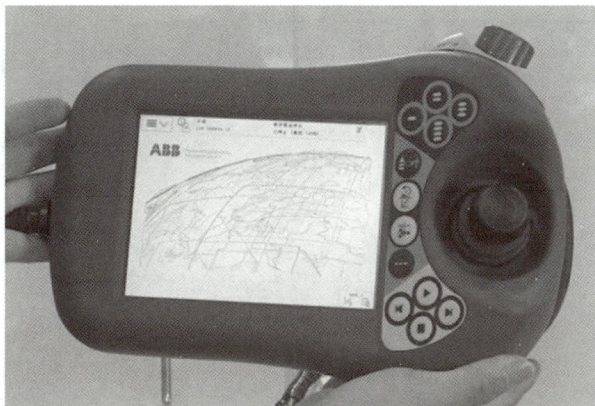

图 7-3　示教器

7.1.2　示教器的基本介绍

ABB 机器人示教器 Flex Pendant 集成了许多与机器人操作相关的功能，如示教机器人、编写机器人程序、机器人系统参数设置、运行机器人程序等。示教器主要由触摸屏和操作按键组成。机器人的常规操作基本都通过示教器控制实现，所以掌握每个按钮和操作界面的功能和操作方法是使用示教器操作机器人的前提。如图 7-4 所示，触摸屏、操纵杆、操作面板位于示教器的正面；使能器按钮位于示教器侧面；示教器复位按钮、触摸屏用笔位于示教器的背面；急停开关在示教器上方；用于数据备份与传输的 USB 接口在示教器下方。

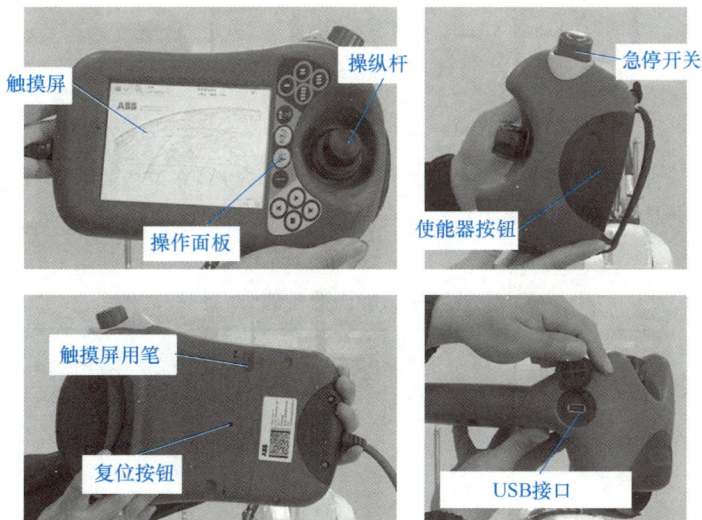

图 7-4　示教器主要组成部分

示教器操作面板上的操作按键是专用的物理按键，如图 7-5，按键名称及功能见表 7-2。图 7-6 所示为示教器初始界面，各部分名称及功能见表 7-3。

表 7-2　示教器物理按键名称及功能

代号	按钮名称	功　能
A~D	预设按钮	预设按钮是 4 个可根据用户需求自行设定的按钮
E	机械单元选择按钮	切换机器人轴与外轴
F	运动模式切换按钮	切换线性运动与重定位运动
G	动作模式切换按钮	切换 1~3 轴与 4~6 轴
H	增量开关按钮	根据需要选择对应位移及角度的大小
I	退步执行按钮	使程序后退至上一条指令
J	启动按钮	开始执行程序
K	步进执行按钮	使程序前进至下一条指令
L	停止按钮	停止执行程序

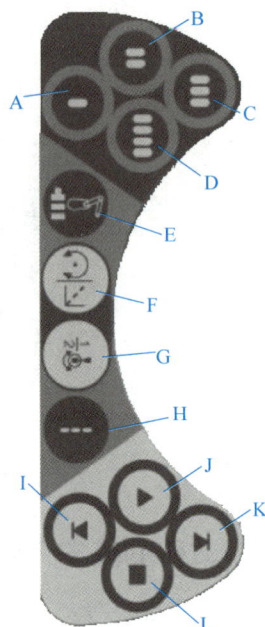

图 7-5　示教器操作面板的物理按键及代号

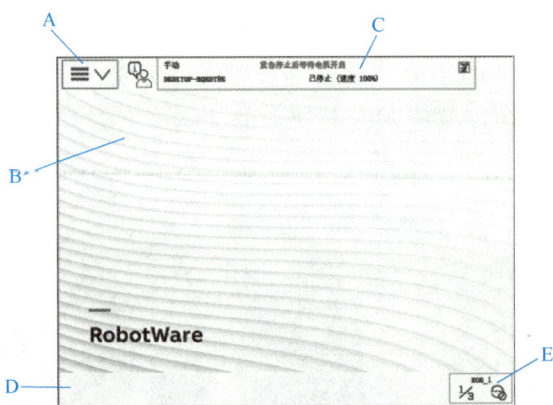

图 7-6　示教器初始界面

表 7-3　示教器初始界面的各部分名称和功能

代号	名　称	功　能
A	菜单栏	包括 HotEdit、输入输出、手动操纵、自动生产窗口、程序编辑器、程序数据、备份与恢复、校准、控制面板、事件日志、FlexPendant 资源管理器、系统信息等菜单功能
B	操作员窗口	显示程序消息
C	状态栏	显示与系统状态有关的重要信息，如操作模式、电动机开启与关闭状态、程序状态等
D	任务栏	可以通过菜单打开多个视图，可进行视图切换，但一次只能操作一个视图
E	快速设置菜单	包含多微动控制和程序执行等的设置

如图 7-7 所示，ABB 机器人示教器的主菜单包含了机器人参数设置、机器人编程及系统设置等功能。比较常用的菜单功能为输入输出、手动操纵、程序数据、校准和控制面板。

示教器主菜单介绍（图 7-7）

1）Hot Edit：用于程序模块下轨迹点位置的补偿设置，常用于调整工业机器人实际位置参数。

2）输入输出：设置及查看 I/O 信号，可用于监控和仿真 I/O 信号，机器人根据输入输出信号给定的信息，实现一系列逻辑动作的控制。

3）手动操纵：用于动作模式设置、坐标系选择、操纵杆锁定及载荷属性的更改，也可以显示工业机器人关节的实际位置。

4）自动生产窗口：可调试程序并在自动模式下运行程序。

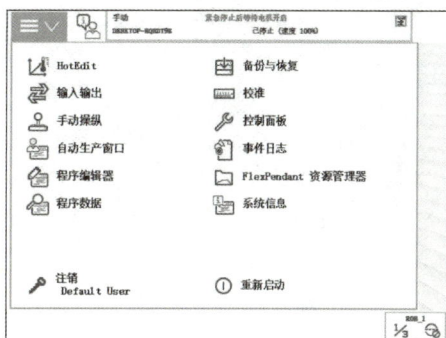

图 7-7　示教器主菜单

5）程序编辑器：用于建立、编辑、修改程序模块和例行程序。

6）程序数据：用于选择点位数据、工具参数等编程时所用的程序数据。

7）备份与恢复：可备份系统参数设置和恢复系统参数设置，此功能可以有效防止数据丢失，适应多种作业需求。

8）校准：用于转数计数和电动机校准。

9）控制面板：用于设置示教器本身的参数属性等，如语言、操作习惯等。

10）事件日志：用于查看系统出现的各种提示信息，了解工业机器人的动态轨迹。

11）FlexPendant 资源管理器：用于查看当前系统的系统文件。

12）系统信息：用于查看控制器属性、系统属性等相关信息。

7.1.3　手动操作

1. 单轴运动

单轴运动是指机器人每一个轴可以单独运动，在一些特别的场合使用单轴运动来操作会很方便，如机器人超出移动范围（机械限位、软件限位）的回调、粗定位及大幅度的移动等情况。单轴运动的操作步骤如下。

1. 单轴运动

1）接通电源，将控制柜上的机器人状态调整（用钥匙）拨到手动位置，如图 7-8 所示。

2）示教器的状态栏显示机器人的状态已经切换到"手动"状态。在主菜单中选择"手动操纵"菜单命令，如图 7-9 所示。

3）单击选择"动作模式"属性，如图 7-10 所示。

4）选择一个轴进行操作，例如选择"轴 1-3"，然后单击"确定"按钮，如图 7-11 所示。

5）按下使能器按钮，进入电动机开启状态，操作操纵杆使对应的轴 1、2、3 动作，机器人运动快慢是通过调整操纵杆幅度控制的，幅度越大，速度越快。

操作过程中，若选择"轴4-6"，则可以操作轴4、5、6。其中"操纵杆方向"栏中的箭头表示各个轴运动时的正方向。

图 7-8 操作按钮

图 7-9 选择"手动操纵"菜单命令

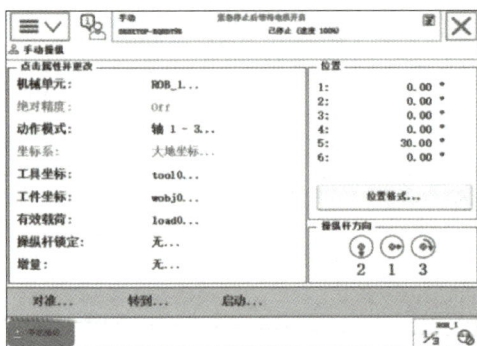

图 7-10 选择"动作模式"属性

图 7-11 选择轴

2. 线性运动

线性运动是指工业机器人末端的 TCP 在直角坐标系中做直线运动。线性运动的移动幅度较小，适合较为精确的定位和移动，如操作者示教工业机器人定位抓取物体。线性运动的手动操作步骤如下。

1）接通电源，将控制柜上的机器人状态调整（用钥匙）拨到手动位置。

2）状态栏显示机器人的状态已经切换到"手动"状态。在主菜单中选择"手动操纵"菜单命令。

3）单击选择"动作模式"属性，单击"线性"按钮，然后单击"确定"按钮，如图 7-12 所示。

4）选择"工具坐标 tool0"属性。

5）直接操作操纵杆，即可使得 TCP 在空间做线性运动，线性运动的正方向定义为"操纵杆

图 7-12 选择线性运动

方向"栏中的 X、Y、Z 的箭头方向，如图 7-13 所示。

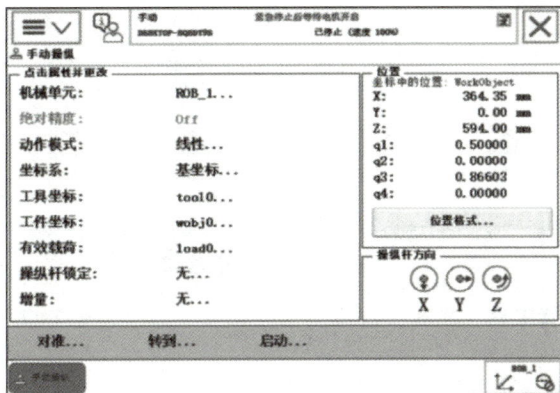

图 7-13 选择"工具坐标"属性及操纵杆方向

3. 重定位运动

重定位运动是指机器人末端 TCP 在空间中绕着某个定
义的坐标轴做旋转运动，从末端执行器的角度来看，即机
器人绕工具 TCP 来调整姿态。例如，焊枪上的焊头在执行
弧焊任务时，需要进行空间调整，重定位运动的手动操作

会更全方面地移动和调整执行器的末端。重定位运动的手动操作步骤如下。

1）在状态栏中确认机器人的状态已经切换到"手动"状态。在主菜单中选择"手动操
纵"菜单命令。

2）单击选择"动作模式"属性，单击"重定位"按钮，然后单击"确定"按钮，如
图 7-14 所示。

3）单击选择"坐标系"属性，如图 7-15 所示。

4）单击"工具"按钮，然后单击"确定"按钮，如图 7-16 所示。

5）按下使能器按钮，开起电动机。

6）直接操作操纵杆使 TCP 在空间做重定位运动，重定位运动的正方向定义为"操纵杆
方向"栏中的 X、Y、Z 的箭头方向，如图 7-17 所示。

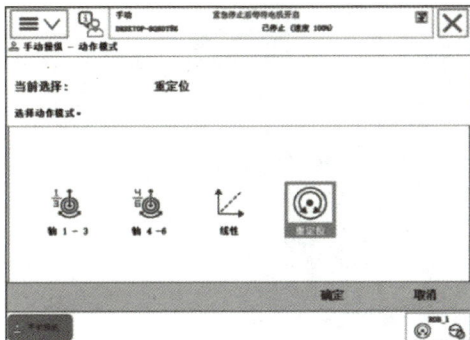

图 7-14 选择重定位运动

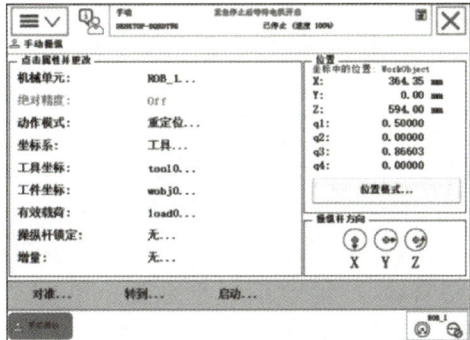

图 7-15 选择坐标系

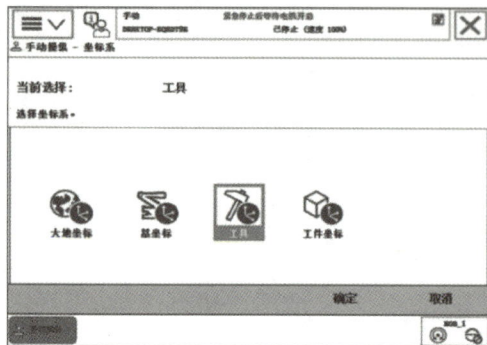

图 7-16　选择工具

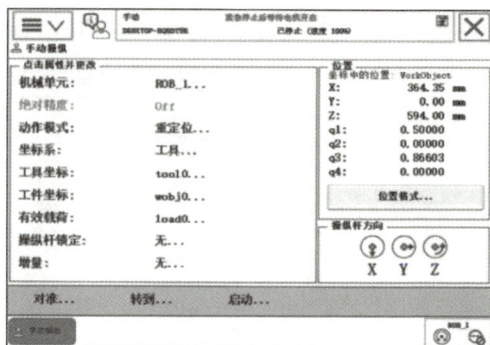

图 7-17　操纵杆方向

7.1.4　建立工具坐标系

7.1.4
建立工具坐标系

工业机器人需要安装末端执行器才能完成相应的作业任务，而末端执行器由使用者自定义，其形状和质量参数千差万别。工业机器人要控制末端执行器规划相应的轨迹，就需要知道末端执行工具的尺寸和角度，即工具末端的姿态。编程和控制时，只有建立工具坐标系，才能规划工业机器人的运动轨迹。基坐标系 $\{B\}$、末端法兰坐标系 $\{R\}$ 和工具坐标系 $\{T\}$ 的位置如图 7-18 所示。未安装末端执行器时，工具坐标系 $\{T\}$ 与机器人末端法兰坐标系 $\{R\}$ 重合。除了位置信息外，还应获得工具的质量、重心、力矩等信息，以便获得较好的动力学性能。

标定工具坐标系时，需要标定位置和姿态。位置即工具坐标系 $\{T\}$ 原点在机器人末端法兰坐标系 $\{R\}$ 下的坐标，而姿态则是工具坐标系 $\{T\}$ 相对机器人末端法兰坐标系 $\{R\}$ 的偏转角，用四元数表示。若须先知道工具尺寸和偏转角，则可以直接输入数值。可按如下步骤新建工具。

1）打开示教器，将机器人模式调为"手动模式"。

2）选择主菜单中的"程序数据"菜单命令，选择"tooldata"数据类型，如图 7-19 所示。单击"新建"按钮，如图 7-20 所示，出现"新数据声明"窗口，设置名称为"tool1"，然后单击"确定"按钮，如图 7-21 所示。

3）在"选择想要编辑的数据"窗口中单击选择"tool1"的"值"列数据，单击"编辑"按钮，出现"编辑"界面，按照工具参数信息依次输入位置、转角、质量等参数，如图 7-22 所示。

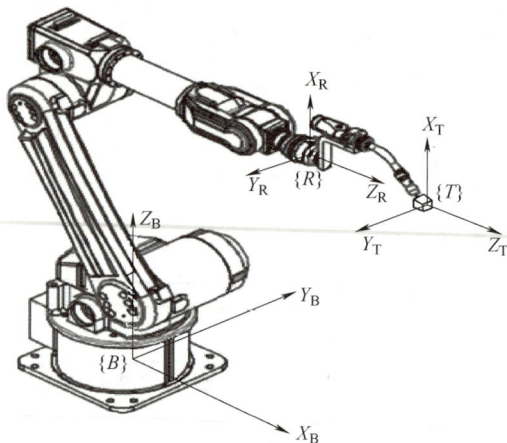

图 7-18　机器人坐标系

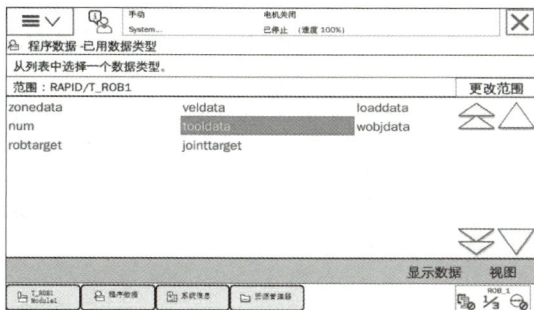

图 7-19　选择"tooldata"数据类型

图 7-20　新建工具数据类型

图 7-21　设置工具数据

图 7-22　修改工具参数

若预先不知道工具尺寸和偏转角等信息，则需要标定其尺寸和偏转角。若设定的工具坐标系 $\{T\}$ 的方向与机器人末端法兰坐标系 $\{R\}$ 的方向一致，则只需标定位置。标定时将机器人末端 TCP 以不同的姿态移动到同一点，机器人系统便会自动计算出工具尺寸参数，如图 7-23 所示。一般常用 3~9 种姿态靠近同一点，点数越多，姿态变化越大，标定点误差越小。

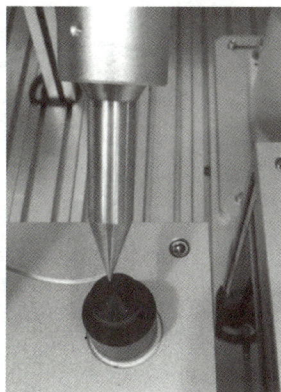

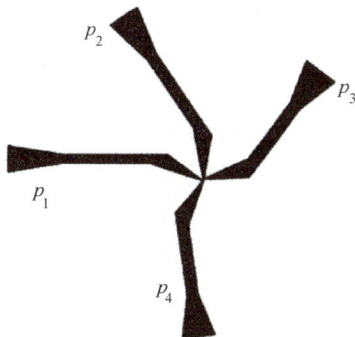

图 7-23　工具坐标系标定

可按照如下步骤建立工具坐标系。

1）选择主菜单中的"程序数据"菜单命令，选择"tooldata"数据类型，单击"新建"

按钮，输入名称"tool2"。

2）对新建的工具坐标系单击"编辑"中的"定义"按钮，进入"工具坐标定义"窗口。

3）在"方法"下拉列表中选择"TCP默认方向"选项，点数选择"3"。点动机器人以某一姿态移动至标定点，如图7-24所示。

4）选择"点1"后单击"修改位置"按钮，此时"状态"栏显示"已修改"表示已记录点1数据。与此类似，分别记录点2和点3的数据信息，如图7-25所示。

5）在"编辑"界面继续修改质量等其他参数。

图7-24　工具坐标系标定采用3点

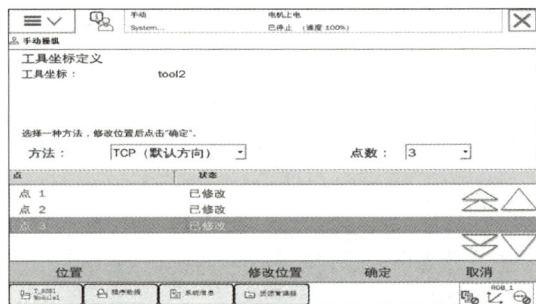

图7-25　记录3点的位置信息

如果要设置的工具坐标系轴方向与机器人末端坐标系不一致，则需要标定位置和姿态两组信息。

7.1.5　建立工件坐标系

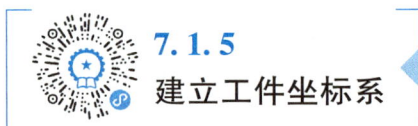

7.1.5 建立工件坐标系

工件坐标系可由用户自行建立，如图7-26所示，建立工件坐标系 $\{A\}$ 和工件坐标系 $\{B\}$。若选择工件坐标系 $\{A\}$，则机器人的 X 轴运动方向即为工件坐标系 $\{A\}$ 的 X 轴方向。若选择工件坐标系 $\{B\}$，则机器人的 X 轴运动方向即为工件坐标系 $\{B\}$ 的 X 轴方向。

ABB机器人工件坐标系的建立采用三点法，即分别记录 X_1、X_2 和 Y_1，如图7-27所示，其中，X_1、X_2 用于确定 X 轴方向；过 Y_1 点作 X_1、X_2 点所在直线的垂足，垂足为坐标系原点 O；OY_1 为 Y 轴方向；Z 轴方向由右手准则确定。

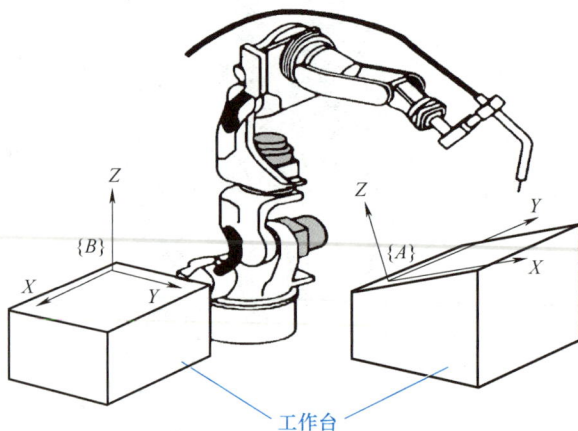

图7-26　工件坐标系

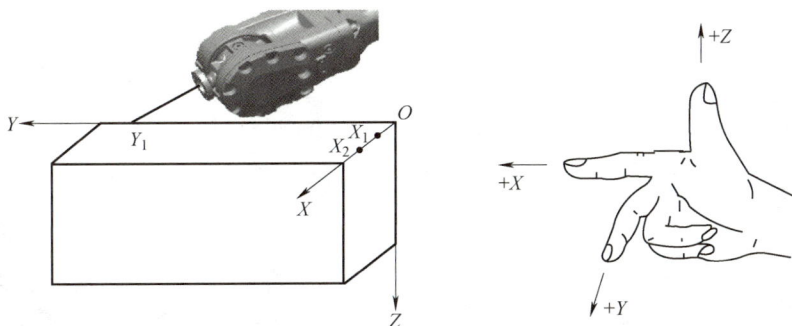

图 7-27　三点法工件坐标系标定

三点法的工件坐标系建立步骤如下。

1）利用"程序数据"菜单命令选择"wobjdata"数据类型，其中，"wobj0"的数据是默认的，不可删除或修改。单击"新建"按钮，输入新的工件坐标系的名称，如图 7-28 和图 7-29 所示。

2）在"编辑"界面中单击"定义"按钮，在"用户方法"下拉列表中选择"3 点"，如图 7-30 所示。

3）将机器人的工具末端移动至如图 7-32 所示的①点处，然后选择"用户点 X1"，单击"修改位置"，则其显示"已修改"。以此类推，完成另外②③点的修改，如图 7-31 所示，最终建立如图 7-33 所示的工件坐标系。

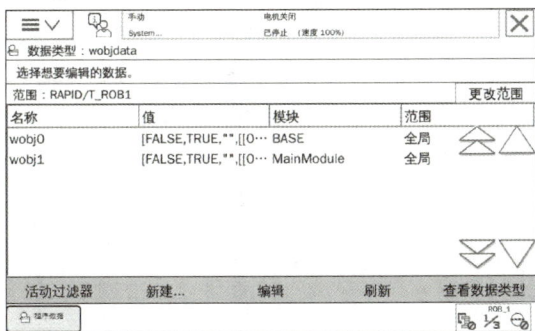

图 7-28　选择工件坐标数据类型

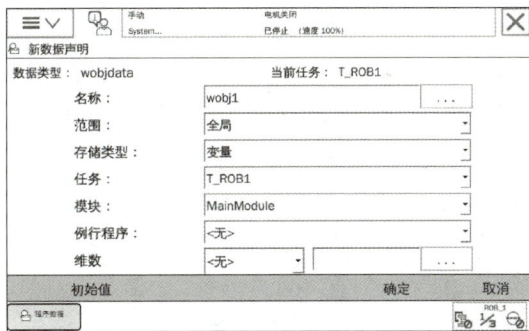

图 7-29　新建工件坐标系

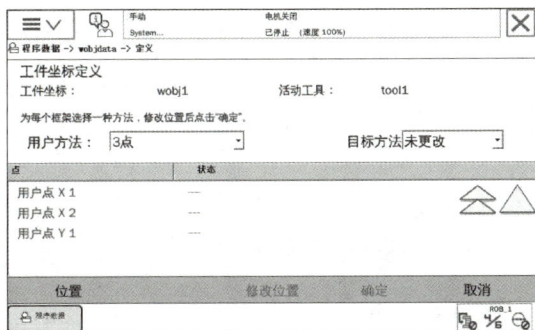

图 7-30　采用三点法

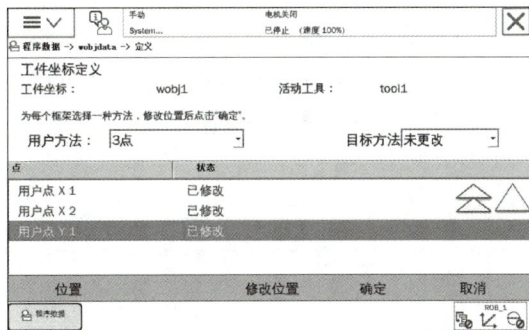

图 7-31　记录三点信息

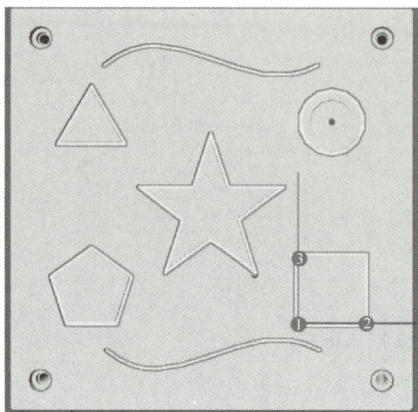

图 7-32　三点法建立工件坐标系

图 7-33　建立的工件坐标系

7.1.6　机器人通信

　　工业机器人的自动化应用必然涉及机器人与外部设备的通信问题，机器人可通过 I/O 接口与外部设备进行交互，其中，数字量输入包括各种开关信号反馈、传感器信号反馈、接触器或继电器信号反馈等，数字量输出包括控制各种继电器线圈、控制各种指示灯的信号等。

工业机器人通信可采用串口、光纤等多种通信接口，采用总线协议、TCP/IP 协议等多种通信协议完成。以下以 ABB 工业机器人为例，简要介绍 ABB 机器人常用的标准 I/O 板卡及其信号配置和 Profibus 等总线配置方法。如图 7-34 所示，ABB 机器人提供了多种 I/O 通信接口，如 ABB 标准通信、与现场的总线通信及与 PC 的数据通信等。

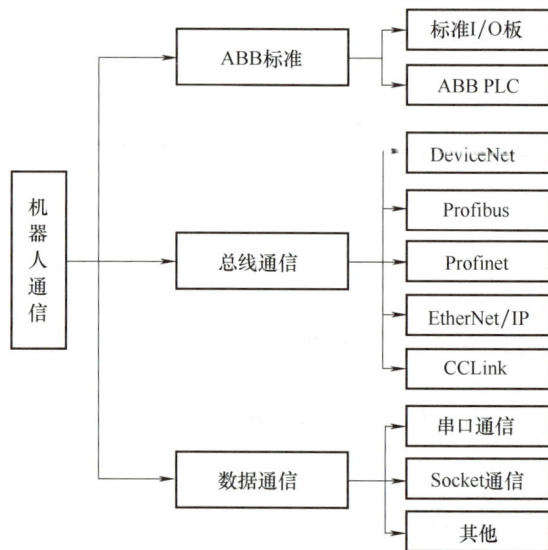

图 7-34　ABB 机器人通信接口

1. ABB 标准 I/O 板卡

　　ABB 标准 I/O 板卡是基于 DeviceNet 总线协议 I/O 接口板卡。ABB 标准 I/O 板卡提供的常用信号处理有组输入、组输出、数字量输入、数字量输出、模拟量输入、模拟量输出。ABB 机器人常用的标准 I/O 板卡见表 7-4。

表 7-4　ABB 机器人常用的标准 I/O 板卡

板卡型号	说　　明
DSQC651	采用分布式 I/O 模块，提供 8 位数字量输出、8 位数字量输入、2 位模拟量输出信号的处理
DSQC652	采用分布式 I/O 模块，提供 16 位数字量输出、16 位数字量输入信号的处理

（续）

板 卡 型 号	说　　明
DSQC653	采用分布式 I/O 模块，提供 8 位数字量输出、8 位数字量输入（带继电器）信号的处理
DSQC355A	采用分布式 I/O 模块，提供 4 位模拟量输出、4 位模拟量输入信号的处理
DSQC377A	采用输送机跟踪单元

以下以 DSQC651 板卡为例，简要介绍其接口及其信号配置方法。DSQC651 板卡提供 8 位数字量输入信号、8 位数字量输出信号和 2 位模拟量输出信号的处理，其结构如图 7-35 所示。

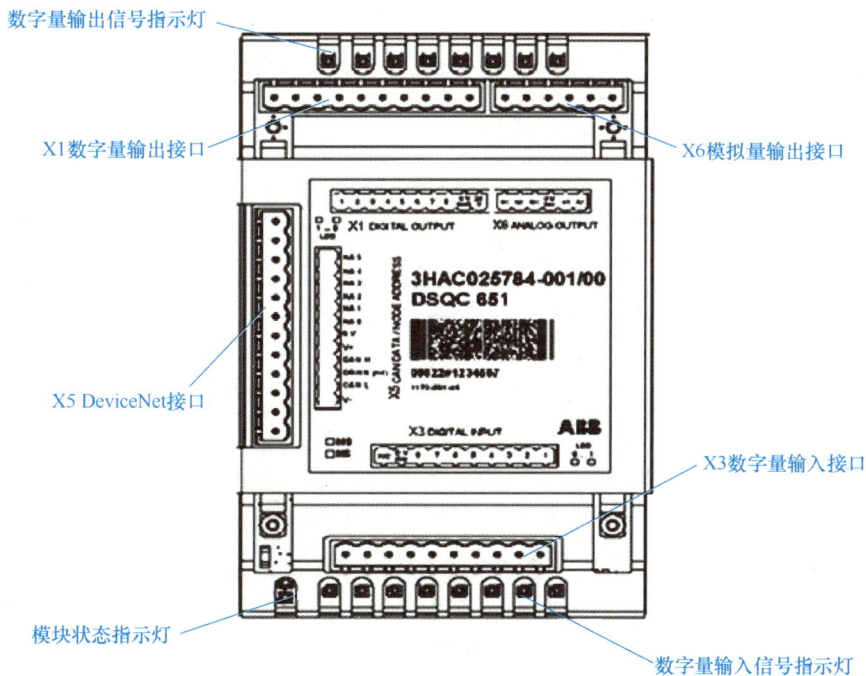

图 7-35　DSQC651 板卡结构

DSQC651 板卡各个端子定义和地址分配见表 7-5、表 7-6。

表 7-5　DSQC651 板卡 X1 和 X3 端子的定义和地址分配

X1 端子编号	使 用 定 义	地　　址	X3 端子编号	使 用 定 义	地　　址
1	OutPut CH1	32	1	IutPut CH1	0
2	OutPut CH2	33	2	IutPut CH2	1
3	OutPut CH3	34	3	IutPut CH3	2
4	OutPut CH4	35	4	IutPut CH4	3
5	OutPut CH5	36	5	IutPut CH5	4
6	OutPut CH6	37	6	IutPut CH6	5
7	OutPut CH7	38	7	IutPut CH7	6

（续）

X1 端子编号	使 用 定 义	地　址	X3 端子编号	使 用 定 义	地　址
8	OutPut CH8	39	8	IutPut CH8	7
9	0V		9	0V	
10	24V		10	未使用	

表 7-6　DSQC651 板卡 X5 和 X6 端子的定义

X5 端子编号	使 用 定 义	X6 端子编号	使 用 定 义
1	0V（线色为黑色）	1	未使用
2	CAN 信号线低电平（线色为蓝色）	2	未使用
3	屏蔽线	3	未使用
4	CAN 信号线高电平（线色为白色）	4	0V
5	24V（线色为红色）	5	模拟输出 ao1
6	GND 地址选择公共端	6	模拟输出 ao2
7	模块 ID bit0（LSB）	模拟输出的电压范围：0～+10V	
8	模块 ID bit1（LSB）		
9	模块 ID bit2（LSB）		
10	模块 ID bit3（LSB）		
11	模块 ID bit4（LSB）		
12	模块 ID bit5（LSB）		

ABB 标准 I/O 板卡通过设定模块在 DeviceNet 网络中的地址来识别，端子 X5 中编号 6～12 的跳线用于决定模块的地址，即未接端子号的总和为板卡地址，地址的可用范围为 10～63。图 7-36 所示为板卡默认出厂接线图，其中，8 号和 10 号端子的跳线未接，而 8 号和 10 号对应的端子数字为 2 和 8，两者相加为 10 即为板卡地址。

DSQC651 板卡的配置步骤如下。

1）在示教器的主菜单里依次单击"控制面板"→"配置"→"I/O System"→"DeviceNet Device"按钮，如图 7-37、图 7-38 所示。

2）在"添加"界面中的"使用来自模板的值"下拉列表中选择"DSQC 651 Comb；I/O Device"，可利用参数"Name"设置名字，不修改的默认值为"d651"，如图 7-39、图 7-40 所示。

3）将参数"Address"的值设置为"10"，然后单击"确定"按钮，完成配置。

以数字量输入信号为例，输入信号 di1 配置参数见表 7-7。

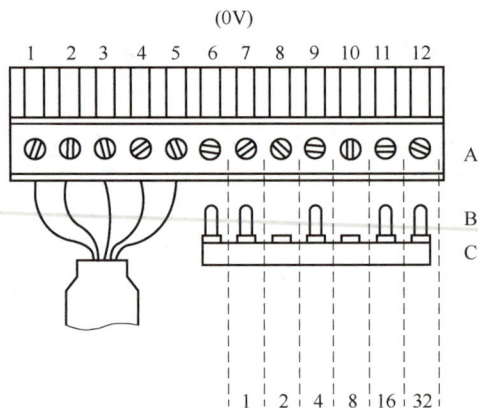

图 7-36　通信板卡跳线端子

图 7-37　配置界面

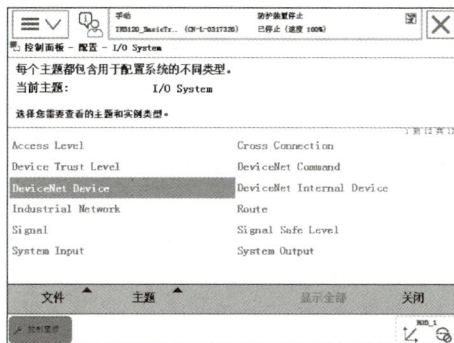

图 7-38　选择配置板卡

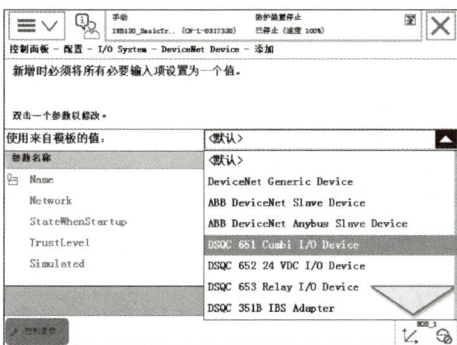

图 7-39　选择板卡对应的通信模板

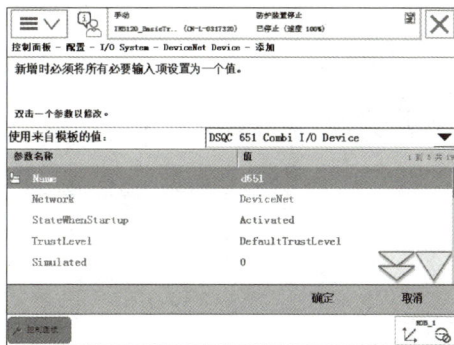

图 7-40　命名板卡

表 7-7　输入信号 di1 配置参数

参 数 名 称	设 定 值	说　　明
Name	di1	数字量输入信号的名称
Type of signal	Digtal Input	信号的类型
Assigned to Device	d651	信号所在的 I/O 模块
Device Mapping	0	信号所占用的地址

配置数字量输入信号的步骤如下。

1）依次单击"控制面板"→"配置"→"I/O System"按钮，如图 7-41 所示，选择"Signal"。

2）利用参数"Name"设置信号的名称为"tmp0"，如图 7-42 所示。

3）设置"Type of Signal"的信号类型，并将"Assigned to Device"设置为前面已设置的板卡"d651"，如图 7-43、图 7-44 所示。

4）设置完毕后，重新启动系统，完成板卡配置和输入/输出信号设置。

其他类型的信号设置也类似，具体可参见 ABB 技术文档。

2. Profibus 适配器的连接

除通过 ABB 机器人提供的标准 I/O 板卡与外围设备进行通信，ABB 机器人还可以使用 DSQC667 模块通过 Profibus 与 PLC 进行快捷和大数据量的通信，如图 7-45 所示。

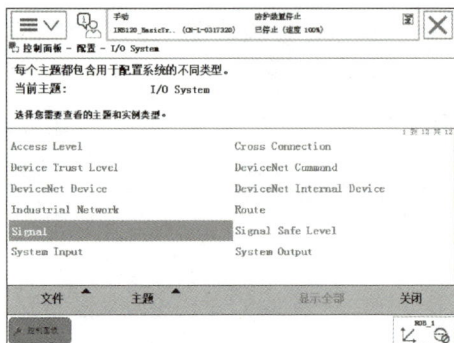

图 7-41 选择信号

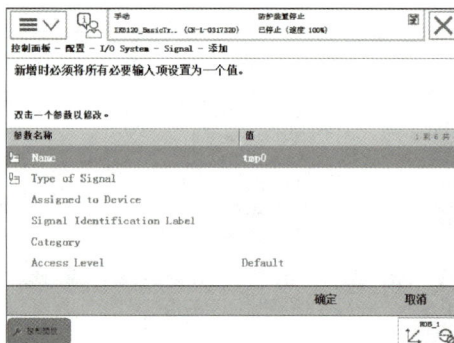

图 7-42 设置信号名称

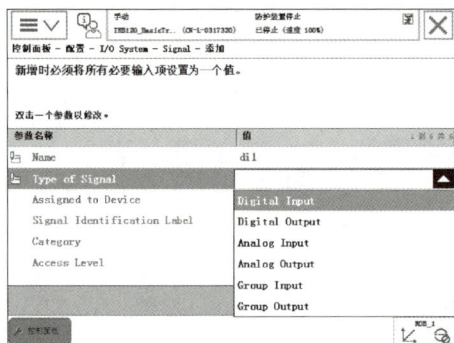

图 7-43 选择信号类型

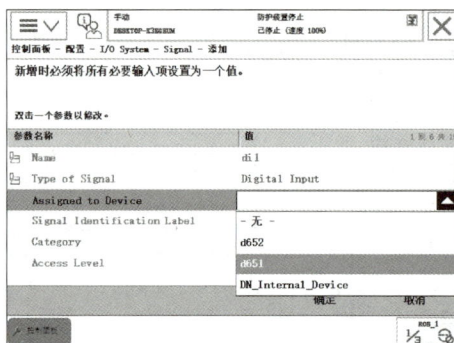

图 7-44 设置信号所属板卡

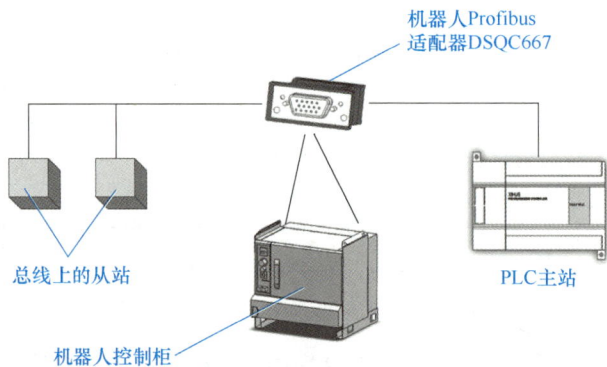

图 7-45 机器人 Profibus 通信连接

首先进行机器人端的配置，配置方法与前面的标准 I/O 板卡类似，不同是在"I/O System"中选择"Industrial Network"，并在后续选项中选择"PROFIBUS_Anybus"，如图 7-46 和图 7-47 所示。

然后需要设置从站机器人端 Profibus 地址及从站机器人端 Profibus 输入、输出的字节大小，如图 7-48、图 7-49 所示。

基于 Profibus 设定信号的方法和 ABB 标准 I/O 板卡上设定信号的方法类似。

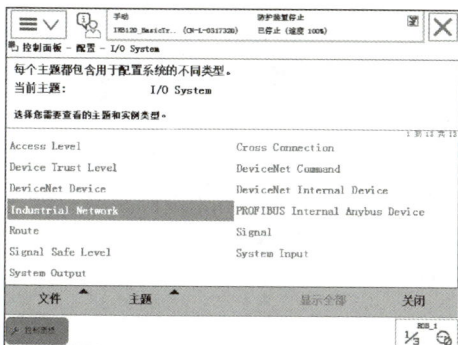

图 7-46　选择 I/O System 类型

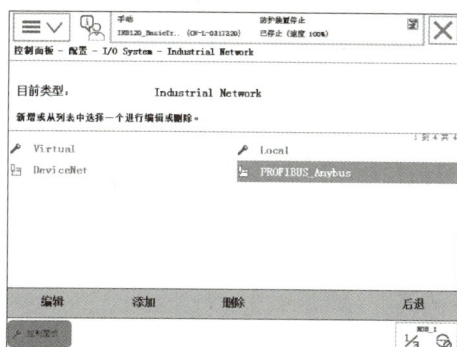

图 7-47　选择 PROFIBUS_Anybus

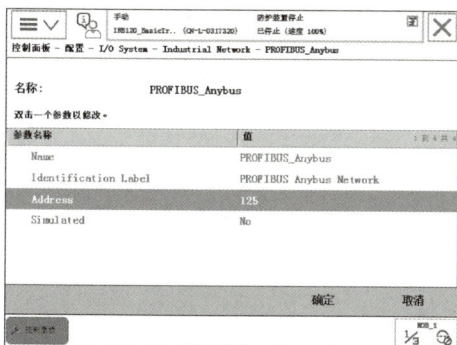

图 7-48　设置机器人端 Profibus 地址

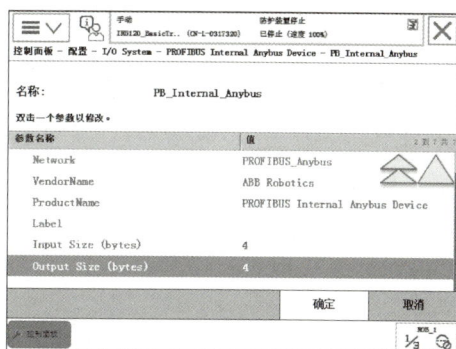

图 7-49　设置 Profibus 输入、输出的字节大小

在完成了 ABB 机器人上的 Profibus 从站的设定后，也需要在 PLC 端完成相应的操作和设定。

1）将 ABB 机器人的 DSQC667 配置文件安装到 PLC 组态软件中。

2）在组态软件中将新添加的"Anybus-CC PROFIBUS DP-V1"加入到工作站中并设定 Profibus 地址。

3）添加 I/O 模块（这里添加总数为 4 字节的 I/O 模块）。

ABB 机器人端设置的信号与 PLC 端设置的信号是一一对应的（低位对低位）。

7.1.7　程序编辑

7.1.7
程序编辑

在示教器上建立 RAPID 程序的操作步骤如下。

1）在主菜单中选择"程序编辑器"菜单命令，如图 7-50 所示。

2）单击"文件"展开其列表，选择"新建模块"命令，如图 7-51 所示。

3）自定义程序模块的名称后，单击"确定"按钮。选择上一步自定义的程序模块单击"显示模块"按钮或者双击程序模块再单击"例行文件"按钮。

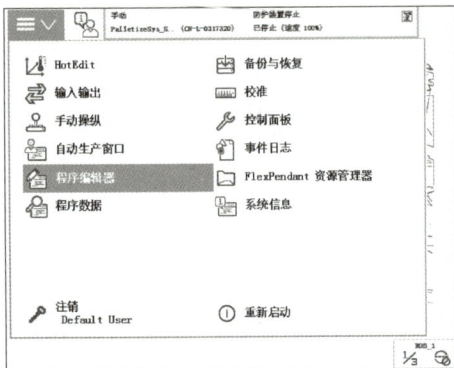

图 7-50　选择"程序编辑器"菜单命令

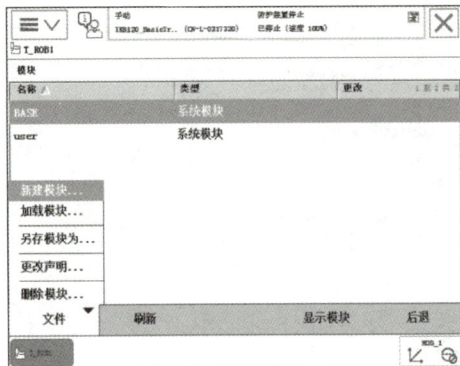

图 7-51　新建模块

4）单击"文件"展开其列表，选择"新建例行程序"命令，如图 7-52 所示。根据需要自定义例行程序的名称及其他参数，然后单击"确定"按钮，如图 7-53 所示。

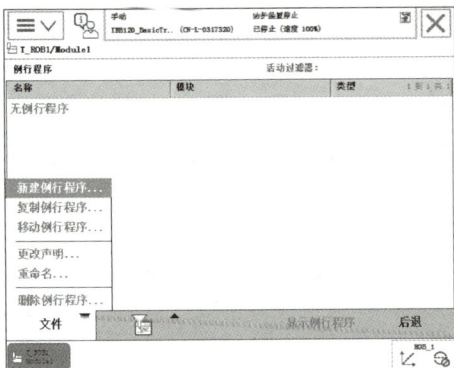

图 7-52　新建例行程序

图 7-53　自定义例行程序相关参数

5）选中新建的例行程序，单击"显示例行程序"按钮，如图 7-54 所示。根据任务需求，插入相关指令，如图 7-55 所示。

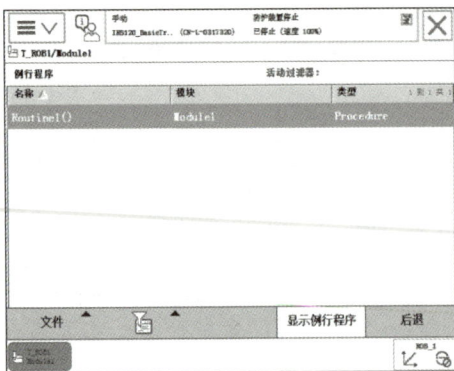

图 7-54　显示例行程序

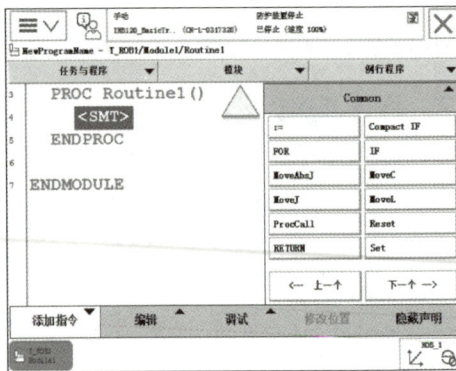

图 7-55　编辑相关指令

以上是在机器人示教器现场编程的基本步骤，也可以在离线编程软件上编写 RAPID 程序，例如，在 ABB RobotStudio 软件中编写 RAPID 程序，再将程序导入机器人控制器。使用离线编程软件编程不仅方便，而且具有很高的效率。

7.1.8　原点校准

1. 原点校准的条件

当工业机器人发生以下情况时，需要进行原点校准。

1）转数计数器存储内容丢失。

2）电池没电。

3）更换电池。

4）电路板与分解器断开。

5）更换分解器值。

2. 原点校准的方法

下面介绍一种常见的原点校准方法，校准步骤如下。

1）将机器人本体的姿态调整至与各轴的原点标记重合，此时机器人的位姿即是机器人本体的原点，如图 7-56 所示。

2）选择"校准"界面中要校准的对象"ROB_1"，然后在"校准-ROB_1"界面中单击"校准参数"按钮再选择"编辑电机校准偏移"选项，如图 7-57 和图 7-58 所示。

3）在弹出的警告对话框中单击"确定"按钮，将机器人本体电动机的校准偏移数据记录下来，如图 7-59 所示。

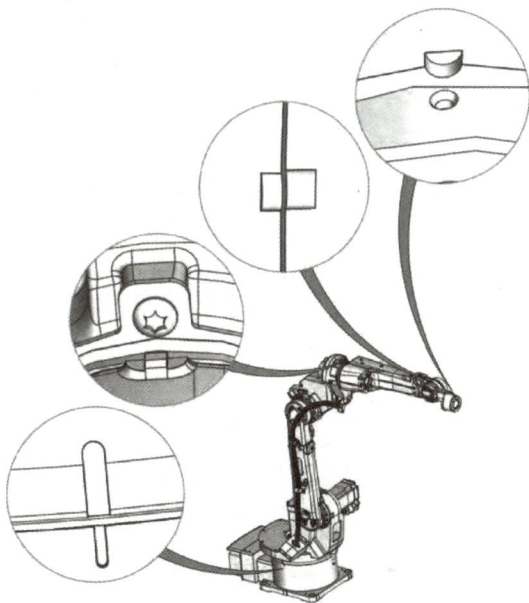

图 7-56　工业机器人原点标记

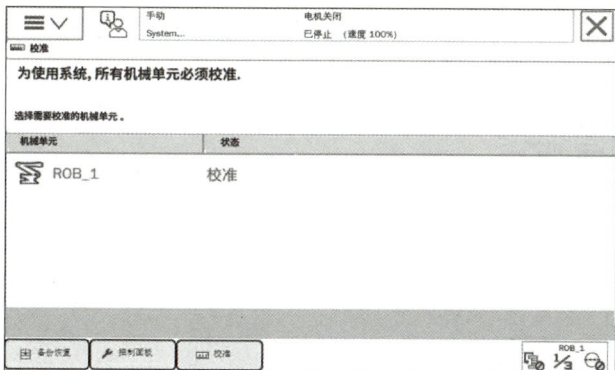

图 7-57　"校准"界面

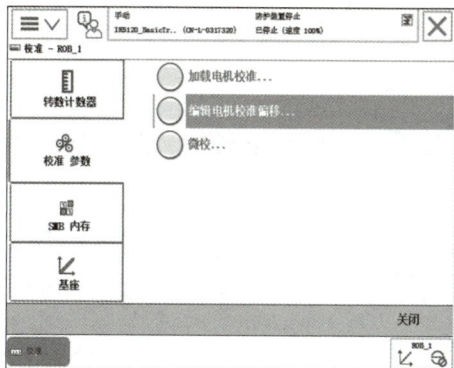

图 7-58　编辑电机校准偏移

4）"编辑电机校准偏移"界面如图 7-60 所示，输入从机器人本体记录的电动机校准偏移数据，然后单击"确定"按钮。如果示教器中显示的数值与机器人本体上的标签数值一致，则无须修改，直接单击"取消"按钮退出。

5）返回图 7-58 所示界面单击"转速计数器"按钮再选择"更新转速计数器"选项，

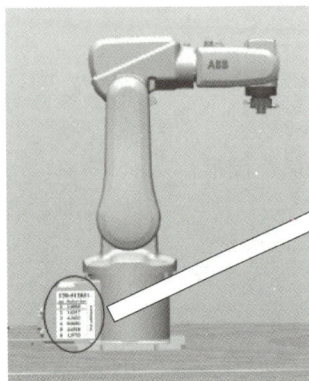

120-512031	
Axis	Resolver values
1	1.8860
2	1.6317
3	4.3632
4	0.0683
5	4.6518
6	1.5753

图 7-59　机器人本体校准偏移数据

接着在弹出的对话框中选择"是"选项然后单击"确定"按钮。

6）将需要校准的轴移动到零点位置，勾选对应的轴号，如图 7-61 所示。然后单击"更新"按钮，更新完成后重启系统。

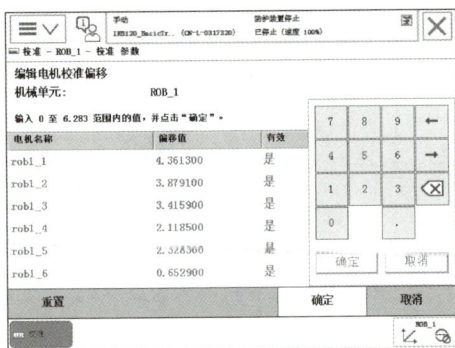

图 7-60　输入校准偏移数据

图 7-61　更新计数器数据

7.2　1+X 机器人实训平台编程与操作

7.2.1　1+X 机器人实训平台总体介绍

7.2.1
1+X 机器人实训平台总体介绍

1+X 机器人实训平台（以下简称实训平台）采用模块化设计，主要由实训机台及工业机器人、快换模块、气源模块、循迹模块、搬运装配模块、输送模块、供料模块、码垛模块、立体仓库模块、变位机模块组成，并且配有机器人行走轴模块、RFID 模块、视觉模块等自动化模块。利用这些模块，可抓取工具、绘图笔、标定笔，以及焊接、涂胶、打磨、雕刻等的工具，可开展搬运、码垛、装配、模拟加工等操作。

　　该实训平台能满足工业机器人基本结构、示教基本操作、RAPID 程序编写、机器人参数设置等方面的教学；利用基础应用教学套件模块及工具快换模块，可实现复杂轨迹规划的工艺应用综合实验；结合可编程控制器实现工业机器人的 I/O 通信和自动化应用实验；利用 RobotStudio 实现工业机器人离线编程的仿真应用。该实训平台配有视觉模块，可学习机器视觉应用，以及利用机器人通信接口进行视觉引导机器人操作；配有 RFID 模块，可学习 RFID 的 ID 信息读取和向上位机的上传；配有机器人行走轴，学习机器人以外的轴运动控制。

7.2.2　技术参数和系统组成

1. 技术参数

实训平台技术参数如下。

机台尺寸：1800mm×1200mm×800mm。

工作电源：单相三线制，AC（220±5%）V，50Hz。

安全保护：漏电保护、过流保护、短路保护。

额定功率：≤2kW。

2. 系统组成

实训平台系统由以下部分组成。

（1）**实训机台及工业机器人**　实训机台采用方管焊接结构设计，表面喷塑处理。工作台板采用工业铝型材拼接搭建，拼接处要有凸凹槽进行嵌接，保证台面拼接后平整，台面上布有 T 形槽，台板端头采用专用盖板进行封盖。台架前面、两侧面及底面采用钣金封板，前封板和两侧封板表面喷塑处理；电控板为镀锌板的网孔板。台架前面左上角带有挂钩，用于放置机器人示教器；右侧有示教器过线孔及转换开关；后侧开门，以使机器人控制器放置在台架内；底部安装 4 个福马轮。实训平台配有 3kg 级的工业机器人（IRB120 3/0.6 型），如图 7-62 所示。

（2）**快换模块**　快换模块包含夹具侧的快换头 4 个，负载为 5kg，如图 7-63 所示。它主要由吸盘快换、共用（TCP、画笔）快换、夹爪快换、打磨快换等组成。

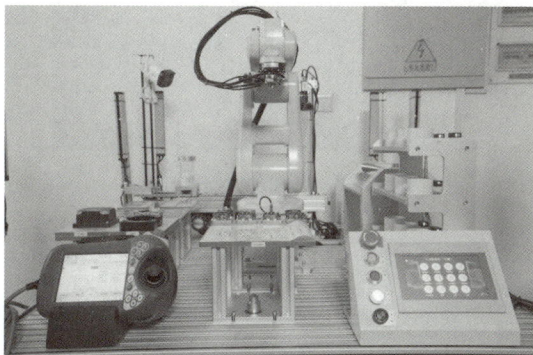

图 7-62　实训平台

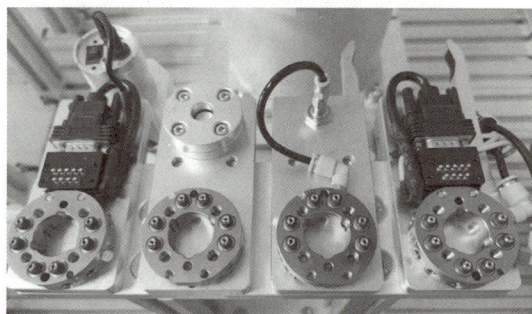

图 7-63　快换模块示意图

（3）**气源模块**　气源模块包括静音型 680W 的 30L 空气压缩机、空气过滤器（过滤精度为 5μm）、油雾分离器（分离精度为 0.03μm）、减压阀、残压释放阀。

（4）**循迹模块**　循迹模块主要包括平面轨迹、曲面轨迹、立体轨迹等训练功能，可根据需求定制图案进行训练，如图 7-64 所示。平面轨迹和曲面轨迹具有多种不同的图案，可以进行多图案之间的配合练习。立体轨迹可在焊接、打磨、喷涂等工艺中进行练习。

（5）**搬运装配模块**　搬运装配模块主要包括装配工作台面板和装配的物料，如图 7-65 所示。装配的物料有不同的形状，有方形、圆形、三角形三种类型工件，通过吸盘进行装配。装配的工作台面板可以根据实际需求快速切换成其他的装配面板。

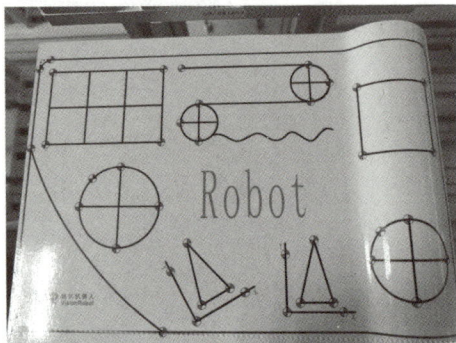

图 7-64　轨迹模块示意图

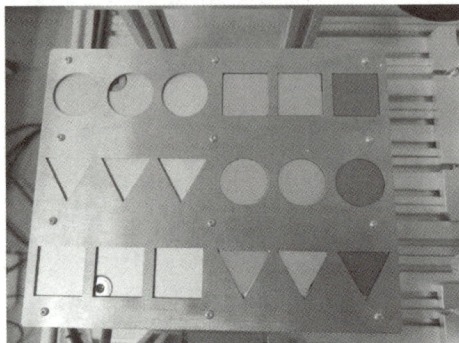

图 7-65　搬运装配模块示意图

（6）**输送模块**　输送模块的主要功能是将搬运的物料送至机器人工作的指定位置，机器人通过吸盘将物料放置在立体仓库的料盒内，如图 7-66 所示。

（7）**供料模块**　供料模块可实现立体仓库的物料自动供料，如图 7-67 所示。采用井式落料的方式，物料通过气缸逐个推出，然后通过输送线输送至机器人工作的位置，再通过机器人对物料进行搬运。

图 7-66　输送模块示意图

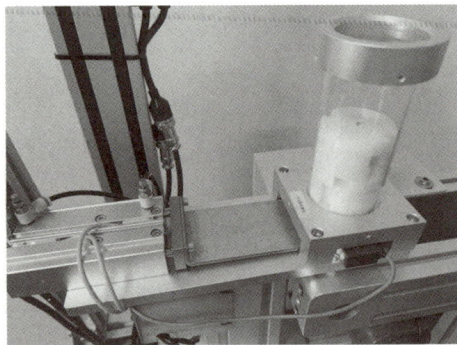

图 7-67　供料模块示意图

（8）**码垛模块**　码垛模块主要实现机器人对物料的不同位置的码垛，对供料模块和输送模块提供的物料，机器人将物料按照一定的顺序进行搬运、摆放和堆叠，如图 7-68 所示。

（9）**立体仓库模块**　立体仓库模块主要用来放置不同的工艺物料的治具，如图 7-69 所示。它一般有 9 个库位，采用铝合金设计，包括不同种类的焊接物料治具、打磨物料治具和喷涂物料治具等。

（10）**变位机模块**　变位机模块可根据物料不同的工艺进行旋转，通过带制动的步进电动机控制，可根据打磨（图 7-70）、焊接、喷涂等多种不同工艺的需求进行配合变换。变位机平台上安装有对不同工艺的治具以进行定位，实现与机器人的精准配合。

图 7-68　搬运码垛模块示意图

图 7-69　立体仓库模块示意图

（11）机器人行走轴模块　机器人行走轴模块用于进行带行走轴的工业机器人的应用系统综合编程训练，速度≥10mm/s，负载为 50kg，采用伺服电动机控制丝杠模组，带有绝对位置控制功能。机器人在模组上行走到指定物料位置抓取或吸取工件，完成工件的装配和检查的工艺流程，如图 7-71 所示。

图 7-70　打磨示意图

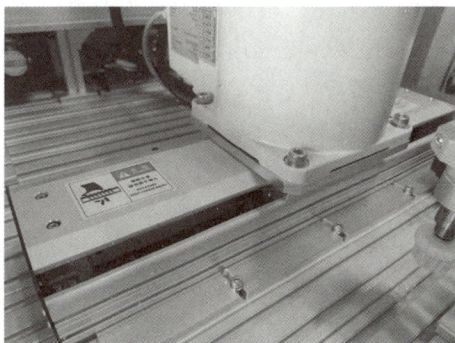

图 7-71　机器人行走轴模块

（12）RFID 模块　RFID 模块可记录物料的位置信息和仓储信息，实现机器人对工位物料的信息识别和读取，如图 7-72 所示。结合 PLC 的总线通信信号将信息传输至服务器，以实现对物料的跟踪、溯源操作。

（13）视觉模块　如图 7-73 所示，视觉模块由视觉主机、工业相机、镜头、光源组成。视觉主机通过千兆网口接入多个网络接口的工业相机。视觉主机通过串口或网口被其他设备管理，如上位 PC 机、机器人等。被检测物件到达时，通过 I/O 信号或上位机指令触发视觉模块采样图像，并进行图像处理和信号识别。视觉模块按照用户设定的要求对目标进行智能判别，把数据保存到数据库中，并依据判别结果返回到上位机。视觉模块具有灵活的视觉定位功能。对于复杂或不规则的工件，可对数字图像中的物体进行轮廓提取和描述，从而实现精准定位。视觉模块的视觉测量功能能测量工件的长度、面积等，配合合适的镜头，能达到微米级的测量精度。视觉模块的缺陷检测功能可实现几何形状、结构尺寸检测，也可实现色彩的检测。同时，它还能识别条形码、二维码、工业符号及数字，可有效识别产品编号，防止产品混料。

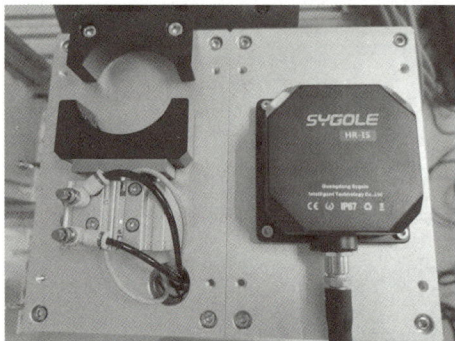

图 7-72　RFID 模块

图 7-73　视觉模块

7.2.3　实训平台实验

以搬运、码垛、写字、打磨、循迹、流水线为例，简要介绍这几个实验模块的要求及基本实验流程。在了解实验要求后，编写相应的 RAPID 程序，利用实训平台完成实验。

1. 搬运实验

实验要求：利用吸盘快换工具头，分别将搬运模块上的三种物料（正方形、三角形、圆形物料）搬运至模块上对应的凹槽处，如图 7-74 所示。

1.
搬运实验

2. 码垛实验

实验要求：将 4 块长方体物件分别按照一定的摆放方式摆放至空槽内，如图 7-75 所示。

2.
码垛实验

码垛形式可分三类：第一类，4 块物件分 2 层依次摆放到桌面的上部边缘，每层 2 块，工件摆放不换方向，难度最低，如图 7-76a 所示；第二类，4 块物件分 2 层摆放，第一层横向展开排列，摆放 2 排，第二层竖向展开排列，摆放 2 排，工件有方向变换，难度适中，如图 7-76b 所示；第三类，4 块物件只摆放一层，每个工件摆放之后均需变换方向摆放下一块，难度较高，如图 7-76c 所示。

码垛实验流程如图 7-77 所示。

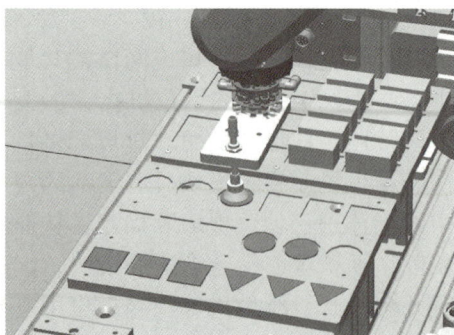

图 7-74　搬运示意图

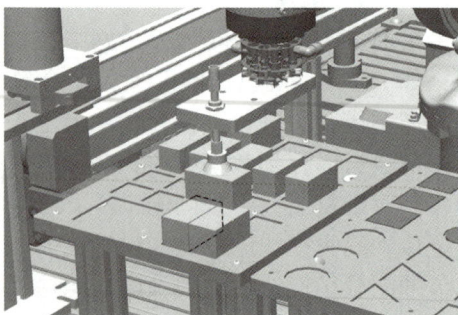

图 7-75　码垛示意图

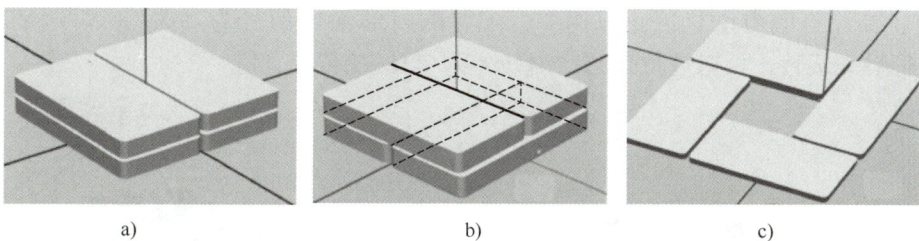

图 7-76　码垛形式

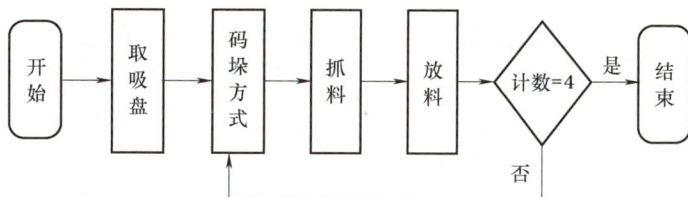

图 7-77　码垛实验流程图

3. 写字实验

实验要求：根据需要用机器人配合装有记号笔的写字工具写出文字（"正"字）。

如图 7-78 所示，分析需要添加的点（& 符号代表点位上方约 30mm 的点），依次需要添加 ｛（1&），（1），（2），（2&）｝、｛（3&），（3），（4），（4&）｝、｛（5&），（5），（6），（6&）｝、｛（7&），（7），（8），（8&）｝、｛（9&），（9），（10），（10&）｝，在写字程序开头需要调用抓取程序来抓取写字快换模块。

写字实验流程如图 7-79 所示。

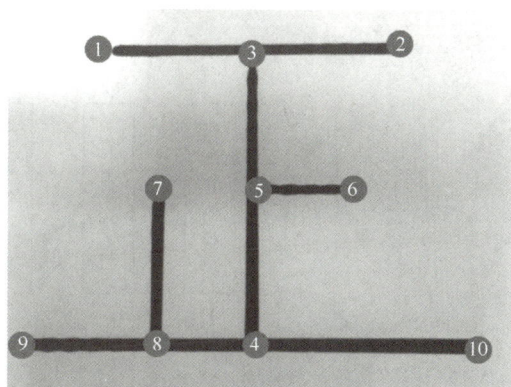

图 7-78　轨迹分析示意图

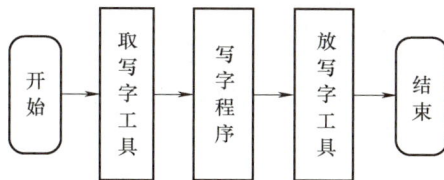

图 7-79　写字实验流程图

4. 打磨实验

实验要求：根据需要，使用机器人配合快换磨头工具，对指定工件进行打磨，如图 7-80 所示。

打磨分析：在实际打磨过程中，当打磨工件发生整体偏移时，为了方便，可采用工件坐标系，不需要重新对点位，选

4. 打磨实验

择三点法建立工件坐标系，图 7-81 所示为打磨轨迹点示意图。在打磨之前，需要通过机器人快换夹具夹取打磨模块。需要注意的是，在磨头碰到工件的点后，需要让电动机运行，打

磨结束时，要让打磨电动机停止。例如，配置的打磨输出信号为 do5，映射地址为 5，当 do5＝1，打磨头旋转，可以进行打磨；当 do＝0，打磨头停止。

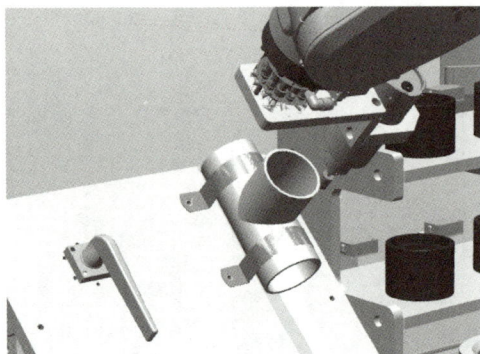

图 7-80　打磨示意图

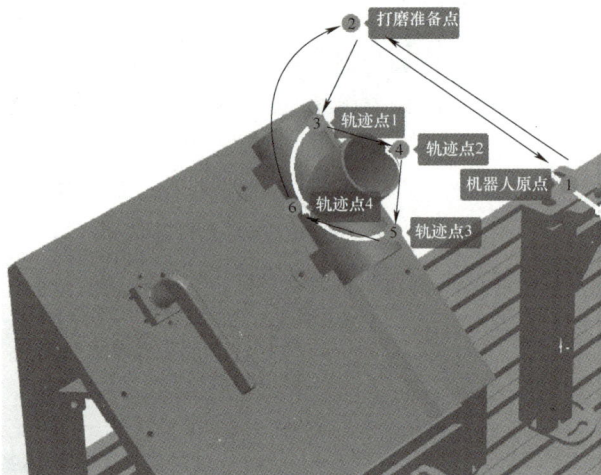

图 7-81　打磨轨迹点示意图

打磨实验流程如图 7-82 所示。

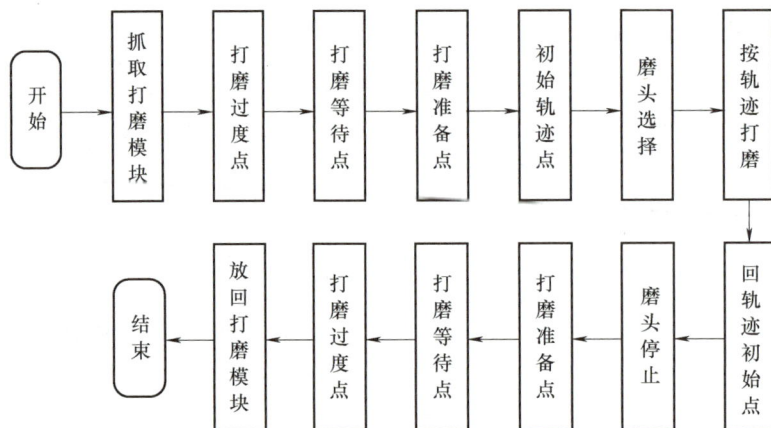

图 7-82　打磨实验流程图

5. 循迹实验

实验要求：利用标定 TCP 模块头的针尖循迹轨迹板上的平面矩形、平面圆形、平面曲线、平面三角形、立体矩形和立体圆形等轨迹，如图 7-83 所示。实验时需要对轨迹上的点进行示教，然后使用 MoveL、MoveC 等指令完成各种形状的循迹。

5.
循迹实验

6. 流水线实验

实验要求：通过夹爪工具夹取立体仓库中的空料盒，放入定位模块。机器人输出推料及流水线动作信号，待物料到位后视觉模块进行拍摄并将数据发送给机器人，机器人通过吸盘工具准确抓取物料并放入定位模块的空料盒中。机器人通过快换夹爪工具夹取定位模块中的料盒（已放入物料），放入立体仓库中的空位处，本实验所用模块及功能具体如下。

（1）**夹爪工具**　夹爪工具用于夹取和放置料库中的料盒，如图 7-84 所示。已知夹爪信号为 do6，映射地址为 6。当 do6 = 0 时，夹爪夹紧；当 do6 = 1 时，夹爪放开。其中，夹爪打开到位信号为 di8，映射地址为 8；夹爪夹紧到位信号为 di9，映射地址为 9。反馈信号用于判断夹爪当前位置。

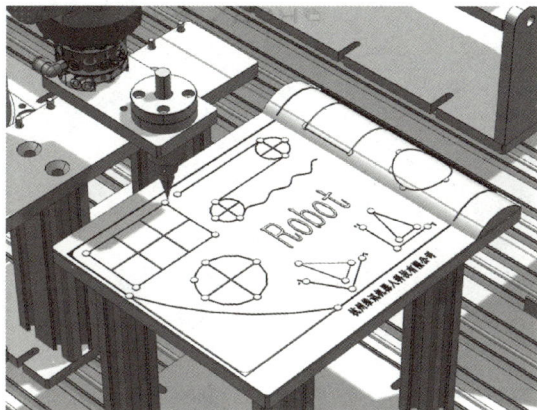

图 7-83　机器人循迹

图 7-84　机器人抓取料盒

（2）**定位模块**　定位模块中，定位气缸信号为 do7，映射地址为 7，当 do7 = 1 时，定位气缸夹紧（气缸推杆伸出）；当 do7 = 0 时，定位气缸打开（气缸推杆收回）。其中，定位气缸打开到位信号为 di6，映射地址为 6；定位气缸夹紧到位信号为 di7，映射地址为 7。

（3）**视觉模块**　视觉模块主要使用的是机器人视觉引导功能。将工业相机拍摄的图像与机器人坐标进行转换匹配，视觉软件通过模板比配后，进行坐标标定、抓取位置计算，然后把计算的坐标发给机器人执行相应的运动。其中，视觉软件与机器人的参数传递是通过 Socket 通信来完成的，视觉软件作为 Socket 服务程序，机器人作为 Socket 客户端程序，视觉软件一直在侦听、等待机器人的连接，如图 7-85 所示。

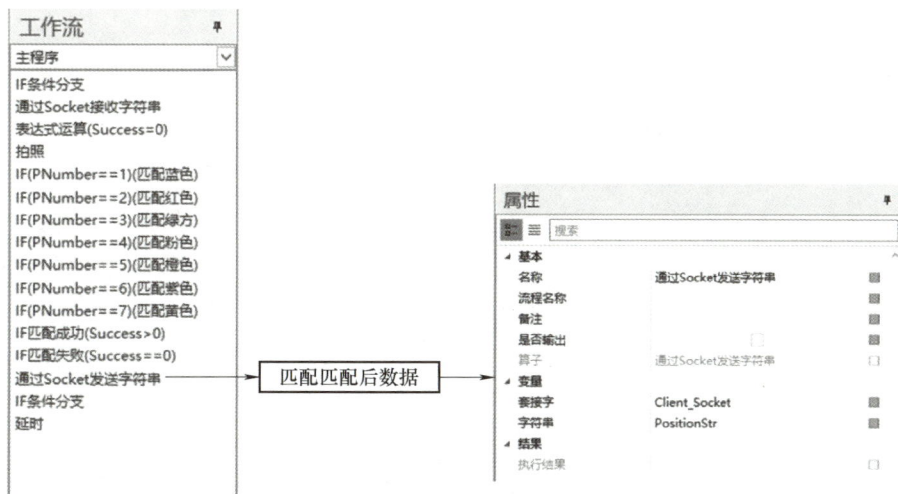

图 7-85　数据传输示例

推料模块与流水线模块均用 PLC 控制，整体实验流程如图 7-86 所示。

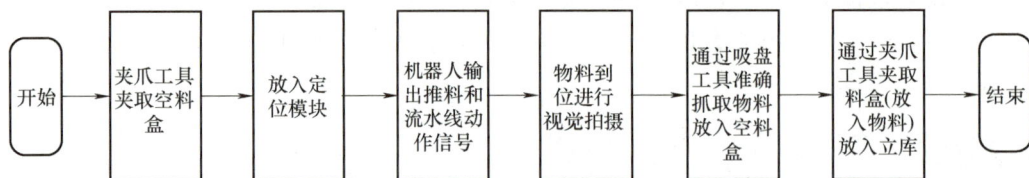

图 7-86　流水线流程图

习题

1. 工业机器人控制器是由主计算机板、＿＿＿＿＿＿＿＿和机器人驱动器等组成。

2. 示教器又称为示教编辑器，可实现＿＿＿＿、调试、＿＿＿＿、设定、＿＿＿＿等功能。

3. 利用示教器建立工件坐标系，最常见用＿＿＿＿＿＿法、其中 Z 轴用＿＿＿＿＿＿准则确定。

4. ABB 机器人通信可分为＿＿＿＿＿＿＿＿、＿＿＿＿＿＿＿＿和 PC 数据通信。

5. ABB 的标准 I/O 板卡是基于＿＿＿＿＿＿＿＿总线协议。

6. 当机器人出现转数计数器存储内容丢失、＿＿＿＿＿＿、更换电池、＿＿＿＿＿＿、更换分解器值时，需要机器人进行原点校准。

7. 利用 1+X 机器人实训平台可完成搬运、＿＿＿＿＿＿、＿＿＿＿＿＿、打磨实验。

第8章 工业机器人虚拟仿真

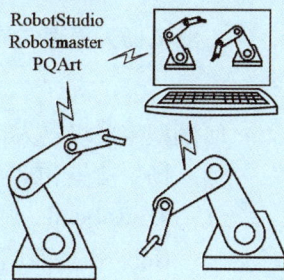

8.1 工业机器人的虚拟仿真软件

工业机器人的虚拟仿真是通过计算机对实际的工业机器人本体及其作业环境进行模拟的技术。工业机器人的虚拟仿真软件可实现单机工作站的模拟控制，也可模拟仿真多台机器人组成的生产线。这类的虚拟仿真软件可以在实物生产之前对其进行模拟仿真，不仅可以大大缩短生产周期，而且能够尽量避免不必要的返工，特别是在机器人编程方面尤为明显。机器人编程可分为示教在线编程和离线编程，示教在线编程过程烦琐、效率低，精度完全依赖示教者的经验，而且对于复杂的示教路径则无能为力。离线编程具有很多优点，包括可在不影响生产的情况下编程、使编程者远离危险作业环境、可对复杂轨迹进行编程等。

目前市面上有不少虚拟仿真的软件系统，可实现对工业机器人的编程、仿真和代码生成等功能。以下介绍几款常用的工业机器人虚拟仿真软件。

1. RobotStudio

ABB RobotStudio（简称 RobotStudio）是瑞士 ABB 公司提供的工业机器人配套软件，也是机器人本体生产商做得较好的一款软件。RobotStudio 提供图形化编程、建立虚拟工作站、轨迹运动仿真、在线调试等功能，支持整个机器人生命周期的虚拟仿真；可方便地导入各种主流的 CAD 格式，包括 IGES、STEP、VRML、VDAFS、ACIS 及 CATIA 等；利用 AutoPath 功能，可在短时间内自动生成加工曲线所需的机器人位置路径；可使用程序编辑器快速编写 RAPID 语句，实现离线编程；可对接近不合理或奇异点的情况进行报警，对 TCP 速度、加速度、奇异点和轴线进行路径优化；通过 Autoreach 功能可自动进行可达性分析；具备虚拟示教器功能，是一个非常实用的教学和培训工具。除此之外，它还具备碰撞检测、VBA 等功能。不过该软件只支持 ABB 品牌的机器人，兼容性较差。

2. Robotmaster

Robotmaster 是一款卓越的工业机器人离线编程软件，它兼容性很好，几乎支持绝大多数的机器人品牌，如 ABB、库卡、发那科、三菱、柯马、松下等。Robotmaster 在 Mastercam 中无缝集成了机器人编程、仿真和代码生成等功能，具有较高的编程效率，特别适用于切割、铣削、焊接、喷涂等作业形式，同时支持运动学规划和碰撞检测，且精度较高，还可支持外部轴及组合系统。

3. PQArt

PQArt（原名 RobotArt）是目前国内顶尖的工业机器人离线编程软件。该软件广泛应用于打磨、焊接、激光切割、去毛刺、数控加工等方面的工业机器人虚拟仿真。软件可根据几何模型生成机器人运动轨迹，进而进行轨迹仿真、路径优化、后置代码生成等，也具备碰撞检测、场景渲染和动画仿真等功能。缺点是不支持生产线仿真，对外国小品牌机器人也不支持。

4. Robcad

Robcad 是西门子旗下的软件，该软件支持离线点焊、多台机器人仿真、非机器人运动机构仿真及精确的节拍仿真，因此它是侧重于生产线的仿真软件。

还有 RobotWorks、DELMIA 等其他功能强大的工业机器人虚拟仿真软件，此处不再一一列举。

8.2 RobotStudio 的离线编程

8.2.1 RobotStudio 的下载和安装

登录网址 https://new.abb.com/products/robotics/robotstudio，进入如图 8-1 所示的软件下载页面。进入下载页面之后单击"DOWNLOAD IT NOW"按钮进行下载。下载完成后对压缩包进行解压，在解压后的文件夹中双击"setup.exe"文件开始安装，在弹出对话框的下拉菜单中选择"中文（简体）"选项并单击"确定"按钮；接着在许可证协议窗口中，选择"我接受该许可证协议中的条款"选项并单击"下一步"按钮；然后在目的地文件夹窗口中单击"更改"按钮选择安装的文件路径，再单击"下一步"按钮；最后在安装类型窗口中，选择"完整安装"选项并单击"下一步"按钮，安装过程需要等待几分钟，弹出图 8-2 所示对话框时，安装完成。

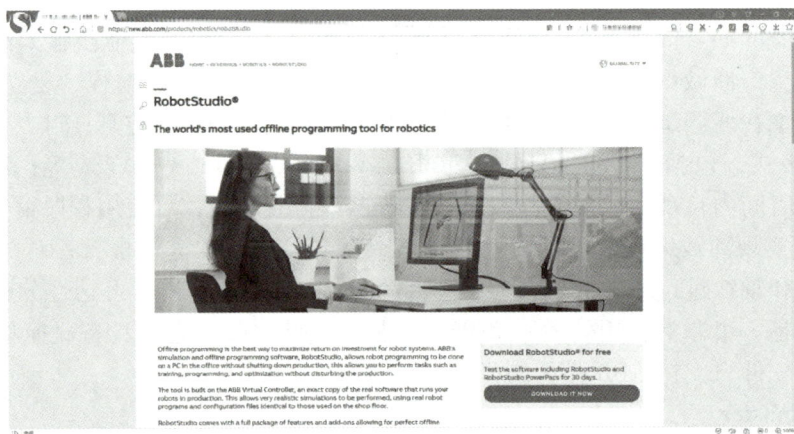

图 8-1　软件下载页面

8.2.2 RobotStudio 概述

1. RobotStudio 简介

RobotStudio 是由 ABB 公司开发的一款适用于各类 ABB 工业机器人的 PC 应用程序，可用于对工业机器人单元进行建模、离线编程和仿真。它可以在离线的情况下，即不打断生产的情况下进行编程、仿真和优化工作，加快编程进度、降低运行风险和提高生产效率，还可以通过创建更加精确的运动路径来获得更高的部件质量。

RobotStudio 建立在 ABB Virtual Controller 之上，是在生产中对运行工业机器人真实环境的精确复制。使用该软件可以模拟车间中使用的真实工业机器人程序和配置文件，如同将真实的工业机器人搬到 PC 中。RobotStudio 可以完成以下主要功能。

图 8-2　RobotStudio 安装完成对话框

（1）导入 CAD 数据　虽然 RobotStudio 可以建模，但它只能建立一些简单模型，若需要更为精确的模型，可以从外部导入 CAD 数据。RobotStudio 支持导入各类主流的 CAD 模型格式，包括 STEP、ACIS、IGES 等。

（2）自动生成路径　自动生成路径功能可以对简单的 CAD 模型曲线在短时间内完成路径生成，相对人工生成路径，是非常有效率的一个功能。若自动生成的路径上有一些不合理、奇异的位置点，仅需要局部进行修正。

（3）自动分析伸展功能　自动分析伸展功能通过自由地移动机器人或周围辅助设备，可在短时间内优化工作站布局并验证机器人操作的可行性。

（4）检测碰撞　在布局完成后，使用检测碰撞功能可验证机器人操作过程中是否会发生碰撞行为，为机器人程序的修改提供参考，降低机器人碰撞风险。

（5）在线作业　在线作业功能可以使 RobotStudio 与工作的机器人在线进行通信，实现机器人的监控、参数设定、程序修改等操作，方便调试。

（6）模拟仿真　结合离线编程、工作站布局和 Smart 组件，可根据任务要求，在 RobotStudio 中完成机器人工作站的动作仿真，实现机器人工作站的数字孪生。

（7）应用功能包　针对工业机器人的典型应用，如机器人焊接等工艺的作业，RobotStudio 提供了功能强大的工艺应用功能包，方便使用。

（8）二次开发　为满足工业机器人的多样应用，同时支持科研需要，RobotStudio 提供了功能强大的二次开发平台。

2. RobotStudio 界面介绍

RobotStudio 界面主要包括"文件""基本""建模""仿真""控制器""RAPID""Add-Ins"七大选项卡，如图 8-3 所示。

2.
RobotStudio 界面介绍

（1）"文件"选项卡　该选项卡包括新建工作站和新建文件（控制器配置文件、RAPID 模块文件），以及保存工作站、信息、打印、共享、在线、选项等功能，如图 8-4 所示。

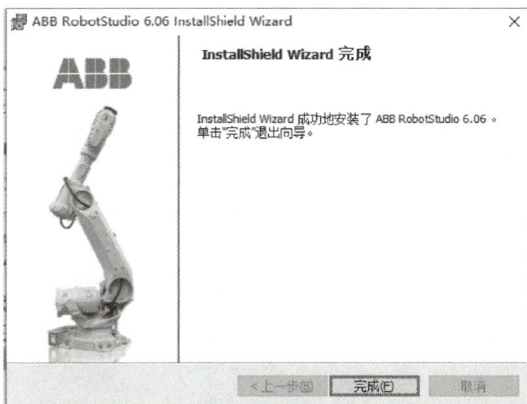

图 8-3　选项卡

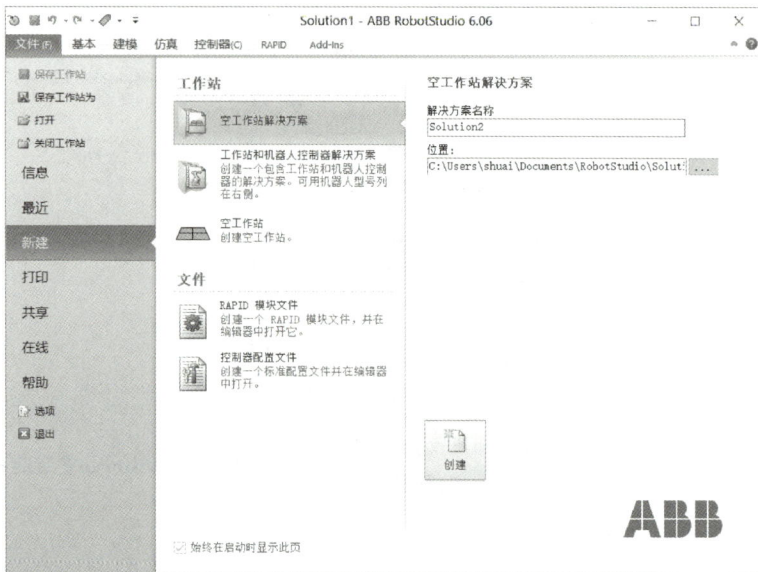

图 8-4 "文件"选项卡

（2）"基本"选项卡 该选项卡包括建立工作站、路径编程、设置、控制器、Freehand、图形控件，如图 8-5 所示。

图 8-5 "基本"选项卡

（3）"建模"选项卡 该选项卡包括创建（导入几何体、曲线、组件组等）、CAD 操作（交叉、组合等）、测量、Freehand、机械（创建机械装置、创建工具等）控件，如图 8-6 所示。

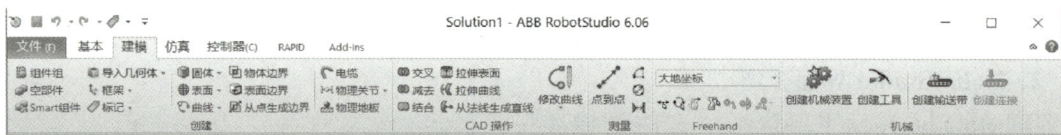

图 8-6 "建模"选项卡

（4）"仿真"选项卡 该选项卡包括碰撞监控、配置、仿真控制、监控、信号分析器、录制短片控件，如图 8-7 所示。

图 8-7 "仿真"选项卡

（5）**"控制器"选项卡**　该选项卡包括进入（添加控制器、请求写权限等）、控制器工具（重启、备份等）、配置（配置编辑器、安装管理器等）、虚拟控制器（控制面板、操作者窗口等）和传送控件，如图 8-8 所示。

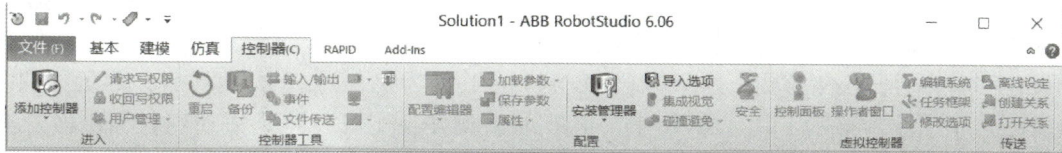

图 8-8　"控制器"选项卡

（6）**"RAPID"选项卡**　该选项卡包括进入（请求写权限等）、编辑、插入、查找、控制器、测试和调试控件，提供与 RAPID 编程相关的功能，如图 8-9 所示。

图 8-9　"RAPID"选项卡

（7）**"Add-Ins"选项卡**　该选项卡包括社区、RobotWare 及齿轮箱热量预测控件，如图 8-10 所示。

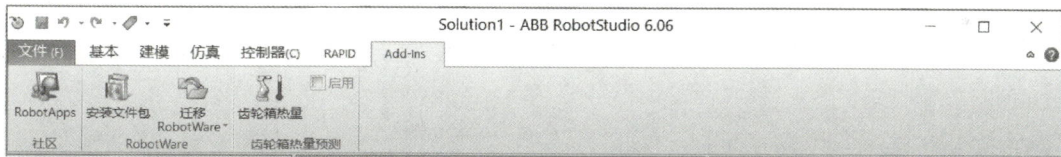

图 8-10　"Add-Ins"选项卡

8.2.3　离线编程与仿真

在工业机器人轨迹应用过程中，对于简单的直线或圆弧，通过现场示教就可生成工业机器人的运行轨迹。但对于较为复杂的曲线，常见的做法是在曲线上取点，再对机器人示教相应的点，从而生成轨迹路径。该方法需要人工作业，耗费时间和精力，且示教出的轨迹精度较差。

离线编程软件可以根据模型的曲线或曲面特征自动转化出机器人的运行轨迹，克服了示教编程的费时和精度差的缺点。这种方法不仅减少了逐个示教的目标点位和生成工业机器人轨迹的时间，并且保证了工业机器人运动轨迹的精度，因此在工业机器人行业中应用广泛。

以下将介绍应用 RobotStudio 自动生成机器人激光切割轨迹的步骤。

1. 机器人离线轨迹曲线及路径的生成

1）创建新的工作站，导入工业机器人模型 IRB4600 及工具"MyTool"。打开"基本"选项卡下的"ABB 模型库"并选择机器人型号，这里以 IRB4600 型号为例，单击"确定"按钮导入工业机器人。打开"基本"选项卡中的"导入模型库"下拉列表，根据需要选择设备和用户库中所需的工具。这里以"MyTool"工具为例，选择该工具后，界面左侧的"布局"选项卡中会显示工具"MyTool"，用鼠标左键按住工具并将其拖动到目标机械臂上，工具安装完成的效果图如图 8-11 所示。

2）导入雕刻板。在"基本"选项卡中，单击展开"导入几何体"下拉列表，然后选择"浏览几何体"选项，如图 8-12 所示。在弹出的对话框中浏览雕刻板"XMUT"文件的路径并选中打开。

3）调整雕刻板位置。导入雕刻板后，其位置可能不满足加工需求，需要进行移动。在界面左侧的"布局"选项卡中找到导入的雕刻板"XMUT"并右击，在弹出的菜单中选择"位置"→"设定位置"选项，如图 8-13 所示。进入位置设置状态，根据左下角的坐标系对雕刻板的位置、方向进行调整，调整到满意位置后单击"应用"按钮完成位置的设置。

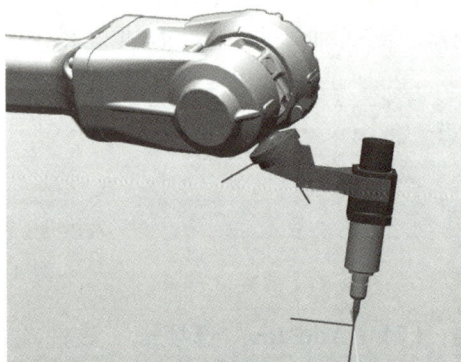

图 8-11　工具安装完成效果图

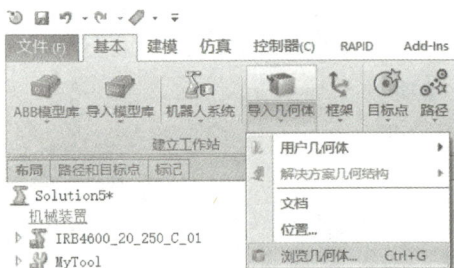

图 8-12　导入雕刻板

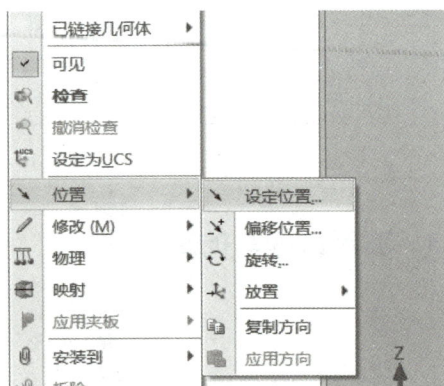

图 8-13　设置位置

4）建立工业机器人工作站系统。在"基本"选项卡中，单击展开"机器人系统"下拉列表并选择"从布局等"选项，根据布局建立系统。在弹出的对话框中设置系统的名称和存放位置，其中需要注意的是，文件的存放路径中不能出现汉字。对系统中的机械装置进行勾选，机械装置确定好后，单击"文件"选项卡中的"选项"按钮，选择"Default Language"→"Chinese"选项，将语言设置成中文。之后在"Industrial Networks"选项组中更改工业网络，选择"709-1 DeviceNet Master/Slave"选项。在"Anybus Adapters"选项组中选择"840-2 PROFIBUS Anybus Device"选项。全部设置完成后单击"完成"按钮，等待系统完成创建。系统创建完成后，软件界面的右下方"控制器状态：1/1"显示为绿色，如图 8-14 所示。

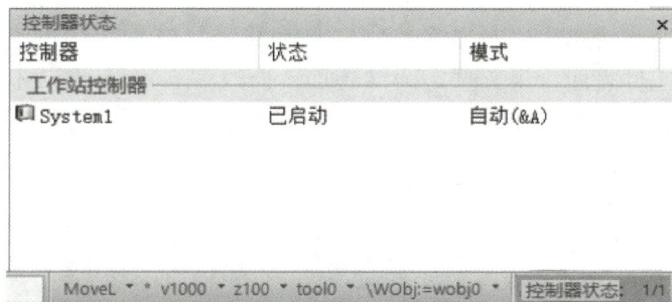

图 8-14　系统创建完成

5）创建工件坐标系。在"基本"选项卡中单击展开"其他"下拉列表并选择"创建工件坐标"选项。在界面左侧出现的"创建工件坐标"选项卡中双击"名称"，将新建的工件坐标系的名称改为"XMUT"。单击"工件坐标框架"下的"取点创建框架"，然后单击其右侧出现的 ··· 按钮，在弹出的下拉列表中选择"三点"选项，如图 8-15 所示。选择捕捉末端工具，依次选择如图 8-16 所示的三个点位，单击"Accept"按钮后单击"创建"按钮。

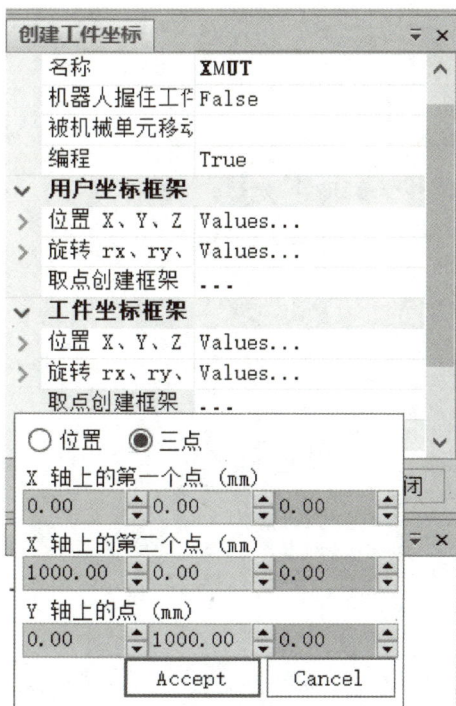

图 8-15　创建工件坐标系

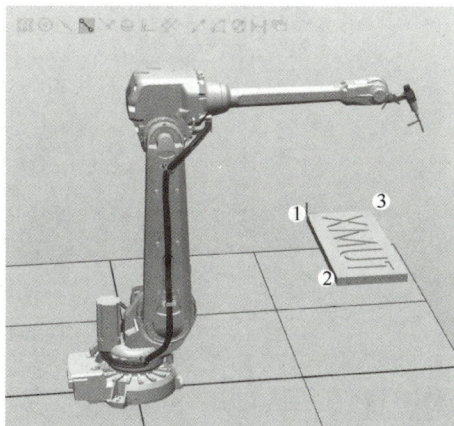

图 8-16　选择坐标系点位

6）修改工件坐标、工具坐标及运动指令参数。在"基本"选项卡的"设置"选项组中，选择"XMUT"工件坐标和"MyTool"工具，接着在软件界面右下角的运动指令设定栏更改参数设置，这些参数影响自动路径功能产生的运动速度、转弯半径等运动指令。

7）自动生成路径。在"基本"选项卡，单击展开"路径"下拉列表并选择"自动路径"选项。如图 8-17 所示。将选择方式设置为"表面选择"，将捕捉模式设置为"捕捉边缘"，按住〈Shift〉键，单击雕刻板"XMUT"上"M"的任意一条边，自动获取该字符的所有边。退出捕捉边缘模式，单击界面左侧"自动路径"选项卡中的"参照面"文本框，在右侧视图中捕捉工件表面，将其选定为参考面。修改"自动路径"选项卡中的其他相关参数后，单击"创建"按钮，如图 8-18 所示。

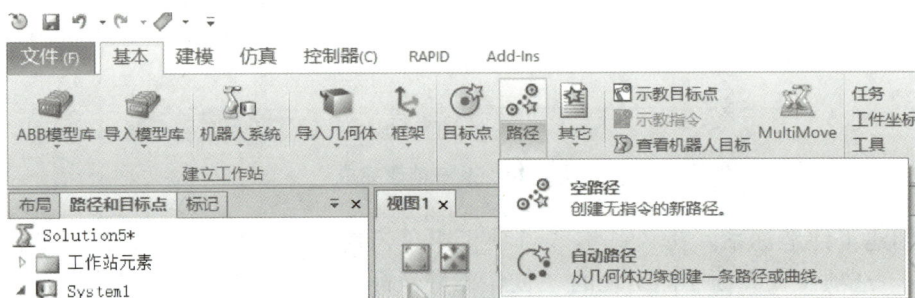

图 8-17　自动生成路径

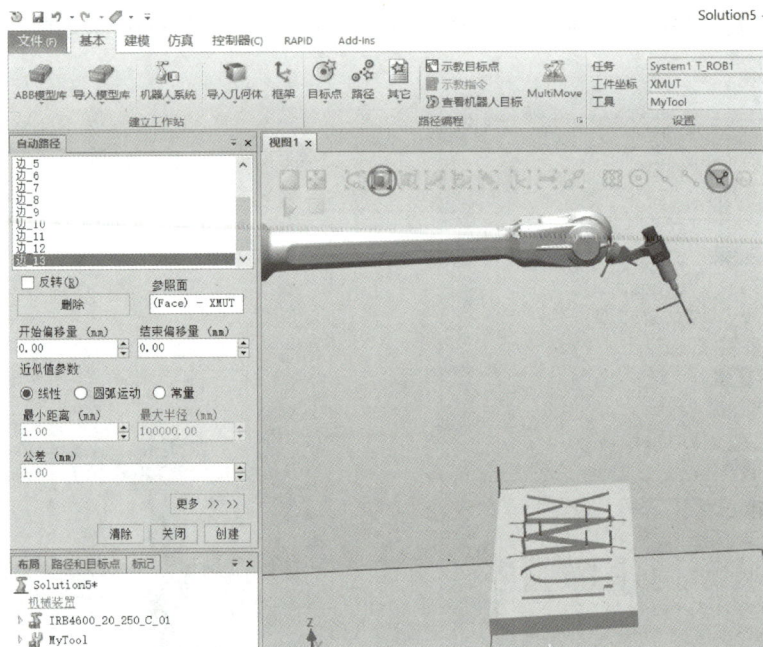

图 8-18　设置路径参数

8）目标点调整。用"自动路径"功能生成目标点后，工业机器人不一定能够到达自动路径生成的目标点，因此需要对目标点的工具姿态进行调整。在界面左侧的"路径和目标点"选项卡中，选中目标点并右击，在弹出的菜单中选择"查看目标处工具"选项，则可查看调整后的目标点位置处的工具。若工具的姿态不能达到目标点要求，可右击目标点并在弹出的菜单中选择"修改目标"→"旋转"选项来改变该目标的姿态，进而使工具姿态符合目标点要求，如图 8-19 所示。此外，可批量处理其他目标点，具体做法是让剩余所有目标

点的 X 轴方向与调整好的目标点的 X 轴方向一致，然后选中其余目标点并右击，在弹出的菜单中选择"修改目标"→"对准目标点方向"选项，如图 8-20 所示。在界面左侧弹出的"对准目标点：（多种选择）"选项卡中，将参考选择为"T_ROB1/Target 10"，单击"应用"按钮。

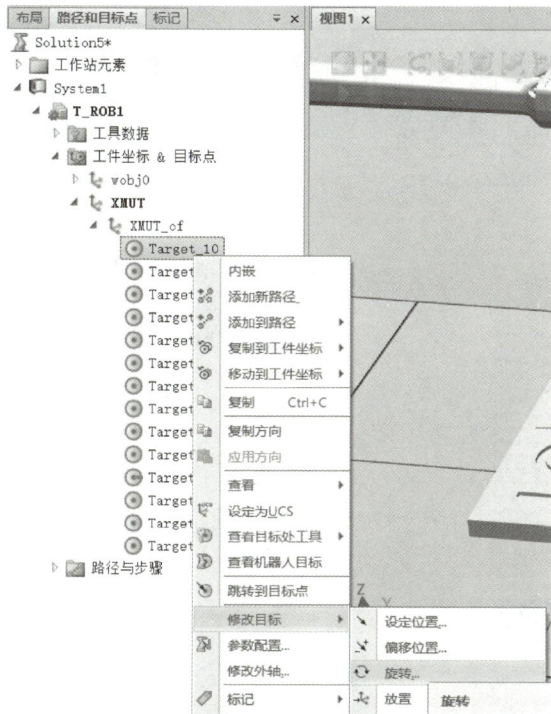

图 8-19　目标点调整　　　　　图 8-20　调整其余目标点

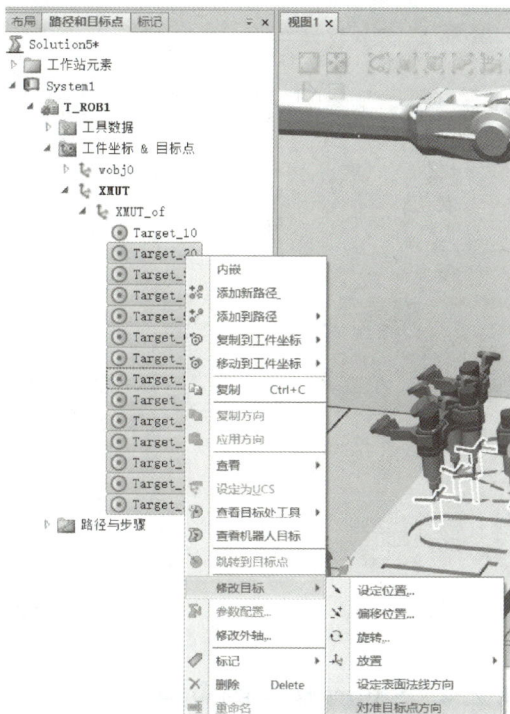

9）验证路径。在界面左侧的"路径和目标点"选项卡中右击"Path_10"，在弹出的菜单中选择"沿着路径运动"选项，机器人开始按照指令运动，观察工业机器人能否顺利到达各个目标点。

10）工作站程序优化。在实际加工中，工业机器人对零件的加工有一个到达和离开的过程。为使运动轨迹更加合理，须在运动路径中添加始末点。使用"基本"选项卡"Free-hand"选项组中的"手动线性"功能，将工业机器人调整到一个合理的位置作为始（末）点，并将界面右下角的运动指令参数设为"MoveJ"。随后单击"基本"选项卡"路径编程"选项组中的"示教指令"按钮。将生成的示教指令复制，并将复制的指令放到路径"Path_10"的起始端，作为路径的起始点，如图 8-21 所示。

2. 仿真与调试

1）在"基本"选项卡"控制器"选项组中，单击展开"同步"下拉列表，选择"同步到 RAPID"选项。在弹出的对话框中勾选全部选项后单击"确定"按钮开始同步，同步完成后，界面下方的提示窗口中会提示同步完成。

2）在"仿真"选项卡中单击"仿真设定"按钮，在弹出的仿真设定对话框中，将仿真对象选择为"T_ROB1"，并在右侧的进入点下拉列表中选择"Path_10"，设置完成后单击"关闭"按钮。

3）在"仿真"选项卡中单击"播放"按钮，工业机器人开始沿着预定路径运动。

4）也可以单击"RAPID"标签，在界面左侧出现的"控制器"选项卡中找到对应的程序名字，双击打开程序并查看，如图 8-21 所示。

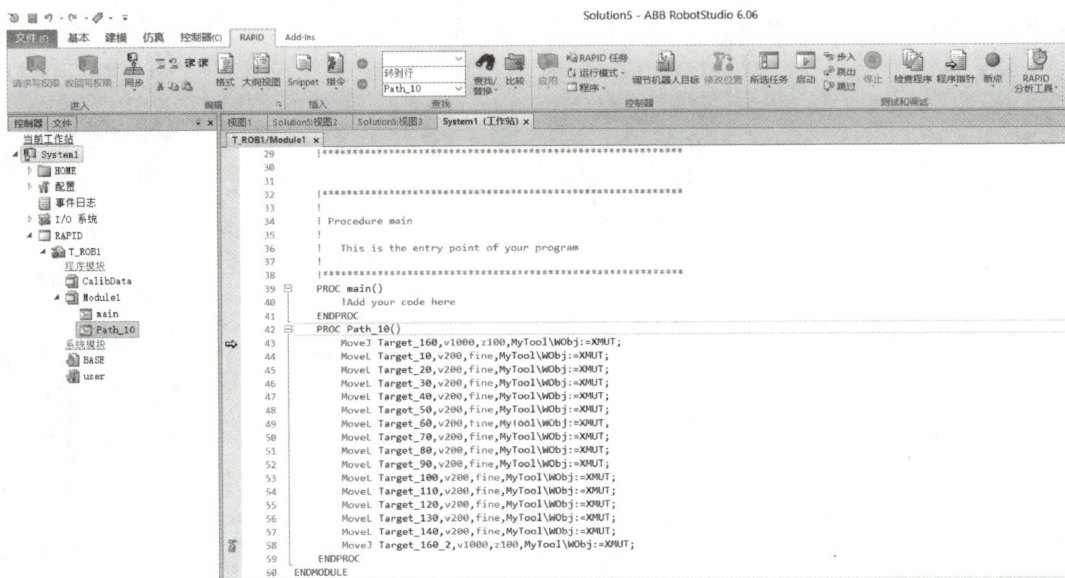

图 8-21　查看程序

8.2.4　Smart 组件的应用

8.2.4
Smart 组件的应用

Smart 组件是可以在 RobotStudio 中实现动画效果的高效工具。输送链是日常生产中最常见的装置之一，本小节利用 Smart 组件来模拟动态输送链输送物料的动画效果，体验 RobotStudio 中 Smart 组件的强大功能。

Smart 组件要完成的动画效果为：仿真开始时输送链最前端产生物料，物料随着输送链向前移动，当到达输送链末端时，传感器检测到物料的存在，物料停止运动。当物料被移走后，输送链前端再次产生物料，并进行下一个物料的输送循环。

1. 物料源的设置

1）对建立好的工作站，单击选择"建模"选项卡中的"Smart 组件"，并在界面左侧的"布局"选项卡中右击该组件将其重命名为"SC_Conveyor"，如图 8-22 所示。

2）在"SC_Conveyor"窗口中的"组成"选项卡中单击"添加组件"按钮，在其下拉列表中选择"动作"→"Source"选项，如图 8-23 所示。在弹出的属性设置栏中，将"Source"设定为"物料"。单击"应用"按钮完成"Source"的属性设置，如图 8-24 所示。"Source"用来设置产品源，本例中的产品源为"物料"，每执行一次，"Source"都会自动生成一个"物料"的复制品。

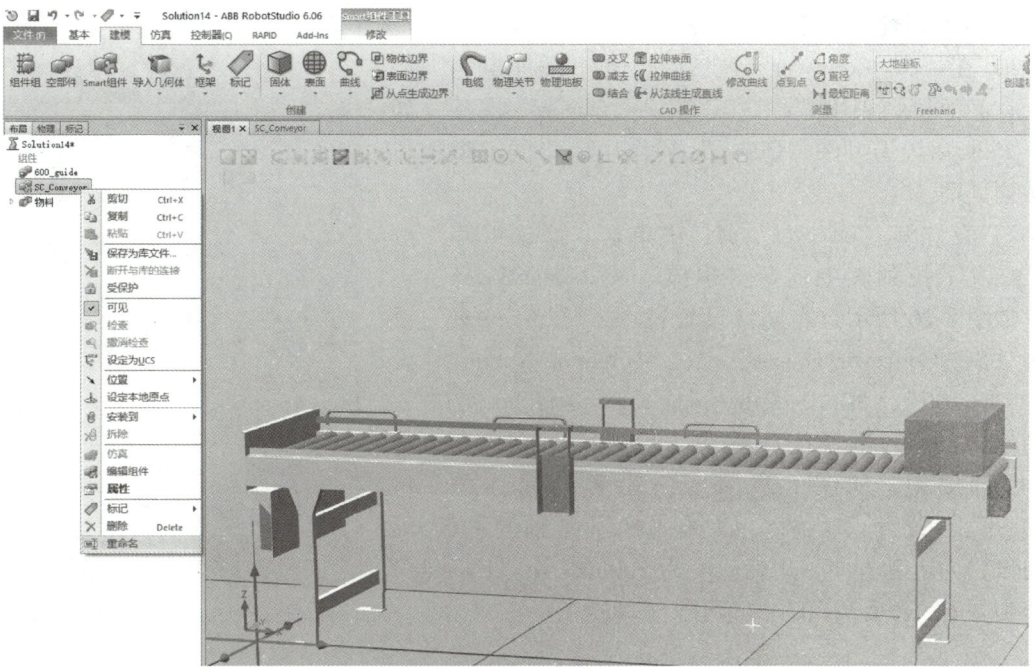

图 8-22　新建 Smart 组件

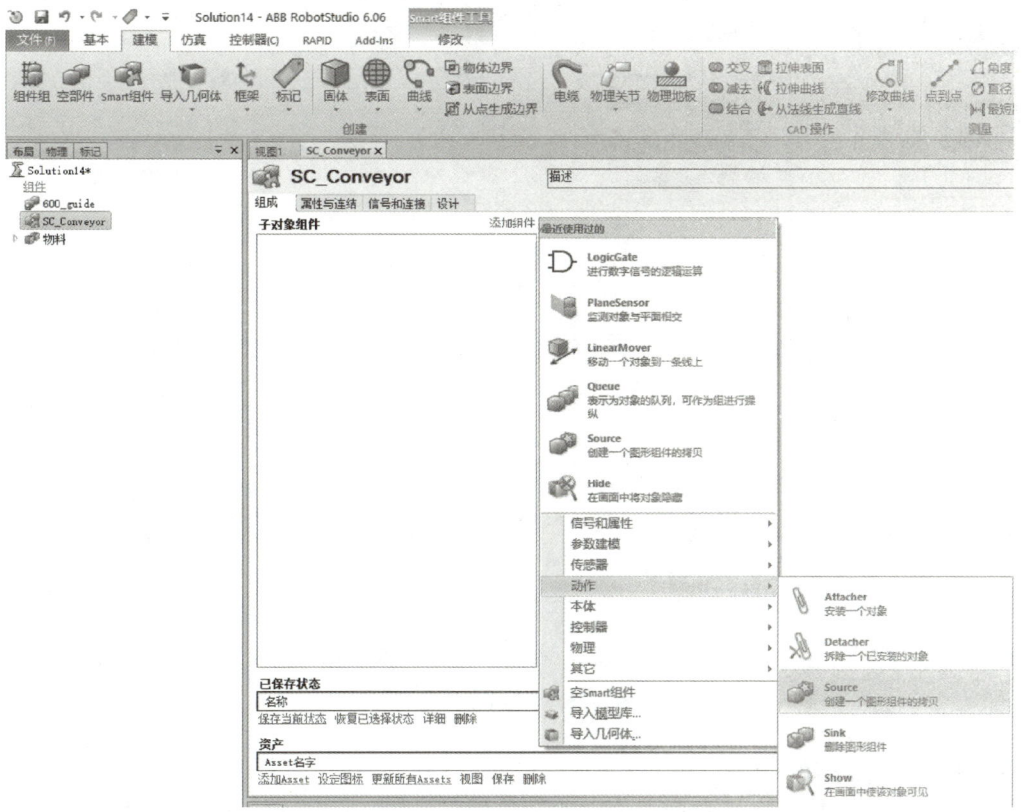

图 8-23　"Source"选项

2. 运动属性的设置

1）在"SC_Conveyor"窗口中单击"添加组件"按钮，在其下拉列表中选择"其它"→"Queue"选项，如图8-25所示。子组件"Queue"的作用是将同类型物料做队列处理。

2）在"SC_Conveyor"窗口中单击"添加组件"按钮，在其下拉列表中选择"本体"→"LinearMover"选项，如图8-26所示。在属性设置栏中，将"Object"设置为"SC_Conveyor/Queue"，将"Direction（mm）"设置为"-100"，将"Speed（mm/s）"设置为"300"，将信号"Execute"设置为"1"。全部设置完成后，单击"应用"按钮，如图8-27所示。设置的属性中，将"Queue"设置为运动物体，大地坐标系 X 轴的-100mm方向设置为运动方向，运动速度为300mm/s，"Execute"设置为"1"表示该运动一直处于运动状态。

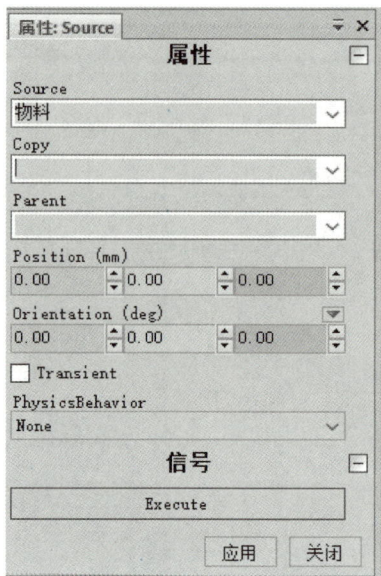

图8-24 "Source"的属性设置

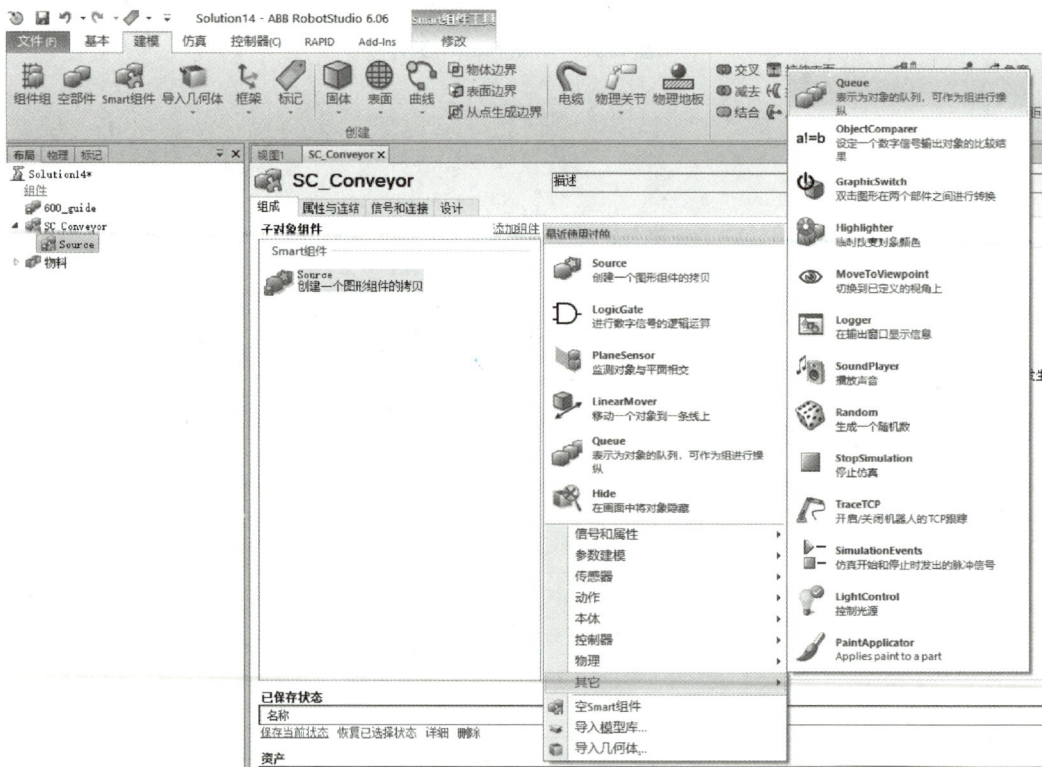

图8-25 "Queue"选项

3. 限位传感器的设定

1）在"SC_Conveyor"窗口中单击"添加组件"按钮，在其下拉列表中选择"传感器"→"PlaneSensor"，如图8-28所示。它的作用是在输送链末端挡板处设置一个面传感器，来检

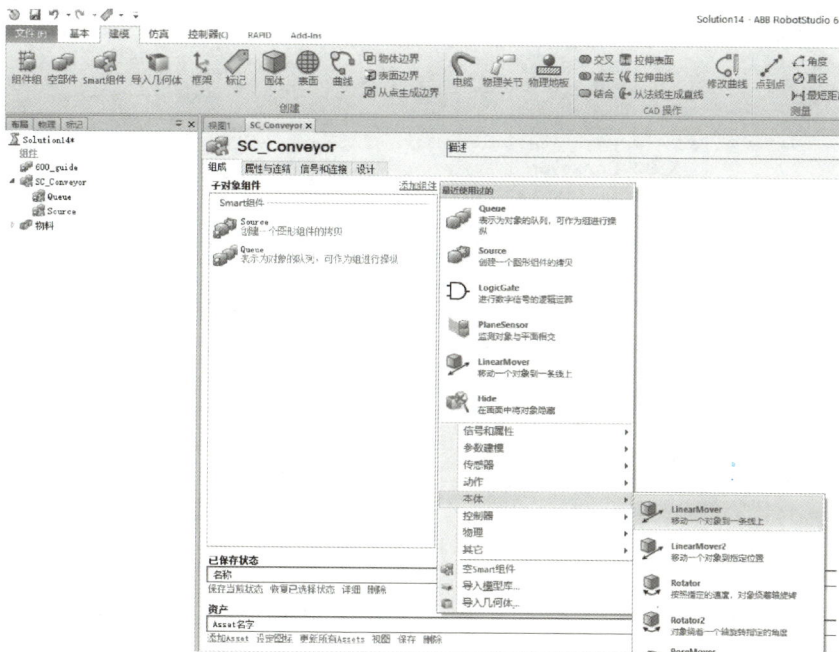

图 8-26　"LinearMover"选项

测物料是否到位，当物料到位时会自动产生一个信号，用于实现逻辑控制。其设置方法为：选择合适的捕捉方式后单击属性设置栏中的"Origin"文本框，捕捉输送链上的 O 点作为原点，然后设置基于原点"Origin"的两个延伸轴的方向和长度（参考大地坐标方向），使其构成一个平面。本例中将"Axis1（mm）"的坐标设置为（0，600，0），"Axis2（mm）"的坐标设置为（0，0，120），单击"应用"按钮，如图 8-29 所示。

2）设定的虚拟传感器一次只可以检测一个物体，为了使传感器可以顺利检测到达的物料，要对干扰项进行屏蔽设置。设置过程为：在界面左侧的"布局"选项卡中右击输送链"600_guide"，将弹出的菜单中展开"修改"的子选项，在"可由传感器检测"选项前的☑单击去除勾选，如图 8-30 所示。

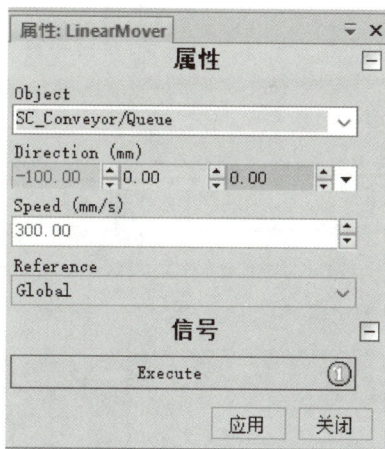

图 8-27　"LinearMover"属性设置

3）在"SC_Conveyor"窗口中单击"添加组件"按钮，在其下拉列表中选择"信号和属性"→"LogicGate"选项，如图 8-31 所示。在弹出的属性设置栏中，将"Operator"设置为"NOT"，单击"关闭"按钮，如图 8-32 所示。Smart 组件应用中，只有信号发生0 到 1 的变化才会触发事件。如果希望一个信号 A 从 0 变化为 1 时触发事件 B1，从 1 变化为 0 时触发事件 B2。那么事件 B2 的触发就需要信号 A 与一个非门进行连接，当信号 A从 1 变化为 0 时，经过非门的运算就变成了 0 到 1，从而实现信号 A 从 1 变化为 0 时触发事件 B2 的效果。

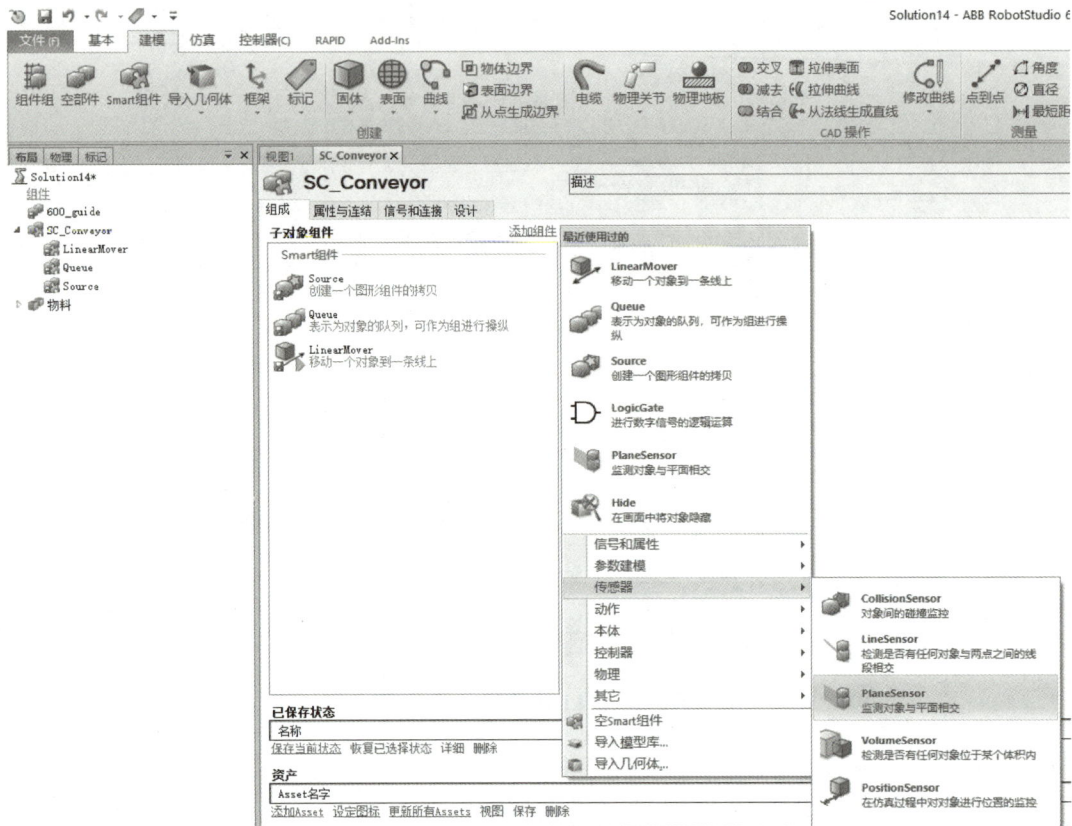

图 8-28 "PlaneSensor" 选项

图 8-29 传感器设置

4. 属性与连结的设置

1）属性与连结是指各个 Smart 子组件的某项属性之间的连结，如组件 A 中的某项属性 a1 与组件 B 中的某项属性 b1 建立属性连结，那么当 a1 发生变化时，b1 也会随着一起变化。其设置方法为：在"SC_Conveyor"窗口中单击展开"属性与连结"选项卡，并选择此选项卡中的"添加连结"选项。在弹出的"添加连结"对话框中，按照如图 8-33 所示内容完成设置后，单击"确定"按钮。

图 8-30　传感器屏蔽设置

图 8-31　"LogicGate"选项

2）"源对象"设置为"Source"，即为"物料"；源属性设置为"Copy"，是指"物料"的复制品；"目标对象"设置为"Queue"；"目标属性"设置为"Back"，是指下一个要加入队列中的物品。这样的连结可实现本案例中的源对象"物料"每产生一个复制品，在加入队列动作执行后，其都会自动加入到队列"Queue"中。"Queue"是在持续进行线性运动的，所以"物料"生成的复制品也会随着"Queue"进行线性运动。当执行退出队列动作时，"物料"的复制品在退出队列之后就停止线性运动。

图 8-32 "LogicGate"属性设置

5. 信号和连接的设置

I/O 信号指的是在本工作站中自行创建的数字信号，用于与各个 Smart 子组件进行信号交互。I/O 连接指的是设置创建的 I/O 信号与 Smart 子组件信号的连接关系，以及各 Smart 子组件之间的信号连接关系。

1）设置一个数字输入信号用于控制输送链的启动。I/O 信号设置方法为：在"SC_Conveyor"窗口中单击展开"信号和连接"选项卡，并选择此选项卡中的"添加 I/O Signals"选项。在弹出的"添加 I/O Signals"对话框中，将"信号类型"选择为数字输入信号"DigitalInput"，将"信号名称"设置为"diStart"，单击"确定"按钮，如图 8-34 所示。

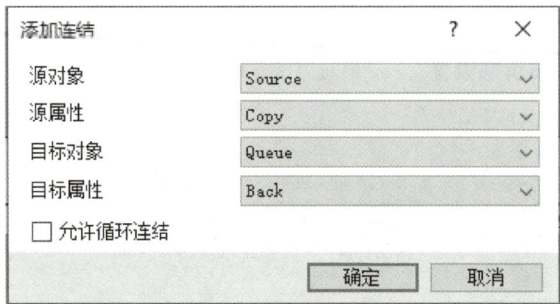

图 8-33 添加连结设置

图 8-34 输入信号设置

2）设置数字输入信号"diStart"启动会触发"Source"产生一个"物料"的复制品。I/O 连接设置方法为：在"SC_Conveyor"窗口中单击展开"信号和连接"选项卡，选择"添加 I/O Connection"选项。在弹出的"添加 I/O Connection"对话框中，设置"源信号"为 Smart 组件"SC_Conveyor"的数字输入信号"diStart"，设置"目标对象"依次为"Source"和"Execute"，用来触发目标对象"Source"产生一个自身的复制品，本例中即为"物料"，单击"确定"按钮完成设置，如图 8-35 所示。

3）设置"物料"复制品生成后执行加入队列动作，使其自动加入队列"Queue"中。在弹出的"添加 I/O Connection"对话框中，按照图 8-36 所示内容进行设置，则设置操作对象为"Source"的复制品，执行的动作为将"Source"的复制品加入到队列"Queue"中。

图 8-35　添加I/O Connection

源对象	SC_Conveyor
源信号	diStart
目标对象	Source
目标对象	Execute

□ 允许循环连接　　确定　取消

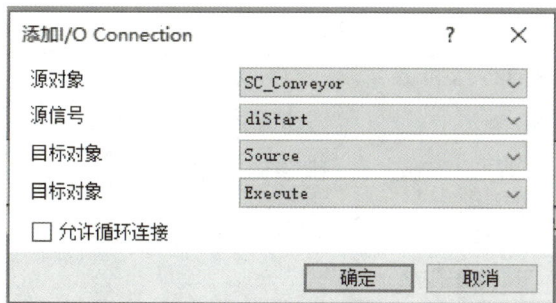

图 8-35　复制源设置

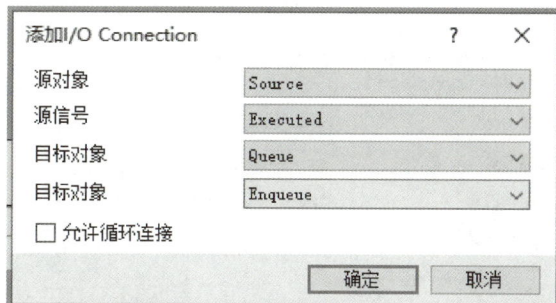

添加I/O Connection

源对象	Source
源信号	Executed
目标对象	Queue
目标对象	Enqueue

□ 允许循环连接　　确定　取消

图 8-36　加入队列设置

4）设置数字输入信号"diStart"启动不仅会触发"Source"产生一个物料的复制品，还将使设置的面传感器"PlaneSensor"开始工作。在弹出的"添加 I/O Connection"对话框中，设置"源信号"为 Smart 组件"SC_Conveyor"的数字输入信号"diStart"，依次设置"目标对象"为"PlaneSensor"和"Active"，用来触发目标对象"PlaneSensor"开始工作，如图 8-37 所示。

5）设置当"物料"的复制品和输送链末端传感器接触后，传感器将自身的输出信号"SensorOut"置为 1，此信号会触发"Queue"的退出队列动作，队列中的复制品将自动退出队列，在视图中显示为停留在与传感器接触的位置。在弹出的"添加 I/O Connection"对话框中，设置"源信号"为传感器"PlaneSensor"的"SensorOut"，依次设置"目标对象"为"Queue"和"Dequeue"，即执行的动作为将物料的复制品退出（Dequeue）队列"Queue"，如图 8-38 所示。

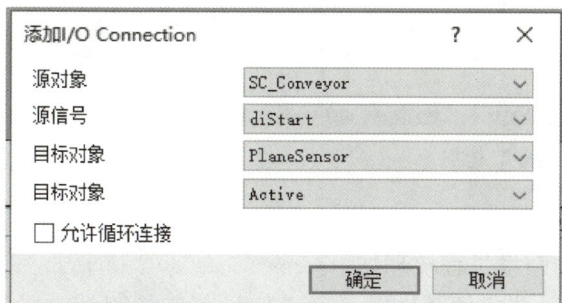

添加I/O Connection

源对象	SC_Conveyor
源信号	diStart
目标对象	PlaneSensor
目标对象	Active

□ 允许循环连接　　确定　取消

图 8-37　启动传感器设置

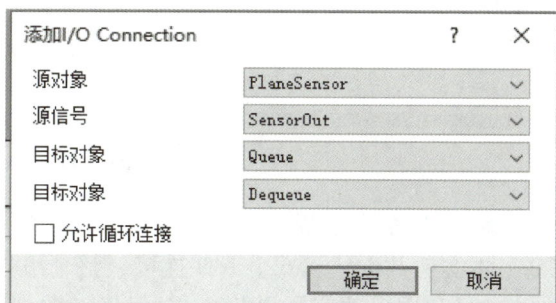

添加I/O Connection

源对象	PlaneSensor
源信号	SensorOut
目标对象	Queue
目标对象	Dequeue

□ 允许循环连接　　确定　取消

图 8-38　退出队列设置

6）为使非门的输出信号变化与传感器的输出信号变化相反，将传感器的输出信号和非门进行连接。在弹出的"添加 I/O Connection"对话框中，设置"源信号"为传感器"PlaneSensor"的"SensorOut"，"目标对象"为"LogicGate［NOT］"中的"InputA"，如图 8-39 所示。

7）设置传感器的输出信号经过非门取反后触发"Source"执行，实现的效果为传感器的输出信号从 1 变化为 0 时，触发产品源"Source"生成一个"物料"的复制品，开始下一个循环。在弹出的"添加 I/O Connection"对话框中，设置"源信号"为"LogicGate［NOT］"的"Output"，依次设置"目标对象"为"Source"和"Execute"，用来触发目标对象"Source"产生一个新的复制品，如图 8-40 所示。

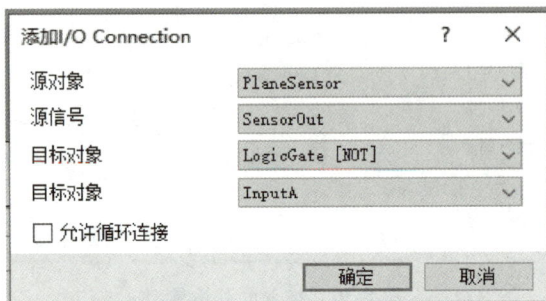

图 8-39 传感器输出信号和非门连接设置

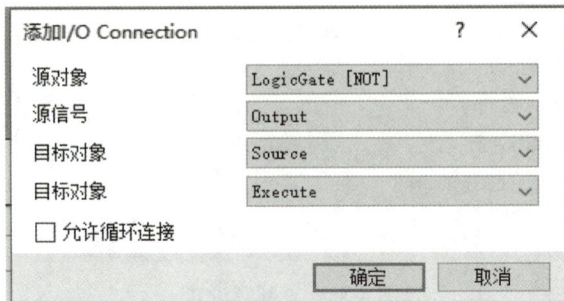

图 8-40 非门信号触发复制产品源设置

按照上述步骤完成源对象、源信号、目标对象、目标信号设置后，"I/O 连接"信息如图 8-41 所示。

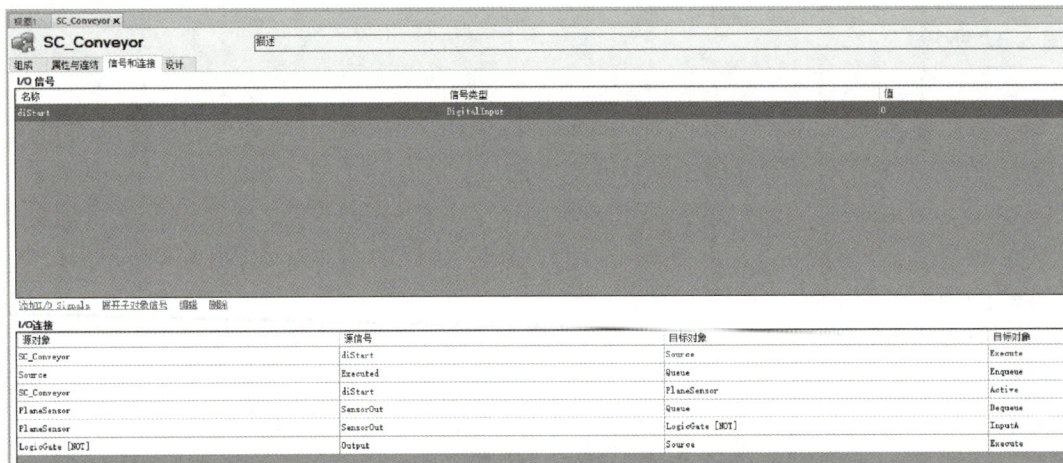

图 8-41 "I/O 连接"信息

6. 事件触发过程

本实例共创建了 6 个 I/O 连接，整个事件的触发过程梳理如下。

1）利用启动信号"diStart"触发一次"Source"，使其生成一个"物料"的复制品，并使设置的面传感器"PlaneSensor"开始工作。

2）生成的复制品之后自动加入设定好的队列"Queue"中，并随着"Queue"一起沿着输送链运动。

3）复制品到达输送链末端与面传感器"PlaneSensor"接触后，会退出队列"Queue"。

4）借助非门的连接，最终实现复制品和面传感器分离自动触发"Source"产生下一个复制品的效果，从而进入下一个循环。

7. 动画效果仿真运行

Smart 输送链的设置已全部完成，接下来进行动画效果仿真。

1）在"布局"选项卡中删除设置 Smart 组件时生成的物料复制品"物料_1"，如图 8-42 所示。

2）在"仿真"选项卡中单击"I/O 仿真器"按钮，在界面右侧的"SC_Conveyor 个信号"选项卡中，单击展开"选择系统"下拉列表并选择"SC_Conveyor"选项。接着在"仿真"选项卡中单击"播放"按钮，再在界面右侧选项卡中单击"diStart"按钮（仅单击一次，否则会出错），如图 8-43 所示。

3）"物料"的复制品到达输送链末端，与设置的面传感器接触后停止运动，如图 8-44 所示。

4）利用"基本"选项卡"Freehand"选项组中的"手动线性"功能将已到位的"物料"复制品移走，使其与面传感器分离。此时输送链前端自动生成下一个复制品，并沿着输送链进行线性运动，进入下一个循环，如图 8-45 所示。

图 8-42　删除物料复制品

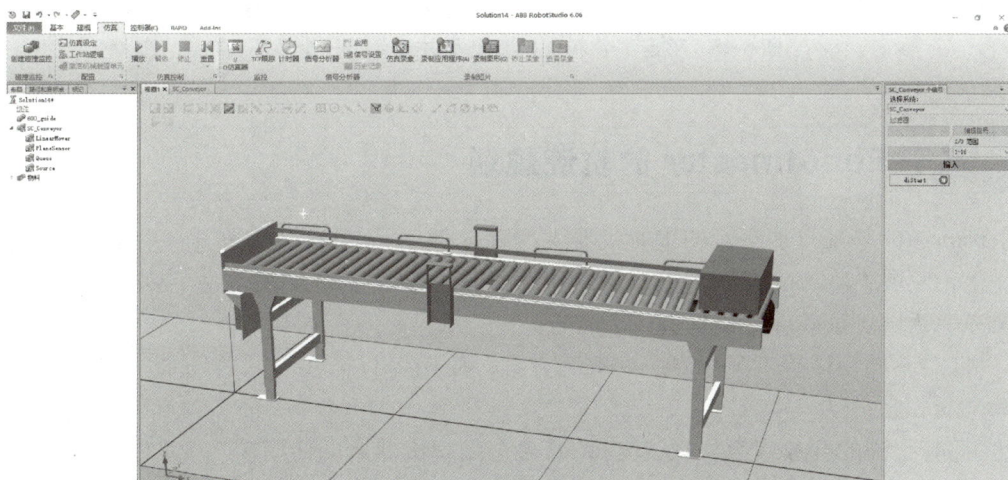

图 8-43　启动仿真

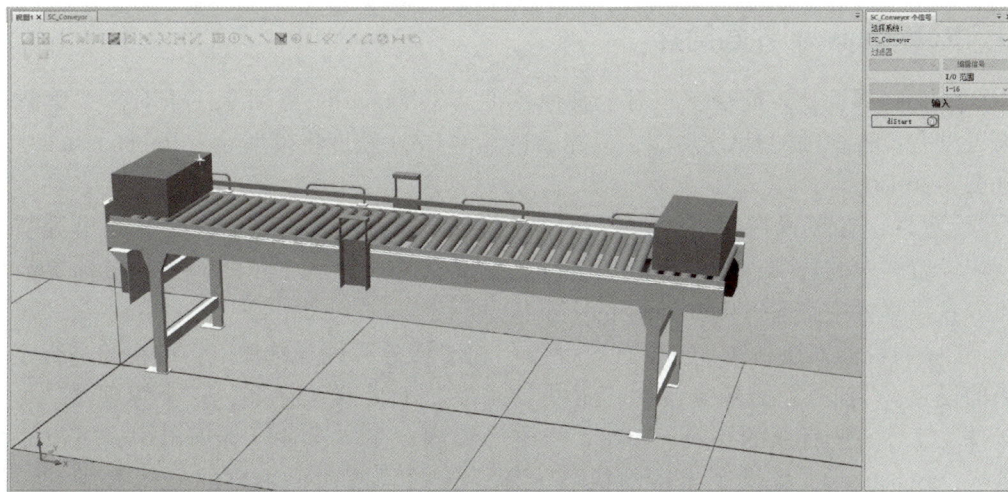

图 8-44　"物料"的复制品与面传感器接触后停止运动

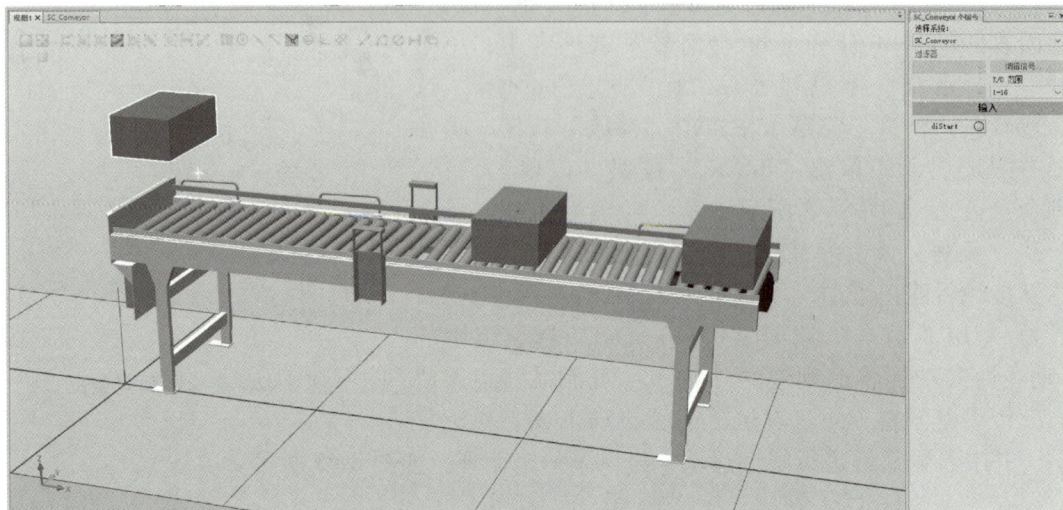

图 8-45　移走"物料"的复制品并进入下一个循环

8.3　基于 Robotmaster 的轨迹规划

Robotmaster 是来自加拿大的工业机器人编程软件。自 2002 年发布第一版以来，经过多年的优化和发展，Robotmaster 现已广泛应用于焊接、切割、机加工、去毛刺、抛光、打磨、喷涂等多个领域。该软件主要具有以下特点。

1）针对不同领域提供了相对应的解决方案，使用者只需在不同的场景中调用不同的解决方案。

2）拥有很高的开放程度，现已支持 50 多个品牌机器人的使用。

3）操作简单易行，对于方案展示，使用者只需简单操作，便可快速得到仿真演示。对于编程调试，使用者也只需进行简单的设置，便可实现复杂轨迹的快速生成与编辑。

8.3.1　Robotmaster 界面简介

Robotmaster 界面比较简洁，相对于其他软件，Robotmaster 更加专注于对离线编程的开发，所以没有设置单独的 CAD 功能，只能通过其他 CAD 软件将模型导入 Robotmaster 中。其界面如图 8-46 所示。

1）设置栏：在设置栏中可以进行文件的新建、打开、保存、另存为、导出等基础操作，应用设置栏中的选项，可以对界面进行语言的选择、界面主题的调整、鼠标参数设置等；可以在设置栏中查看 Robotmaster 的版本信息。

2）工序与机器人控制区：主要有"设备"和"任务"两类选项卡，可在此进行工序与机器人的设置。"任务"选项卡包含"工件""工序""自定义坐标系"三个管理器，可分别进行工件、工序、坐标系的导入、创建、修改等管理。在"设备"选项卡中，可以添加不同机器人，Robotmaster 提供了丰富的机器人库，包括了市面上主要的机器人品牌，例如 ABB、发那科（FANUC）、库卡（KUKA）、安川（YASKAWA）等。在"任务"选项卡中，

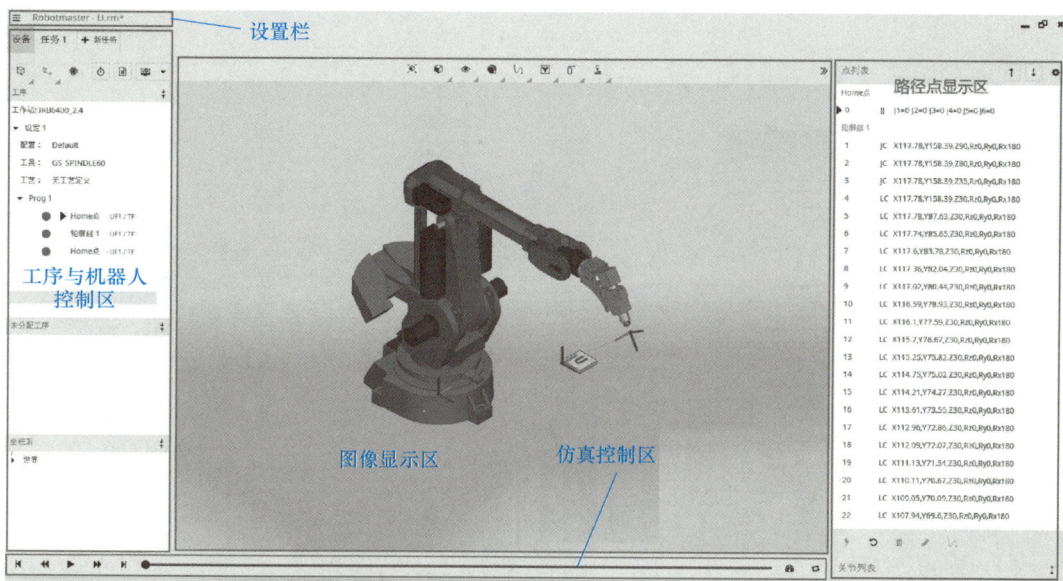

图 8-46 Robotmaster 界面

主要可以进行基于图形（加工工件）的机器人加工路径创建。

3）图像显示区：界面中间为图像显示区，用户的各种操作都会在其中直观地显示出来。在图像显示区的上方，有对界面视图调整的按钮，包括适度化、视图的选择、显示设置、路径绘制设定、选择模式等功能的按钮。

4）路径点显示区：设置好机器人加工路径后，机器人所有路径点就会显示在界面右侧的"点列表"窗口中。在进行仿真的过程中，可以观察到机器人当前状态运行到哪个路径点，当机器人出现奇异点、发生碰撞等情况时，就可以很精确地定位出在哪个点发生了问题，可以很快地找出问题所在。

5）仿真控制区：可以实时动态显示机器人的加工状态，并且可以选择仿真的速度和仿真的工序。

8.3.2 Robotmaster 生成字母"U"轨迹实例

1. 生成轨迹

在 Robotmaster 中，单击"新任务"按钮生成"任务 1"并打开其选项卡，载入新的工件"U"，并在"工序"管理器中生成"U"的路径，具体过程如下。

1）单击"工序"管理器中的 + 按钮并选择"轮廓线"选项，在弹出的"路径"管理器中单击 + 按钮，将添加的路径选择为"自动路径"。

2）在图像显示区选择需要生成轨迹的面，接着在"路径"管理器中单击"从选定的曲面重新生成路径"按钮，再单击"添加至路径列表"按钮，此时在"路径"列表中生成两个边缘路径。

3）挑选本例需要的"U"字轨迹路径并将另外一条轨迹利用 🗑 按钮删除，单击"确认"按钮完成路径的创建，如图 8-47 所示。

生成的轨迹如图 8-48 所示。

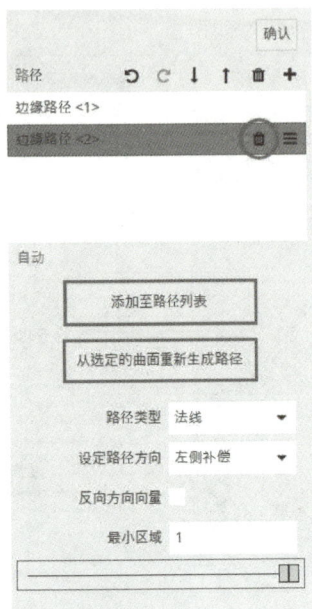

图 8-47　生成轨迹设置

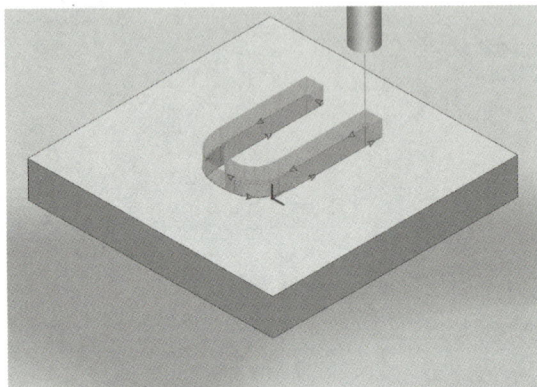

图 8-48　生成的轨迹

2. 建立坐标系

Robotmaster 在创建一个新任务时会默认生成一个坐标系，但这个坐标系可能不满足我们的需求，所以应根据需求建立一个新的坐标系。

单击"自定义坐标系"管理器中的 ➕ 按钮，则会在图像显示区自动生成一个坐标系，拖动此坐标系到需要的位置。在路径点显示区的"坐标系编辑器"中单击"确定"按钮，并在"自定义坐标系"管理器中单击 ⚓ 按钮将新生成的坐标系设置为用户坐标系，如图 8-49 所示。新建坐标系的位置如图 8-50 所示。

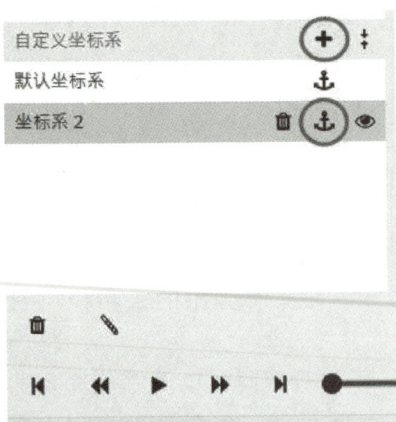

图 8-49　建立坐标系设置

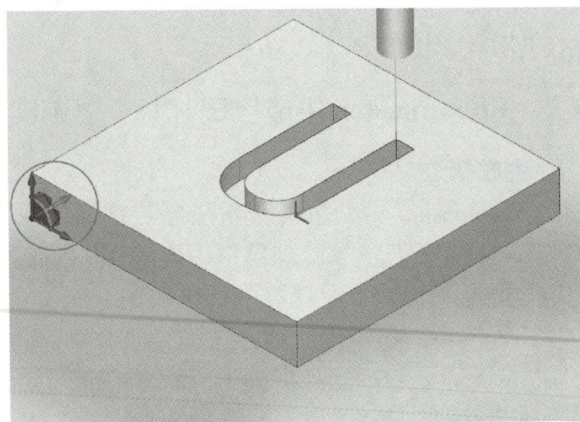

图 8-50　新建坐标系的位置

3. 建立工作站

在"设备"选项卡中单击"载入机器人"按钮，并选择机器人型号。本例选择的型号为 ABB 品牌的 IRB6400_2.4。在新生成的工作站中将工序"轮廓线 1"即"U"字轨迹路径分配给"Prog1",并拖动工件的坐标系将工件调整到合适的加工位置。此时的加工路径并没有进行计算,所以每个路径前都是白色的圆形,如图 8-51 所示。单击"计算"按钮 ,当路径计算完成且合理时,路径前面的圆形将从白色变为绿色,如图 8-52 所示。

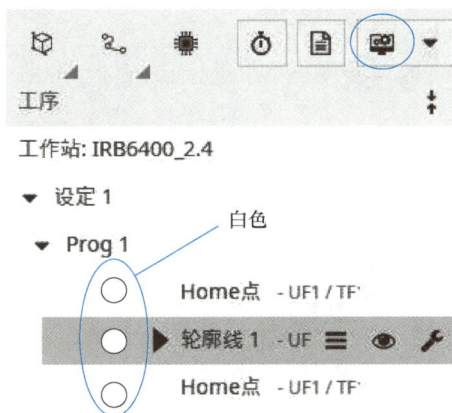

图 8-51　未经计算的路径　　　　图 8-52　路径计算完成且合理

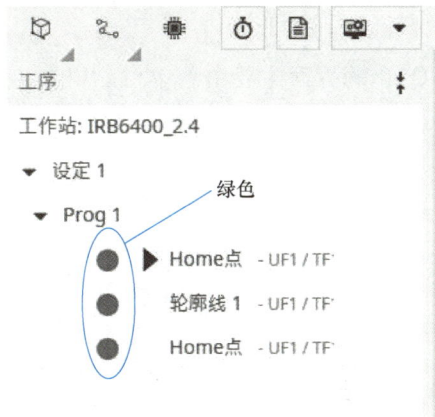

4. 加工程序的导出

完成整体加工规划后,需要将加工程序导出。Robotmaster 提供了后处理包,针对不同品牌的工业机器人提供了对应的后处理文件。例如,针对 ABB 机器人,系统提供 Robotmaster. Processor. V72Std. dll 的后处理文件。

最终得到的加工路径程序如图 8-53 所示。

```
PROC Cylinder()
    MoveL [[-269.58,604.27,166.42],[0.0594097,-0.891083,-0.229562,-0.386967],[0,-2,-1,0],[9E+09,9E+09,9E+09,9E+09,9E+09,9E+09]], T150, fine, cbl2\WObj:=allen5;
    MoveL [[-120.98,589.46,77.08],[0.0441028,-0.866415,-0.242046,-0.434505],[0,-2,-1,0],[9E+09,9E+09,9E+09,9E+09,9E+09,9E+09]], T150, fine, cbl2\WObj:=allen5;
    MoveL [[-41.22,624.49,10.35],[0.117418,0.960417,0.228721,-0.107235],[0,-2,-1,0],[9E+09,9E+09,9E+09,9E+09,9E+09,9E+09]], T150, fine, fixtureKeepZ\WObj:=allen5;
    MoveL [[-123.26,587.15,78.08],[0.0441019,-0.866417,-0.242045,-0.434501],[0,-2,-1,0],[9E+09,9E+09,9E+09,9E+09,9E+09,9E+09]], T150, fine, cbl2\WObj:=allen5;
    MoveL [[-42.84,620.58,11.39],[0.091026,0.963735,0.226708,-0.107393],[0,-2,-1,0],[9E+09,9E+09,9E+09,9E+09,9E+09,9E+09]], T150, fine, fixtureKeepZ\WObj:=allen5;
    MoveL [[-38.46,622.68,10.17],[0.0697983,0.965505,0.224289,-0.112351],[0,-2,0,0],[9E+09,9E+09,9E+09,9E+09,9E+09,9E+09]], T150, fine, fixtureKeepZ\WObj:=allen5;
    MoveL [[-35.84,623.93,9.41],[0.0446765,0.966993,0.221294,-0.118143],[0,-2,0,0],[9E+09,9E+09,9E+09,9E+09,9E+09,9E+09]], T150, fine, fixtureKeepZ\WObj:=allen5;
    MoveL [[-54.01,614.32,14.63],[0.0446922,0.966988,0.221299,-0.118166],[0,-2,0,0],[9E+09,9E+09,9E+09,9E+09,9E+09,9E+09]], T150, fine, fixtureKeepZ\WObj:=allen5;
    MoveL [[-42.92,620.54,11.36],[0.0311463,0.967519,0.219623,-0.121254],[0,-2,0,0],[9E+09,9E+09,9E+09,9E+09,9E+09,9E+09]], T150, fine, fixtureKeepZ\WObj:=allen5;
```

图 8-53　ABB 机器人加工路径程序

8.4　基于 PQArt 的轨迹规划

PQArt 工业机器人离线编程仿真软件是北京华航唯实机器人科技股份有限公司推出的工业机器人离线编程仿真软件。经过多年的研发与行业应用,PQArt 掌握了离线编程多项核心技术,包括高性能 3D 平台、基于几何拓扑与历史特征的轨迹生成与规划、自适应机器人求解算法与后置生成技术、支持深度自定义的开放系统架构、事件仿真与节拍分析技术、在线数据通信与互动技术等。它的功能覆盖了机器人集成应用完整的生命周期,包括方案设计、设备选型、集成调试及产品改型。PQArt 在打磨、抛光、喷涂、涂胶、去毛刺、焊接、激光切割、数控加工、雕刻等领域有多年的积淀,并逐步形成了成熟的工艺包与解决方案。

8.4.1 PQArt 界面简介

8.4.1
PQArt 界面简介

PQArt 的界面主要由菜单栏、机器人加工管理面板、绘图区、控制调试面板和状态栏五大部分组成，如图 8-54 所示。

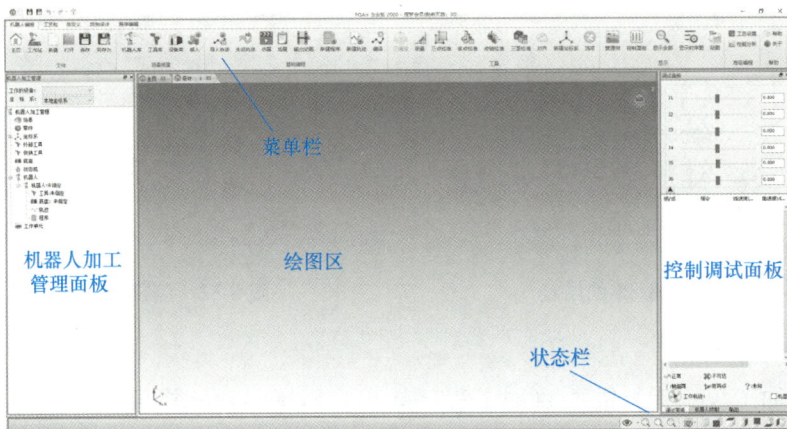

图 8-54　PQArt 软件界面

（1）**菜单栏**　菜单栏包含"机器人编程""工艺包""自定义""自由设计""程序编辑"五个选项卡，其中涵盖了 PQArt 的基本功能，如场景搭建、轨迹生成、仿真、后置、自定义等，是最常用的功能区域。

（2）**机器人加工管理面板**　机器人加工管理面板由八大元素节点组成，包括场景、零件、坐标系、外部工具、快换工具、状态机、机器人及底座等，通过面板中的树形结构可以轻松查看并管理机器人、工具和零件等对象。

（3）**绘图区**　绘图区用于场景搭建、轨迹的添加和编辑等，使用者导入的机器人、工具等模型都会在此显示出来，对零件实体的一些操作也在此进行，是最直观的显示区域。

（4）**控制调试面板**　控制调试面板主要由"调试面板""机器人控制""输出"三个选项卡组成。其中，"调试面板"选项卡用于查看并调整机器人姿态、编辑轨迹点特征；"机器人控制"选项卡可以控制机器人六个轴和各关节的运动，用于调整其姿态、显示坐标信息、读取机器人的关节值及使机器人回到机械零点等；"输出"选项卡用于显示机器人执行的动作、指令、事件和轨迹点的状态。

（5）**状态栏**　状态栏包括显示功能提示、模型绘制样式、视向等功能。

PQArt 机器人离线编程软件创造性地把离线编程方法流程化、体系化，应用其理论体系将机器人离线编程的过程化繁为简，学习起来更加简单。PQArt 从最基本的场景搭建开始，到最终的机器人离线仿真效果的实现，像搭积木一样地将该过程循序渐进地呈现出来。整体的操作流程可以分为四大部分，分别为场景搭建、轨迹规划、仿真、后置，见表 8-1。

表 8-1　操作流程

序号	流　程	内　容
1	场景搭建	多种格式的 CAD 模型导入、自定义三维模型、工件校准、工具库、机器人库、工作站库
2	轨迹规划	七种轨迹类型、数种轨迹编辑方式、四种轨迹点指令、刀补、自定义事件、进刀与过切
3	仿真	时序图、磁撞检测、场景还原、轨迹点状态提示
4	后置	自定义后置、后置代码编辑器

8.4.2　PQArt 生成字母 "X" 轨迹实例

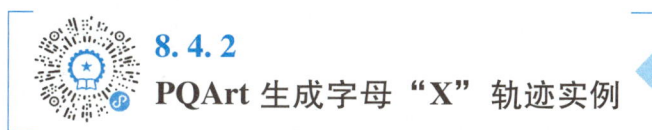

8.4.2
PQArt 生成字母 "X" 轨迹实例

1. 场景搭建

在规划机器人的运动路径之前，需要先对场景进行搭建，一个完整的场景需要包含机器人、加工工具、被加工的零件和工作台四大部分。本实例搭建的场景如图 8-55 所示。

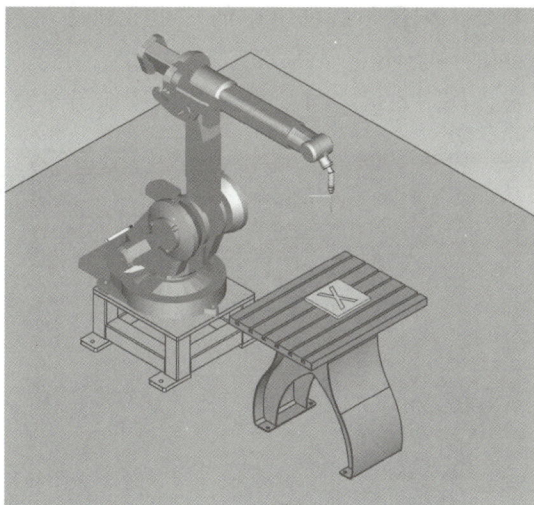

图 8-55　字母 "X" 轨迹场景搭建

为保证搭建的场景中机器人和零件的相对位置与真实环境中两者的相对位置一致，需要对工件进行校准，这里使用三点校准法。在菜单栏的 "机器人编程" 选项卡中，单击 "三点校准" 按钮，然后在绘图区的工件上选择不共线的三个点，将它们的坐标输入到 "校准" 对话框的 "设计环境" 选项组文本框中，再将这三个点在真实环境中的坐标位置输入到 "真实环境" 选项组文本框中，单击 "对齐" 按钮完成设置，如图 8-56 所示。

2. 轨迹规划

轨迹的规划是整个工艺特别重要的一环，决定了机器人的运动路径和状态。在开始设置前，在一个比较安全的位置设置起始 Home 点。设置完起始 Home 点后，开始生成机器人的

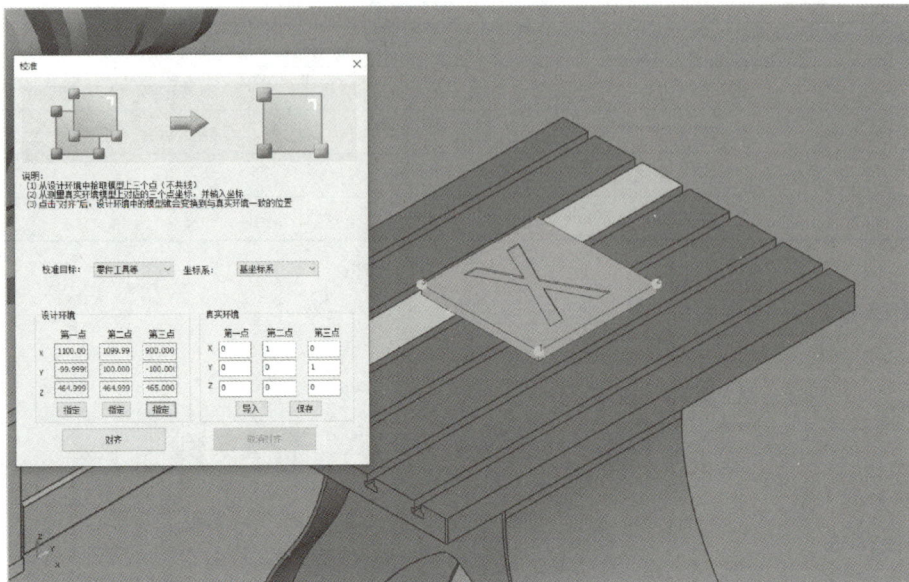

图 8-56 工件校准

运动轨迹，单击菜单栏"机器人编程"选项卡中的"生成轨迹"按钮，在弹出的设置栏中将"类型"选择为"一个面的一个环"，然后在"拾取元素"选项组中选择字母"X"的面和边，单击☑按钮完成设置，如图 8-57 所示，生成的轨迹如图 8-58 所示。

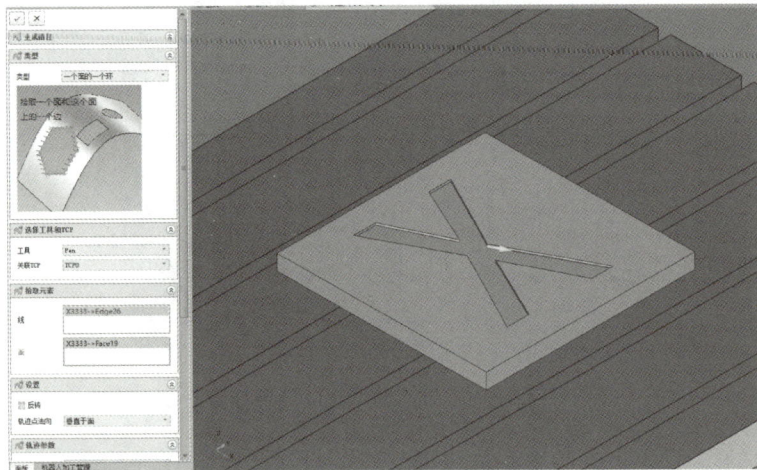

图 8-57 轨迹生成设置

生成字母"X"的轨迹后，添加结束 Home 点，使机器人完成轨迹加工后回到安全点。轨迹设置完成后，单击"机器人编程"选项卡中的"编译"按钮，如果轨迹前的标志变为绿色对勾✔，则表示路径和位姿合理，如图 8-59 所示。若存在问题，那么在控制调试面板的"输出"选项卡中会有提示，即某个轨迹点存在不可达、轴超限等问题。双击提示，机器人姿态会更改到事件被执行时的状态，根据此时的状态找出问题所在并对轨迹的设置做出合理的调整。

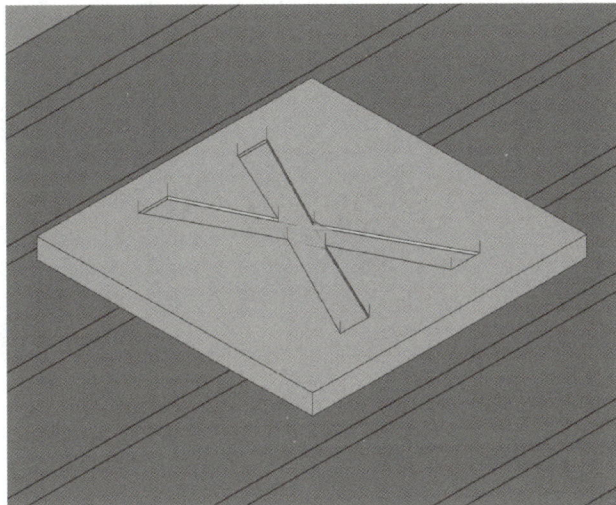

图 8-58　生成的轨迹

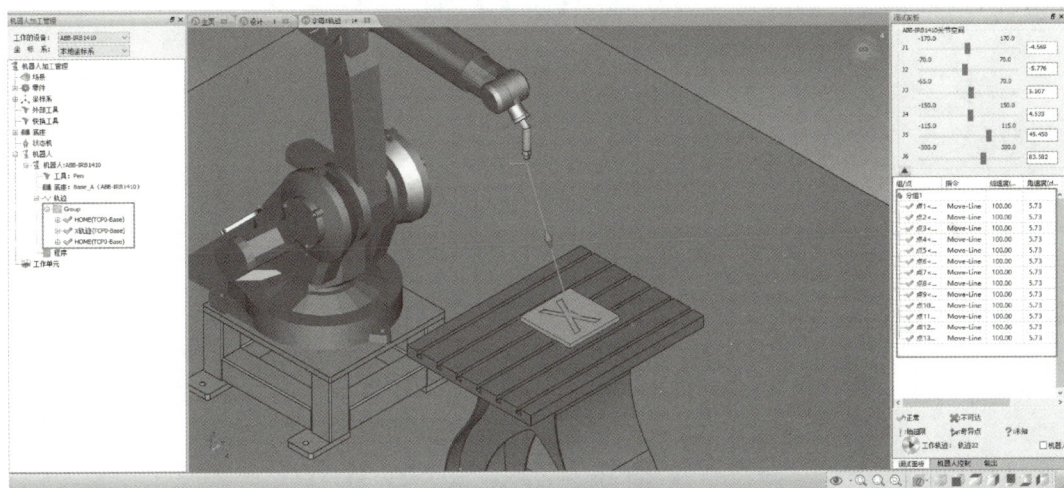

图 8-59　轨迹编译完成图

3. 仿真

轨迹规划完成后，通过仿真来直观清晰地模拟机器人在真实环境中的运动路径和状态，查看机器人是否以正确的姿态工作。单击"机器人编程"选项卡中的"仿真"按钮，弹出的"仿真管理"面板如图 8-60 所示。通过此面板可以控制仿真的启停、速度和进度等。

4. 后置

正确仿真后，单击"机器人编程"选项卡中的"后置"按钮，软件将自动由已建立的轨迹、坐标系等一系列信息生成机器人可执行的代码语言，之后可通过移动储存设备将其拷贝到示教器中控制真实机器人的运行。本实例生成的加工代码如图 8-61 所示。

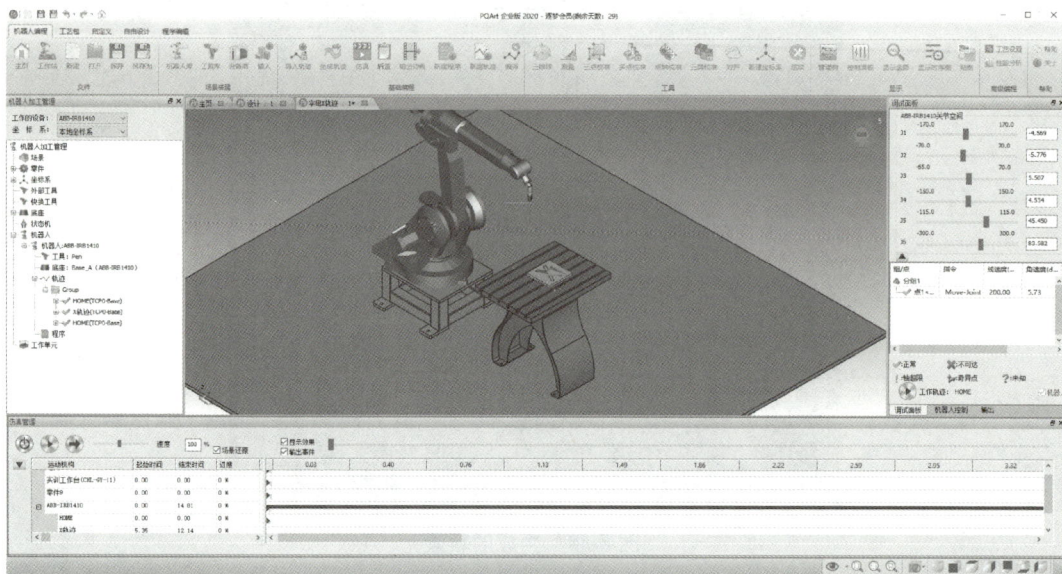

图 8-60 "仿真管理"面板

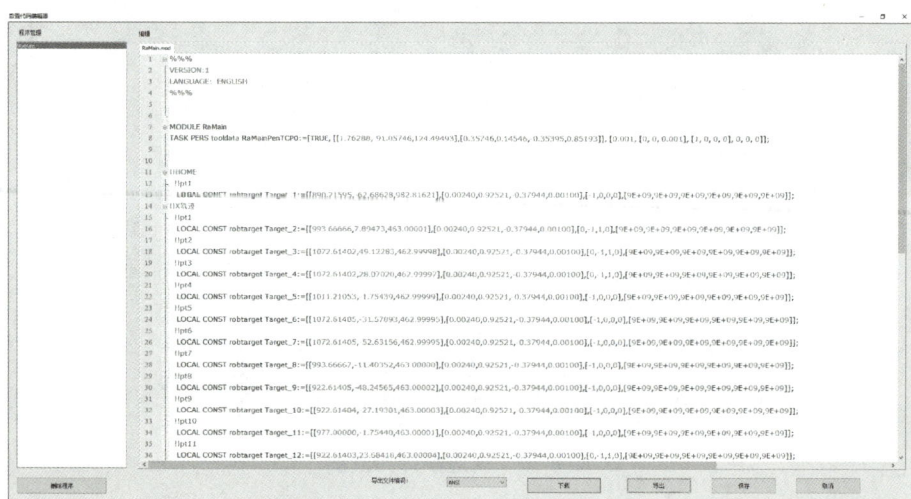

图 8-61 字母"X"轨迹加工代码

习题

1. 常见的工业机器人虚拟仿真软件有＿＿＿＿＿＿＿、＿＿＿＿＿＿＿、＿＿＿＿＿＿＿和 Robcad。

2. 试利用 RobotStudio 完成写字程序（中英文皆可）。

3. 试利用 PQArt 完成字母 M 的轨迹规划。

第**9**章 工业机器人自动化应用

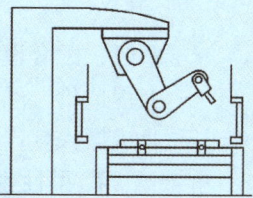

工业机器人的应用状况可以反映一个国家的制造自动化水平，甚至是智能制造水平。工业机器人结构多样，应用范围广，最常应用于烦琐或重复的工种、危险或恶劣的环境、人工效率低等场合，如焊接、喷涂、搬运、码垛等。此外，工业机器人还可以应用于服务、文创、医疗卫生、抢险救灾等生活相关的场合。本章将首先介绍工业机器人应用的可行性及必要性分析、应用步骤及工作站设计的相关内容，然后分别介绍工业机器人辅助展示系统、工业机器人自动化工作站及数字孪生的工业云机器人系统的典型应用实例。

9.1 工业机器人自动化应用分析

9.1.1 可行性及必要性分析

1. 技术可行性

在生产中引入工业机器人系统应考虑该机器人生产线的技术可行性。首先从产品质量的角度出发，考虑工业机器人自动化应用是否能够保证产品质量可靠，其次考虑工业机器人自动化应用系统技术的可行性，再考虑该系统技术是否先进。

可行性分析需要进行可行性调研，包括用户现场调研和类似应用的生产线调研。接着规划工业机器人生产线的初步技术方案，明确工艺流程，编制工艺流程卡片。对工业机器人进行选型分析，初步确定辅助设备。挖掘生产线中制造的难点并分析解决。根据以上流程，提出若干自动化应用方案，并分别绘制工业机器人生产线的平面配置图。结合技术先进性、柔性生产等因素，对各个方案进行评估。

2. 应用必要性

工业机器人的应用必要性体现在提高产品的生产效率和生产质量两个方面。由于现代化生产的分工越来越细，模块化操作越来越简单，对工人技术水平的要求随之变得越来越低，但劳动强度变得越来越大。加之分工细化导致的操作简单化，更多工作成为了重复性的，所以这类的工作完全可采用工业机器人来代替。同时在这类工作中，使用工业机器人有利于保证稳定性、提高产品质量。

另外一些危险或有害的工作环境，如辐射、高温、粉尘、易燃易爆、噪声、有毒等环境对工人的身体伤害大，而且极易造成人员流失，严重降低生产效率。因此，用工业机器人代替人工，不仅能够改善用工环境，也可以保证生产进度和产品质量。

3. 投资必要性

对根据实际需求设计的工业机器人生产线系统进行投资必要性分析，应首先对其机器人系统、配套设备、控制系统、安全保护措施、人力成本进行估算，按照工程方法获得初步的工程造价。然后根据实际财务状况，从工程造价、运行维护成本、投资回收周期等方面对工业机器人生产线系统进行财务评估。

4. 柔性生产可行性

如今，柔性生产已不再是新名词，并成为智能制造的核心内容之一，例如定制生产，这种以消费者需求为导向，根据客户的个性化需求进行定制的生产模式就属于柔性生产的范畴。柔性生产对生产线和供应链的变换反应速度提出了更高的要求。由于工业机器人生产线系统往往投资较大，如何实现柔性生产也成为目前设计工业机器人生产线需要考虑的问题。

9.1.2　应用步骤

现代化生产过程中，工业机器人与配套设备一起组成自动化应用系统，因此工业机器人需要与配套设备协作，其应用步骤如下。

1）综合考虑并提出自动化要求，主要包括提高生产效率和产能、保证产品质量可靠、提高经济效益和改善劳动条件等内容。

2）规划工业机器人自动化应用系统生产线布局，制订每个工艺步骤。明确工业机器人及配套设备的用途，厘清工业机器人与配套设备的协作关系，建立工艺流程图，绘制作业类型一览表。

3）结合生产线设计要求和实际生产条件，选择合适的工业机器人类型及品牌型号。

4）结合生产线设计要求和实际生产条件，选择合适的配套设备，优先选用易与工业机器人通信的外围配套设备。

5）制订工业机器人自动化应用系统评价指标。

6）对选定的工业机器人自动化应用系统方案进行详细的分析和设计，交付施工建设。

7）制订工业机器人自动化应用系统的标准操作程序，培训相关的工程技术人员。

9.1.3　工作站设计

1. 总体系统设计

总体系统设计包括运行系统设计、产地选址、机器人和配套设备考察、安全规划、工艺流程图设计等内容。

2. 布局设计

布局设计即整体生产线布局设计，包括各个生产单元空间规划，上下料位置规划，物流路线设计，电、液、气走线设计，电气控制柜位置规划，人机交互设备配置，安全维护设施配置等内容。

3. 机器人选型及末端执行器设计

根据系统要求，合理选择工业机器人类型、品牌和具体型号。末端执行器一般根据工种的不同单独设计，相关设计还包括相应传感器、固定和改变作业对象位姿的夹具和变位机、改变工业机器人空间位置的移动机构等的造型和布局。

一般而言，自由度多的工业机器人价格较高，但其配套设备往往较为简单，适合柔性生产。而自由度少的工业机器人价格低，对应的外围配套设备较为复杂，不适合柔性生产。此外，进口工业机器人的精度通常较好，但价格较高。因此，工业机器人需要根据系统自动化目的、规模等因素合理选型。

4. 配套设备选型及设计

根据系统要求，确定通用的配套设备型号和非标配套设备的设计。根据系统自动化作业对象的不同，其配套设备规格也是多种多样的。常见的工业机器人作业内容主要有搬运、码垛、分拣、焊接、喷涂、磨抛、装配等，表 9-1 列举了这些常见自动化应用所采用的工业机器人类型及其外围配套设备。除此之外，还应根据作业流程，选用和设计安全装置。

表 9-1　自动化应用中工业机器人类型及其外围配套设备

作业内容	常用工业机器人类型	主要外围配套设备
搬运、码垛	球坐标型、并联、关节机器人	传送带、供料装置、送料装置
分拣	SCARA、并联机器人	传送带、上下料装置、视觉装置
焊接	关节机器人	弧焊装置、焊丝进给装置、焊柜、焊接夹具、检测装置
喷涂	关节机器人	传送带、喷涂装置、检测设备
磨抛	关节机器人	定位装置、磨抛执行器、冷却装置、修整装置
装配	SCARA、小型关节机器人	视觉装置、装配执行器、力传感器、检测装置

5. 控制系统设计

根据控制流程图，选定系统的控制类型及通信模式，绘制电气、液压、气动原理图及接线图，编写相对应的控制程序。

9.2　工业机器人辅助展示系统

相对于传统的车间，机器人运用到文创领域显得与众不同。工业机器人可以被应用于时装秀场、视觉展示、乐队演奏、咖啡制作、舞台表演等，往往能取得令人惊叹的效果，甚至带来视觉盛宴。

9.2.1　工业机器人全息展示

南京达斯琪数字科技有限公司（DSee. Lab）的俄罗斯品牌 Holo One，打破传统模式，将"赛博朋克"这一极具未来科技感和虚拟现实主义的理念运用到时装秀场上。团队与 AliExpress 合作在莫斯科世界贸易中心皇冠假日酒店举办了 AliExpress 的首个海外时装秀。团队从整体空间出发通过分布式的点位设置和多样化的展示形式打造整体布局。多台带有立式支架的 DSee-65X 穿插在立麦、键盘、架子鼓之间，全息影像替代乐队的主唱与鼓手，打造了一场虚幻世界的摇滚乐表演。团队还首次尝试将全息屏设备搭载于工业机器人上，具有裸眼 3D 效果的机器人脸模型被呈现在人们眼前，机器臂配合着全息动画缓缓运转，如图 9-1 所示。全息模组利用人类视觉暂留技术原理，通过超高密度 LED 灯带高速旋转成像，实现 3D 全息视觉增强效应。空气悬浮、全息立体的显示效果打破了传统平面显示的局限。工业机器人通过示教或离线编程模式，保证其轨迹与全息机器人脸模型的轨迹一致，从而实现工业机器人机械臂搭载全息机器人脸的同步运动效果，突显时装秀场的科幻氛围。

Radugadesign 是一家成立于俄罗斯的媒体设计工作室，为各种规模的多媒体设计和技术支持提供全方位的服务，业务范畴从视听节目设计到互动式装置安装。在俄罗斯索契举行的 Atomexpo 2018 世界核能领袖会议上，Radugadesign 团队受主办方委托制作了一处多媒体装置空间。如图 9-2 所示，在这个空间内，库卡工业机器人的运动与全息投影内容完美同步，仿佛机械臂操控着现场的一切，主办方通过该项目展现了在全球范围内合作创建核电站的可能性。

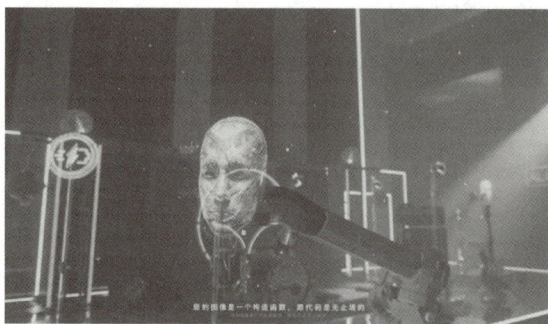

图 9-1　机械臂搭载全息机器人脸

图 9-2　机器人运动配合全息投影展示

9.2.2　工业机器人舞台展示

在 2019 年的里昂灯光节中，法国艺术团队 Collectif Scale 展示了他们最新的灯光装置作品《Coda》——一场由工业机器人完成的未来主义芭蕾舞表演。《Coda》（译为"尾声"）的名字来源于舞蹈和古典音乐，在这两种语境下，"尾声"都是一段乐曲（或一个乐章）的最终章。该装置由 20 个工业机器人组成，每个机器人的机械臂上都安装了一条 1.5m 长的 LED 条形灯，如图 9-3 所示。该作品将机械臂的运动与灯光和音乐有机结合，呈现出一场由工业机器人完成的未来主义芭蕾舞表演。

八支悬挂在并联机器人上的帽子以阵列的形式排好，并联机器人跟随音乐而做出动作，帽子也就随之转向、弯曲、旋转等，八支帽子悬挂在并联机器人上有规律地运动，形成了一场仪式感十足的帽子舞，如图 9-4 所示，该作品由艺术家 Peter William Holden 创作。

图 9-3　工业机器人完成未来主义芭蕾舞表演

图 9-4　并联机器人帽子舞

　　2017 年，ABB 协作机器人 YuMi 在意大利比萨的威尔第歌剧院里上演了它作为乐队指挥的处女秀，如图 9-5 所示。YuMi 为世界著名男高音歌唱家安德烈·波切利演唱的威尔第歌剧担任指挥。机器人指挥时，必须实现肘部、前臂和手腕之间的充分协调，清晰区分强拍和弱拍，且能高度模仿人类指挥家手势的细微差别。因此，协作机器人需要体现出对人类指挥家细微手势的精准把握，还要实现流畅的动作模仿。为此，首先在彩排时对 YuMi 进行示教编程，引导它模仿人类的指挥动作；然后，利用 RobotStudio 软件对 YuMi 的手臂动作进行微小修正，进一步使动作与音乐节拍相吻合。

图 9-5　协作机器人 YuMi 担任指挥

9.3　工业机器人自动化工作站

9.3.1　达克罗自动喷涂工作站

　　达克罗也称为锌铬涂层，是一种含有锌、铝、铬等成分的新型防腐涂料。达克罗表面处理技术具有很多优点，如超强的耐蚀性能、无氢脆性、高耐热性、结合力及再涂性能好，还具有良好的渗透性。不过由于其工艺较为复杂，需要较多的人力且效率较低，同时涂覆过程对光、温度等较为敏感，因此其生产过程稳定性要求较高。利用工业机器人辅助构建达克罗的自动喷涂工作站是行之有效的解决方案。

1. 工作站构成

　　图 9-6 所示为达克罗自动喷涂工作站布置图，由喷涂机器人（ABB IRB52）、喷涂装置（喷枪、涂料泵）、隧道炉、搬运机器人（ER50）、冷却回流输送线、喷涂水帘房以及成品料架、原料架等组成。该生产线根据喷涂达克罗溶液的需求，在喷涂与预固化之间实现自动化作业，以减轻人工劳动强度、改善有毒溶液对人体有伤害的工作状况以及提高螺栓的生产效率。图 9-7 所示为达克罗自动喷涂工作站中机器人喷涂和翻转机构。

2. 工艺分析

　　图 9-8 所示为达克罗自动喷涂工作站工艺流程图，工艺过程包括上下料、冷却线传送、设备翻面、吹扫、喷达克罗、固化、喷封闭剂等多项工作，较为烦琐。该生产线布置的工业机器人负责在隧道炉低温区预固化、冷却线之间的搬运和自动喷涂达克罗等工作。

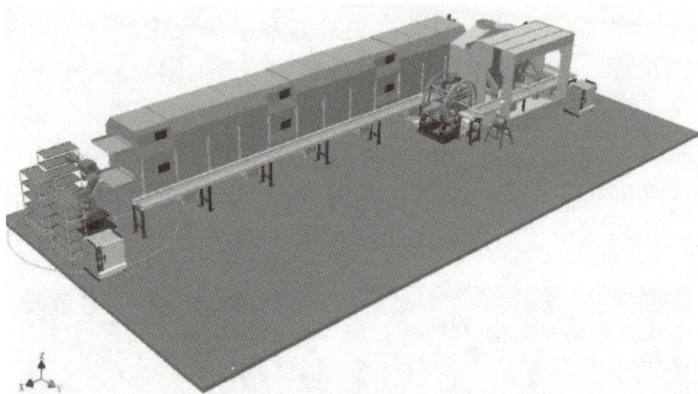

图 9-6　达克罗自动喷涂工作站布置图

图 9-7　机器人喷涂和翻转机构

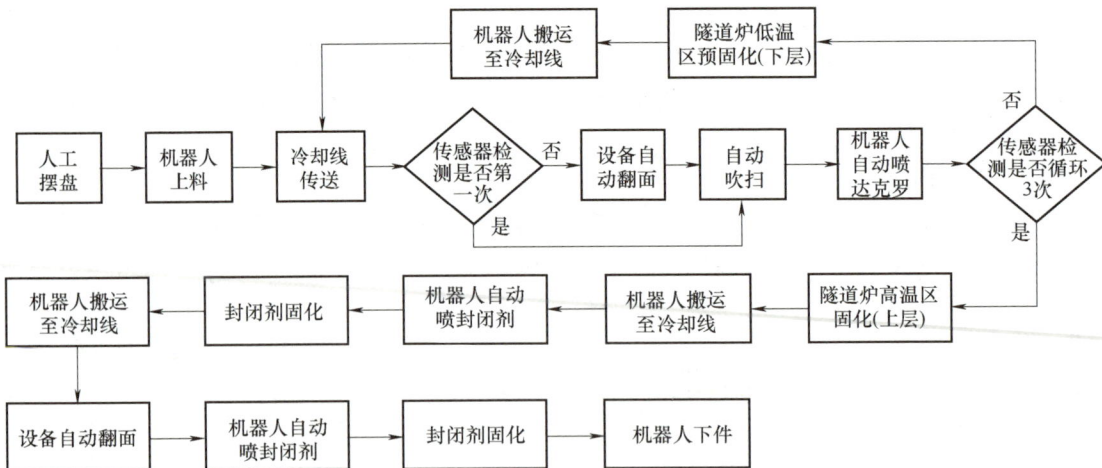

图 9-8　达克罗自动喷涂工作站工艺流程图

达克罗自动喷涂工作站具有如下优势。

（1）生产效率高　完成整个达克罗螺栓喷涂流程仅需要 4 名工人，机器人工作站能同时完成达克罗的喷涂、固化及搬运。对比实际生产中机器人与工人的工作效率可得：机器人效率是工人效率的 1.1 倍，工作时间是工人的 2 倍，年产量是工人 2.2 倍。

（2）经济效益好　通过上述生产效率可得出：投资一套达克罗自动喷涂系统生产线可省去 8 名工人；按工人年薪 8 万/年薪水计算，一年可为企业省去 64 万元。

9.3.2　导电杆打磨机器人工作站

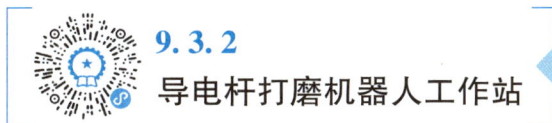

> **9.3.2**
> **导电杆打磨机器人工作站**

1. 工件说明

导电杆工件参数见表 9-2。

表 9-2　导电杆工件参数

工件名称	外　形	质量/kg	备　注
铝合金导电杆		<30kg	铝合金牌号 6061

2. 工作站构成

（1）工作站布置　导电杆打磨机器人工作站由机器人、上料输送线、砂带机、除尘器、行走导轨和下料输送线等组成，该工作站的布置如图 9-9 所示。

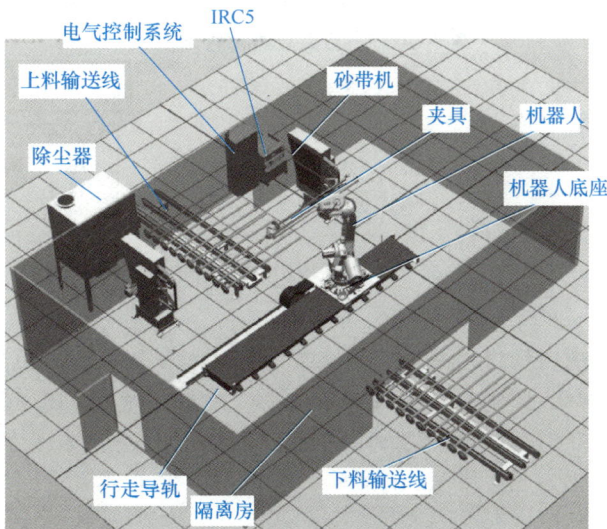

图 9-9　导电杆打磨机器人工作站布置图

（2）工作站配置 导电杆打磨机器人工作站的主要配置见表9-3。

表9-3 导电杆打磨机器人工作站的主要配置

序 号	名 称	数 量	品 牌
1	机器人本体（IRB6700）	1	ABB
2	上下料输送线	2	思尔特
3	砂带机	2	思尔特
4	粉尘处理系统（包含除尘器）	1	思尔特
5	行走导轨	1	思尔特
6	夹具	1	思尔特

3. 工艺分析

工人将工件放置在上料输送线上按下预约按钮→输送线将工件送至打磨区域→机器人抓取工件打磨（有感应开关检测是否有抓到产品）→机器人按程序打磨工件（砂带磨粒目数为80#和160#）→机器人将打磨好的工件放到下料输送线上→机器人继续抓取下一个工件打磨→下料输送线将打磨好后的工件送出打磨区同时黄灯闪烁提醒工人取下。

本工作站采用气动原理夹紧或松开工件，其结构原理如图9-10所示。根据提供的产品设计夹具，可更换夹块满足不同直径的工件装夹。本系统提供一款工件的夹块，气缸的设计满足1.5~2.5m工件的装夹，气缸后面设计有旋转气接头和回转支撑结构，使气管不会随着工件的转动而发生缠绕。

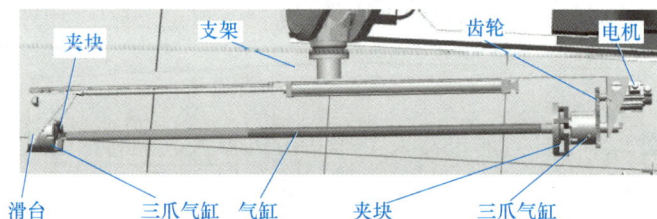

图9-10 产品夹紧结构原理图

9.3.3 机器人螺柱焊工作站

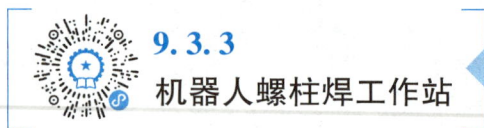

螺柱焊是将螺柱一端与板件（或管件）表面接触，通电引弧，待接触面熔化后，给螺柱一定压力完成焊接的方法。由于螺柱焊一般用于工业厂房建筑、工程机械等较为大型、重型的钢结构上，施工难度极大，因此常利用工业机器人辅助完成螺柱焊工作。本机器人螺柱焊工作站的焊接对象主要为M8和M6的螺柱，焊接位置因工件需求而定。

1. 工件说明
螺柱焊工件的参数见表9-4。

表 9-4　螺柱焊工件参数

工件名称	外　　形	质量/kg	备　　注
前框铁件		400	采用带法兰的自动焊接螺柱

2. 工作站构成

（1）工作站布置　本工作站主要包括 ABB IRB2600 机器人、螺柱焊自动焊接系统（索亚螺柱焊机、自动送钉机）、自动换枪系统、液压夹紧机构、工件滚轮输送机构、铜衬垫顶升机构及安全围栏等。图 9-11 所示为机器人螺柱焊工作站布置图，图 9-12 所示为工作站的侧视图。

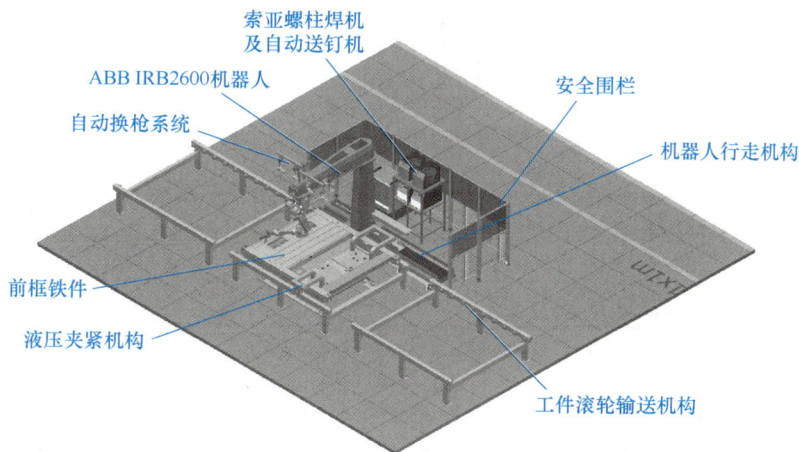

图 9-11　机器人螺柱焊工作站布置图

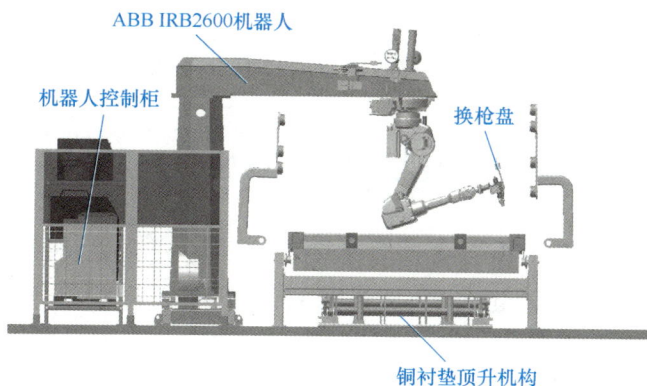

图 9-12　机器人螺柱焊工作站侧视图

（2）工作站配置 不同材料、不同板厚的焊接参数由焊接的螺柱大小决定，焊接参数由工人提前输入索亚螺柱焊机进行设定。自动送钉装置保证带法兰的自动焊接螺柱可以百分百地自动送往枪头焊接。铜衬垫顶升机构，与工件接触的表面采用浮动式铜垫顶升机构来托举工件，使焊接处的电阻均布，同时，工作变形区所对应的位置采用液压夹紧机构，使工件与顶升机构的导电铜板紧密贴合，保证螺柱焊接时不发生偏弧。

机器人的6个轴均带有智能防碰撞功能，不仅能在撞枪时起到防护作用，任意物体非正常接触到机器人或焊枪电缆等缠绕到机器人时，机器人均能启动此功能，保证操作者人身安全的同时，对焊枪等也能起到极好的保护作用。螺柱焊机器人系统可满足每日（24h）的正常工作。系统所有电缆均不外露，走电缆线槽，布线美观。机器人本体各轴、外部轴、变位机各轴均配有刹车装置和安全监测装置。工位的外围安装急停按钮，在发生危险时，操作人员在工件附近任何位置能够迅速停止设备工作。系统中结构件（包括龙门式框架）等采用两遍腻子+底漆+面漆涂装工艺，漆膜总厚度≥100μm。

机器人螺柱焊工作站的主要配置见表9-5。

表9-5 机器人螺柱焊工作站的主要配置

序　　号	名　　称	数　　量	品　　牌
1	机器人本体（IRB2600）	1	ABB
2	机器人行走机构	1	思尔特
3	螺柱焊自动焊接系统	2	德国索亚
4	自动换枪系统	1	思尔特
5	工件滚轮输送机构	1	思尔特
6	铜衬垫顶升机构	1	思尔特
7	电气控制系统（包含机器人控制柜等）	1	思尔特

3. 工艺分析

前框铁件由滚轮输送机构从前道工序送至工作区域，感应开关感应工件到位后滚轮输送机构停止工作→前框铁件下部铜衬垫顶升机构上升定位前框铁件，顶升机构上的铜衬垫贴紧工件→液压夹紧机构压紧工件→机器人抓取M8螺柱焊枪到工件的指定位置进行螺柱焊接→M8螺柱焊接结束后，机器人将M8螺柱焊枪挂在自动换枪系统的换枪机构上→机器人到横梁的M6螺柱焊枪位置，通过换枪盘自动抓取M6螺柱焊枪→机器人到工件的指定位置进行螺柱焊接→焊接结束后，机器人发出信号，滚轮输送机构开始工作，将工件送往下一道工序。上道工序的工件将输送到本工位，工作站进入下一个工作循环。

9.3.4 重型工件双座单回转双机器人焊接工作站

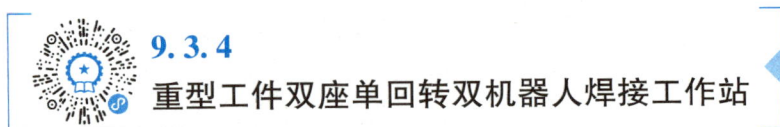

9.3.4
重型工件双座单回转双机器人焊接工作站

1. 工件说明

该重型工件双座单回转双机器人焊接工作站所要焊接的重型工件为挖机纵梁，如图9-13

所示，其尺寸较大，质量很大。挖机纵梁根据机型可分为多个规格，包含尺寸、焊脚、坡口角度等多个参数，对焊接质量和一致性要求较高，采用双机器人焊接具有稳定可靠的特点，且焊接效率高。

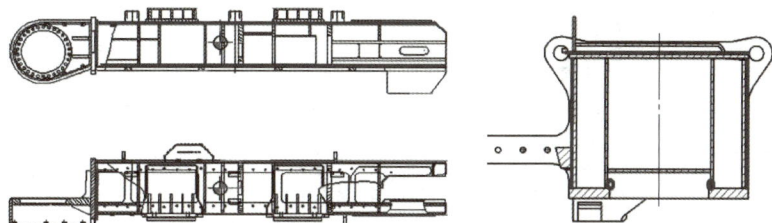

图 9-13　挖机纵梁示意图

2. 工作站构成

（1）工作站布置　重型工件双座单回转双机器人焊接工作站主要包括机器人悬臂 3 轴行走机构、焊接机器人、双座单回转变位机、焊接换枪系统、烟尘处理系统、安全围栏等，如图 9-14 所示。

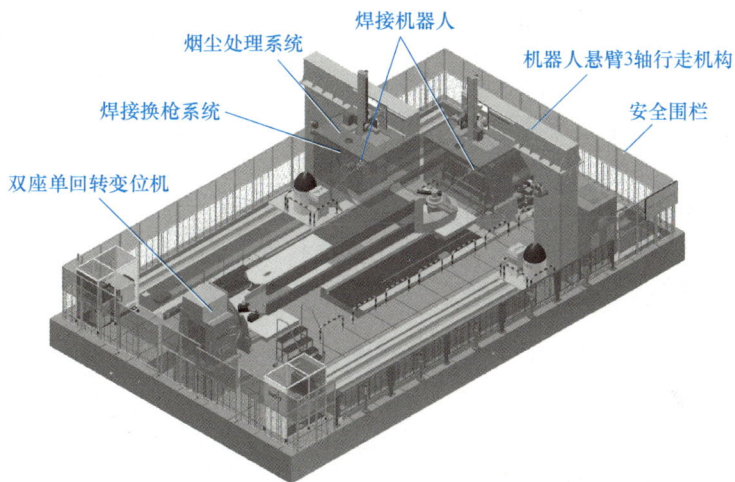

图 9-14　重型工件双座单回转双机器人焊接工作站布置图

（2）工作站配置　重型工件双座单回转双机器人焊接工作站的主要配置见表 9-6。

表 9-6　重型工件双座单回转双机器人焊接工作站的主要配置

序　号	名　称	数　量	品　牌
1	焊接机器人	2	ABB
2	焊接换枪系统	2	DINSE
3	感应加热系统（含感应加热枪）	2	山东骏齐
4	火焰加热系统（含火焰加热枪）	2	思尔特
5	机器人悬臂 3 轴行走机构	2	思尔特
6	双座单回转变位机	1	思尔特

（续）

序　号	名　　称	数　　量	品　　牌
7	电气控制系统	1	思尔特
8	安全围栏（2m 高）	1	思尔特
9	烟尘处理系统	2	赫尔

（3）工作站辅助设备　由于该重型工件需要焊接的点较多，且是空间分布的，因此双机器人焊接工作站为完成焊接作业，需要机器人行走机构、变位机、焊接夹具和换枪等辅助设备方可完成焊接工作，以下介绍本系统用到的主要辅助设备。

1）机器人悬臂 3 轴行走机构是悬臂式倒挂机器人 3 轴行走机构，如图 9-15 所示。该行走机构采用 ABB 机器人外部轴伺服电动机 MU200、精密减速机、日本 KHK 齿轮配合共同驱动行走，可自主编程，可与机器人系统联合进行轨迹插补；可与机器人协调通信，且行走速度及加速度可调，保证行走时机构平稳、不晃动。行走机构使用日本新宝和帝人精密减速机、日本 KHK 齿轮，保证机器人 3 轴行走重复精度为 ±0.1mm；有效行程满足工件焊接需求，轨道使用固定式防尘罩，故障率低，不易损坏。机器人本体行走轨迹总成上轨道有免维护功能，该轨道各润滑点配置集中润滑装置。

2）双座单回转变位机如图 9-16 所示，其翻转角度为 0°~360°。该双座单回转变位机由 ABB 机器人外部轴伺服电动机 MU300、日本帝人减速机、日本 KHK 齿轮、方圆精密回转支承配合共同驱动旋转，可自主编程，可与机器人系统联合进行轨迹插补。从动端移动采用电动机驱动，可自动调节，适应不同型号、不同长度的工件。变位机装上最大工件后，翻转至最大偏心距处，最大的偏心矩足够冗余，不会发生锁死后仍自行翻转、翻转有异响、颤动等现象。此外，应根据夹具设计的需要设计辅助支撑装置，若为整体式横梁，则需在变位机从动行走机构上设计辅助支撑装置，以实现上下升降及沿轨道方向行走。

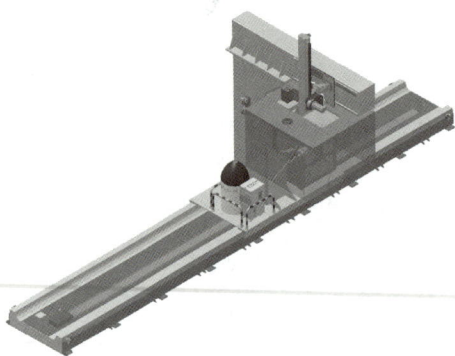

图 9-15　机器人悬臂 3 轴行走机构　　　　图 9-16　双座单回转变位机

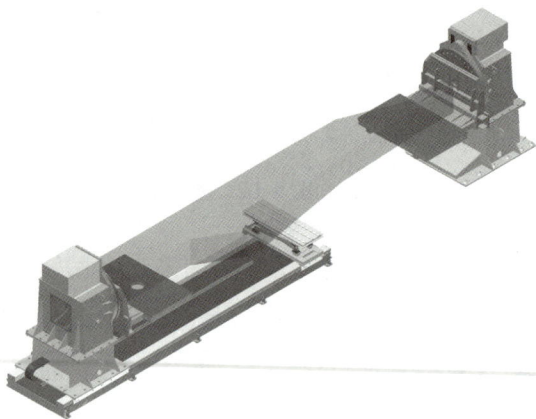

3）焊接夹具以通用的 L 臂为基准，工件的具体夹具设计为手动定位夹紧，根据工件外形进行定位，以 T 形螺杆结构压紧工件，定位夹紧牢固可靠、装卸方便。在保证强度的前提下将焊接工装设计为快速装卸的方式，且减少对焊接位置的遮挡。焊接夹具的设计力求模块化和标准化，采用通用接口连接底座，满足各类型工件的焊接需求，确保各单元相对位置的稳定性。

4) 焊接换枪系统的换枪机构如图 9-17 所示，含一套换枪公头、四套换枪母头（双丝焊枪、单丝焊枪、火焰加热枪、感应加热枪）。当工件需要加热时，机器人夹持换枪公头到指定位置抓取火焰加热枪。当工件加热结束后需要焊接时，机器人将火焰加热枪卸在换枪位置上，再从其他换枪位置抓取带焊枪，整个过程在调试好后将由机器人自动完成。

3. 工艺分析

机器人焊接前，工人将工件进行人工拼装点焊成整体，并对点焊位置进行人工打磨→工

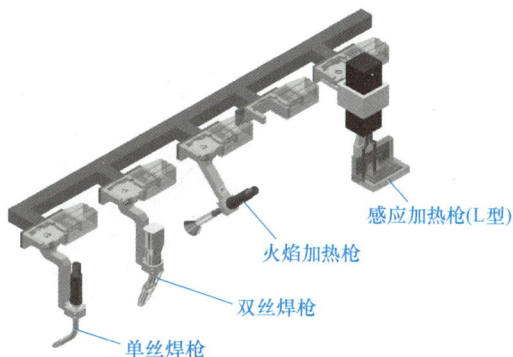

图 9-17　焊接换枪系统的换枪机构

人将工件装夹到机器人工作站变位机上夹紧→机器人夹持感应加热枪加热工件→相应焊缝加热好后，机器人换枪，夹持单丝焊枪开始打底焊接→检测到温度不符合焊接条件时，机器人停止焊接，换夹持火焰加热枪加热→温度达到焊接条件后，机器人换夹持单丝焊枪继续焊接→打底焊完成后，机器人换双丝焊枪焊接→变位机旋转到另一角度，重复如上动作→焊接完成后，工人卸下焊接好的工件并装上新工件，工作站进入下一个工作循环。

9.4　异构件双机器人协同智能制造系统

9.4
异构件双机器人协同智能制造系统

异构件已广泛应用于航空航天、汽车零部件、厨卫、运动器材等行业，常见的水龙头、冰箱把手等具有复杂曲面外形的工件均属于异构件。由于异构件曲面复杂多样，实现全自动化的磨抛存在一定难度，目前以单机器人独立作业为主，存在诸多局限性，无法适应较为复杂的作业任务要求。目前急需双机器人协同作业替代单机器人完成此类比较复杂的加工任务。

异构件双机器人协同智能制造系统需完成上料、检测、磨削、抛光、落料过程的全自动化异构件加工流程。系统搭建双机器人上位机控制系统，通过计算协调处理双机器人的轨迹，避免双机器人同步工作时发生干涉，实现双机器人实时通信、协调控制与协同工作。通过双目视觉检测解决异构件难于准确识别的难题，引导机器人准确抓取。利用线激光传感器检测毛坯件，实现工件点云信息采集，完成三维测量与模型构建。与标准工件模型对比，实现毛坯筛选与补偿加工。利用六维力传感器实现抛光力的检测与补偿，保证抛光质量稳定。异构件双机器人协同智能制造系统总体布局图如图 9-18 所示。

异构件双机器人协同智能制造系统主要能实现双目视觉引导的异构件识别定位抓取、工件表面三维点云信息采集、不同区域 TCP 坐标系建立及磨削轨迹规划、双机器人基坐标系标定、异构件双机器人协同控制系统开发、双机器人协同恒力控制抛光功能。

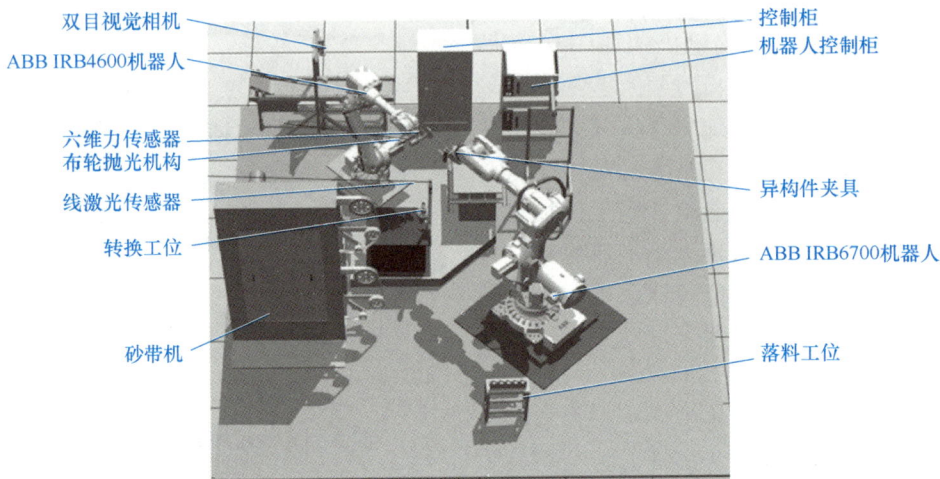

双目视觉相机
ABB IRB4600机器人
六维力传感器
布轮抛光机构
线激光传感器
转换工位
砂带机
控制柜
机器人控制柜
异构件夹具
ABB IRB6700机器人
落料工位

图 9-18　异构件双机器人协同智能制造系统总体布局图

1. 双目视觉引导的异构件识别定位抓取

双目视觉引导的异构件识别定位抓取的硬件主要由 ABB IRB4600 机器人、控制柜（上位机、三菱 FX5U PLC）、双目相机、传送带、编码器和光电传感器等组成，如图 9-19 所示。其中，机器人、三菱 FX5U PLC 和上位机采用以太网通信，双目相机与上位机通过有源以太网（POE）交换机通信，利用软件触发的形式拍照。

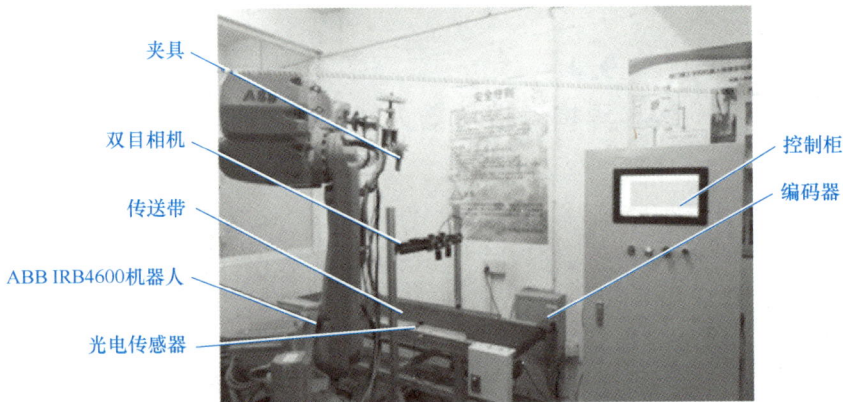

夹具
双目相机
传送带
ABB IRB4600机器人
光电传感器
控制柜
编码器

图 9-19　双目视觉引导的异构件识别定位抓取系统布置

视觉引导的异构件识别定位抓取系统首先通过单目及双目标定，获得相机内部参数及两者之间的位姿关系，然后建立工件、工具坐标系，利用手眼标定获得视觉系统与工件坐标系的矩阵关系。当光电传感器感应到水龙头异构件时，砂带机停止传动，相机拍摄异构件。上位机对图像进行处理，计算出异构件的三维坐标，并获得异构件的偏转角度，然后转化为四元数。同时，上位机根据手眼标定的结果，将获得的三维坐标转化到机器人坐标系下，最后将三维坐标和四元数发送至机器人控制器，实现机器人的定位抓取。

2. 工件表面三维点云信息采集

根据检测需求，工业机器人通过末端夹具夹取工件并携带工件在线激光扫描范围内运动。线激光传感器对进入扫描区域内的工件进行实时扫描测量，并将扫描到的数据发送给上位机数据处理模块，上位机对检测信息和机器人运动信息进行处理，获取工件表面三维轮廓信息。图 9-20 为利用线激光位移传感器获得水龙头异构件某一面的表面三维点云轮廓信息的图示。

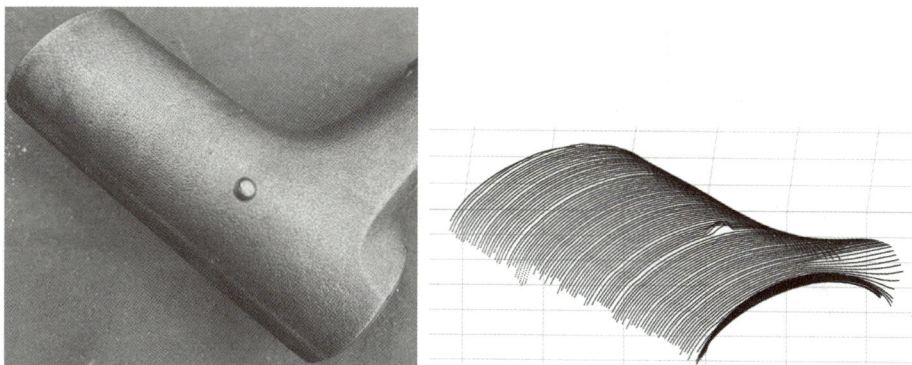

图 9-20　水龙头异构件某一面的表面三维点云轮廓信息

3. 不同区域 TCP 坐标系建立及磨削轨迹规划

水龙头异构件由于其结构特性，存在很多难加工区域。将水龙头异构件划分为不同区域，如图 9-21 所示，针对不同区域规划并设置多个 TCP 坐标系，以满足各工序的定位要求。通过对各个区域的轨迹规划得到水龙头异构件整体加工轨迹对应的机器人程序。圆柱区域通常采用横截面、光栅和 Z 字形路径三种磨削轨迹。拐角区域是水龙头异构件曲率变化比较大的部分，利用砂带与拐角区域的贴合进行砂带打磨。类平面区域较为规则，虽不是绝对平面，但其曲率变化小，主要采用光栅式加工路径，在曲率变化比较明显的区域采用等弓高误差的插补方式。

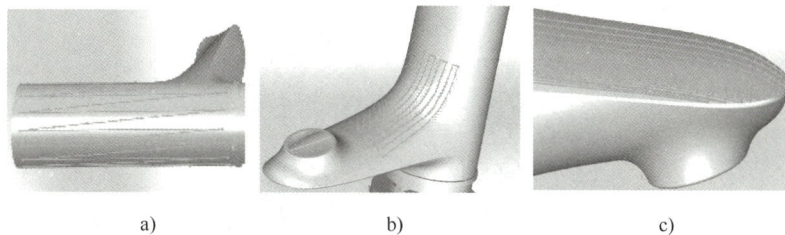

a)　　　　　　　　　　b)　　　　　　　　　　c)

图 9-21　三类区域的轨迹规划
a）圆柱区域　b）拐角区域　c）类平面区域

将进给位姿角 α 定义为水龙头异构件磨削圆柱区域与磨削砂带轮轴线之间的夹角，如图 9-22 所示。夹角大小会影响砂带轮和圆柱区域的接触面积。在其他工艺参数保持不变的情况下，接触面积越大，其磨削效率越高，所以合适的磨削进给位姿角有利于提高磨削效率。通过有限元分析可得到不同位姿角接触区域的面积变化曲线，分析发现：当进给位姿角 $\alpha = 45°$ 时，接触面积最大，此时参与有效磨削的磨粒越多，磨削效率会更高。所以在磨削实验中，在保证不干涉的情况下选取进给位姿角 $\alpha = 45°$。

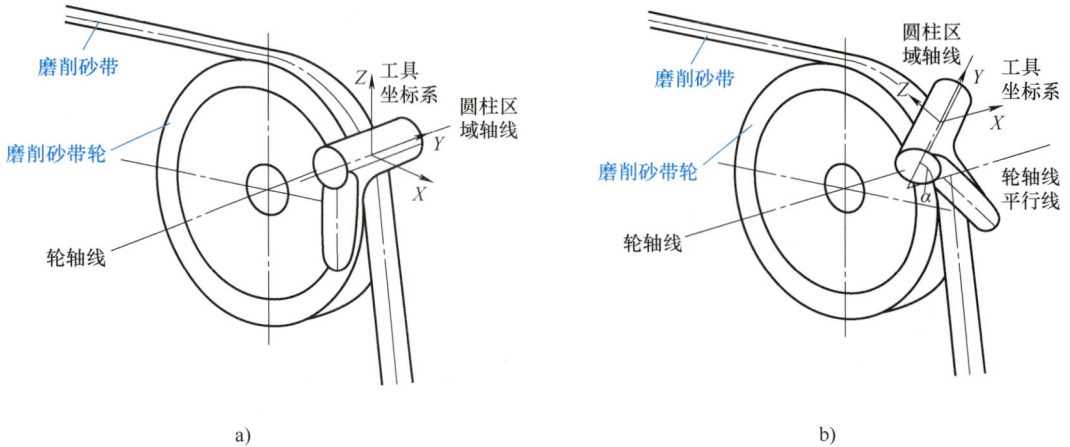

图 9-22　进给位姿角

a）α=0°　b）α=45°

4. 双机器人基坐标系标定

双机器人协同作业需要将两机器人关联起来，获得两机器人工具坐标系之间的变换矩阵，因此需要预先得知两机器人基坐标系之间的相对位姿关系。然而机器人基坐标系位于机器人基座内部，很难直接测量获取，一般通过间接方法得出两机器人基坐标系的相对位姿关系。

首先建立坐标系，以 ABB IRB6700 机器人基坐标系为 $\{B_1\}$，以 ABB IRB4600 机器人基坐标系为 $\{B_2\}$。在两机器人公共活动空间中选取与 $\{B_1\}$ 相同姿态的坐标系 $\{M\}$ 作为中间坐标系，如图 9-23 所示。以坐标系 $\{M\}$ 中的三个点分别作为机器人三次握手的接触点，分别计算中间坐标系与两机器人基坐标系的位姿关系，进而可以得出两机器人基坐标系之间的位姿关系。

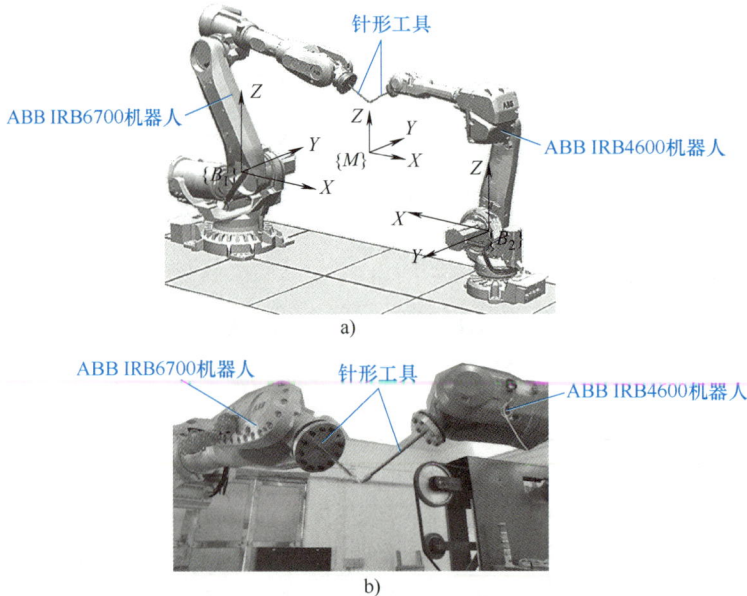

图 9-23　双机器人基坐标系标定方法

a）仿真模型图　b）实物图

然后开展双机器人基坐标系标定试验，控制双机器人工具坐标系先后在中间坐标系 $\{M\}$ 的 Z 轴正半轴上一点、原点和 Y 轴正半轴上一点进行接触，标定流程如图 9-24 所示。

5. 异构件双机器人协同控制系统开发

该系统设计三层控制系统，在上位层实现集成控制，主要完成算法集成、信息的采集处理、加工参数修改和任务的规划；在中间层，PLC 采集来自电动机驱动器和 I/O 传感器设备的信号并将变量信息反馈给上位层，同时将上位层要修改的加工参数或下发的任务转发给下位层；下位层包括机器人控制器和其他 I/O 传感器设备，实现具体的动作。整个系统由上位层统一控制。由于双机器人协同抛光系统中设备较多，通信网络较复杂，集成化程度较高，因此系统采用模块化设计，不同模块既要在功能上相互独立，又应该通过接口通信形成有机整体，由工控机统筹控制。

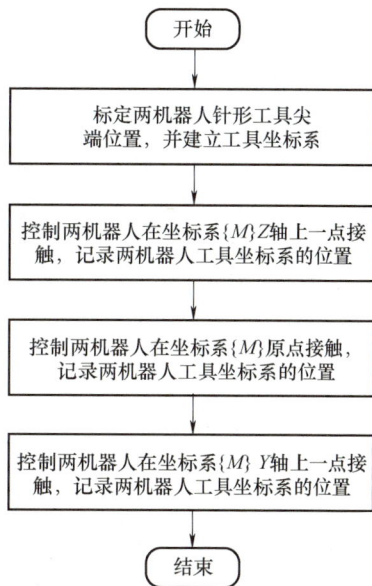

图 9-24　双机器人基坐标系标定流程

该系统主要采用工业以太网（Ethernet）作为系统的通信主网。基于 TCP/IP 的 Ethernet 是一种标准开放式的网络，系统兼容性和互操作性好，容易实现系统设备的数据采集，传输距离长、速率高，低成本、易组网，支持工控机、PLC、机器人控制器直接的通信。总体控制拓扑结构如图 9-25 所示。

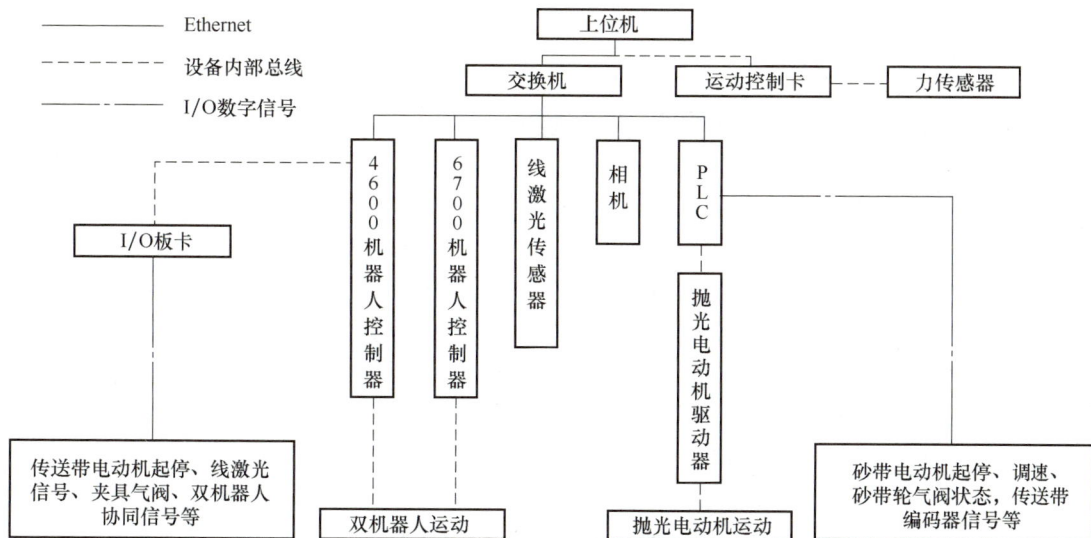

图 9-25　总体控制拓扑结构图

6. 双机器人协同恒力控制抛光

异构件的力位控制抛光系统可以保证双机器人协同抛光过程中接触区域法向力稳定。如图 9-26a 所示抛光侧的 ABB IRB4600 机器人的末端法兰安装有布轮抛光机构和六维力传感器，可作为力位控制的对象。工件侧的 ABB IRB6700 机器人利用夹具夹持异构件，通过控制机器人的位姿实现异构件各个面的抛光作业。布轮抛光机构在抛光过程中受到的力被六维力传感器采集到，通过控制算法实现机器人的位置控制。

基于阻抗模型进行理论分析和动态性能分析，根据力跟踪误差的大小，合理调整阻尼状态。一般情况下，力跟踪误差大时可将系统调整为欠阻尼状态，以提高响应速度。抛光时，调整机器人姿态，尽量使工件在接触点处与抛光轮相切，并控制异构件抛光点与抛光轮的相对位置，同时设定抛光侧机器人 TCP 的移动速度和期望的抛光压力。然后使工件侧机器人运行抛光轨迹程序，待力稳定后启动阻抗控制。异构件的抛光效果如图 9-26b 所示。

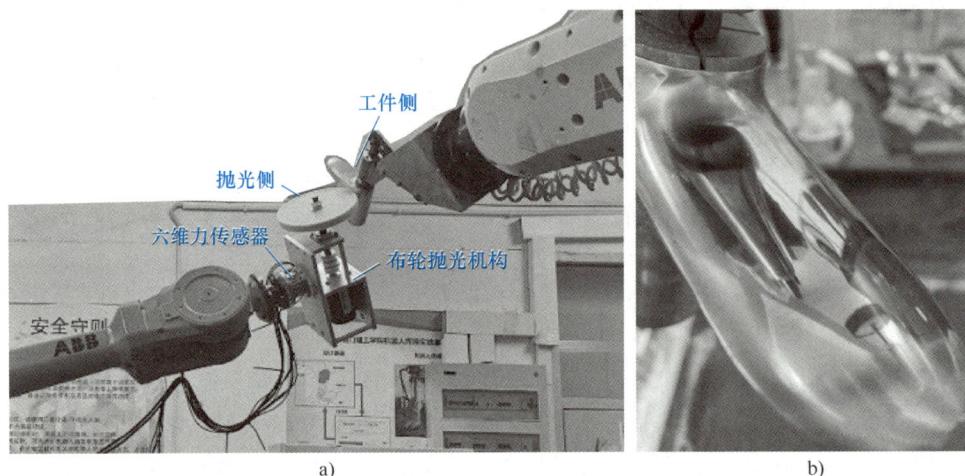

图 9-26　双机器人协同恒力控制抛光
a）抛光作业实物图　b）抛光后的效果图

9.5　数字孪生的工业云机器人系统

云机器人是 2010 年卡内基梅隆大学的 James Kuffner 提出的概念，它将机器人与云服务器结合起来，将机器人复杂的数据计算任务交与计算功能强大的云服务器，进一步提升机器人的扩展能力和智能水平，而工业云机器人是云机器人用于制造领域的分支。动态工艺规划和智能轨迹规划等计算能力和控制实时性对工业机器人至关重要，但两者会消耗大量的计算资源，特别是随着智能水平的提高将更为明显。另外，现代化生产线上有大量的工业机器人，工业机器人若出现故障而导致产线停产，则将造成极大的经济损失。为此，可利用工业云机器人在线监控机器人的运行状态，为预防故障和快速检修提供机器人新途径。

在现有的工业云机器人框架中，工艺规划、轨迹规划等所需的仿真模型和工具一般会被打包并发布到云端，工艺规划、轨迹规划等任务的准确性取决于仿真模型的准确性，尤其是复杂的制造系统。数字孪生技术是实现上述功能的有效解决方案，它由高保真的几何物理模型和相应的传感器数据组成，准确映射虚拟空间和物理空间，实现两者的完美融合，提高对制造系统的准确控制能力。将数字孪生技术与工业机器人相结合，利用工业机器人制造系统的虚拟空间作为物理工业机器人和云服务器的中间层，对工业机器人制造系统准确映射，同时借助于强大的云端计算能力，完成大负荷的计算任务。

数字孪生的工业云机器人控制架构如图 9-27 所示，该架构包括物理工业机器人、数字工业机器人、数字孪生数据和工业云机器人控制服务系统。其中，数字孪生数据包括传感器数据和系统运行产生的数据，工业云机器人控制服务系统包含工业机器人执行制造任务所需的服务。

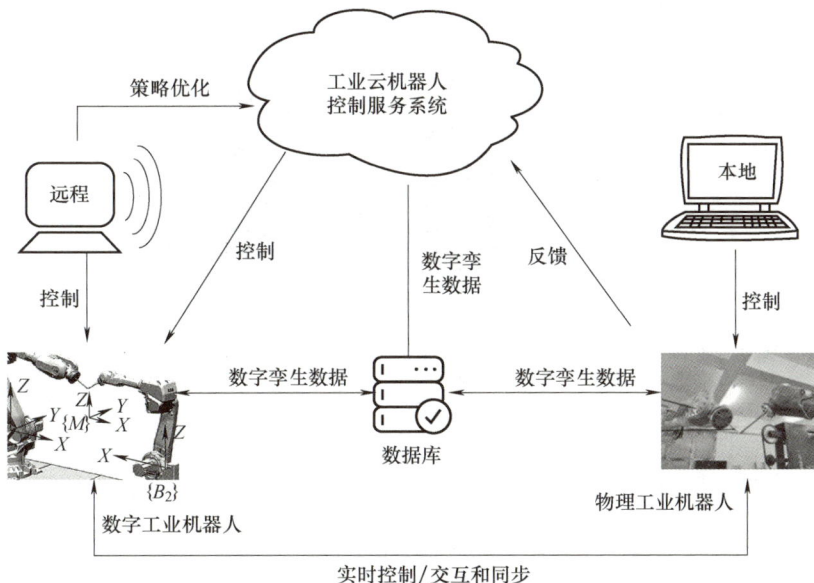

图 9-27　数字孪生的工业云机器人控制架构

当远程请求工业机器人控制服务时，云端的服务排序算法利用数字工业机器人仿真，将可选的服务进行排序并选取最优服务。然后，服务解析模块解析出控制指令并发送给数字工业机器人，数字工业机器人通过控制接口控制物理工业机器人，物理工业机器人将感知状态反馈给工业云机器人控制服务系统，同时也通过数据接口反馈给数字工业机器人，从而实现物理工业机器人和数字工业机器人的交互和双向同步，以及基于数字孪生策略的工业云机器人控制。针对工业机器人控制服务排序，用户可通过工业机器人控制服务系统前端页面远程提交控制类型与多指标偏好等信息，由云服务系统决策模块对确定或模糊语境下的请求信息进行分析归一化处理，分析多指标权重、进行一致性决策，选择最优工业机器人控制服务。图 9-28 所示为数字空间与物理空间中的工业机器人。

工业机器人的数字孪生技术作为制造系统的重要组成部分，被嵌入到全局资源管理和批量调度程序中，安全高效地利用机器人资源并优化批量生产。图 9-29 所示为工业机器人的四层数字孪生的框架，主要包括低阶的定义工业机器人构成组件和流程的数字孪生Ⅰ层和Ⅱ层，以及高阶的预测机器人维护和优化配置的高性能云计算数字孪生Ⅲ层和Ⅳ层。

数字孪生Ⅰ层具备数据流收集功能，可采集工业机器人的传感器感知数据，包括机器人本体的内部传感器信息以及视觉、振动、温度等外部传感器信息。数字孪生Ⅱ层具备数据流分析与处理功能，可对数字孪生Ⅰ层采集的数据按优先级排序、融合处理，包括四个功能模块：机器人行为模型库、多物理过程模型库、数据融合、检测偏差和意外事件。数字孪生Ⅲ层是机器学习层，这一高阶层用于进一步从数据流中进行深度学习，利用神经网络来预测某

a)

b)

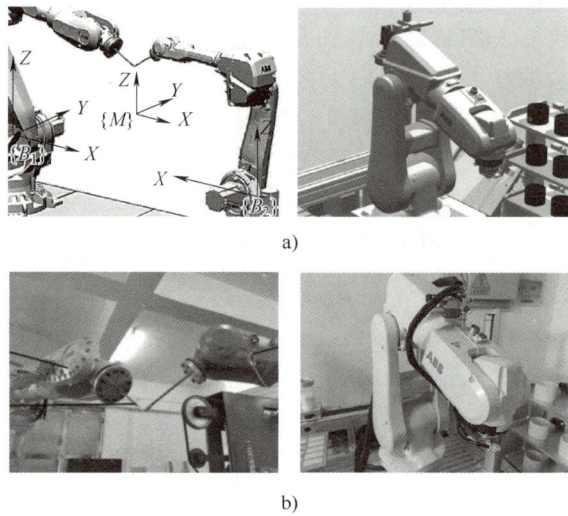

图 9-28　数字空间与物理空间中的工业机器人

a）数字空间　b）物理空间

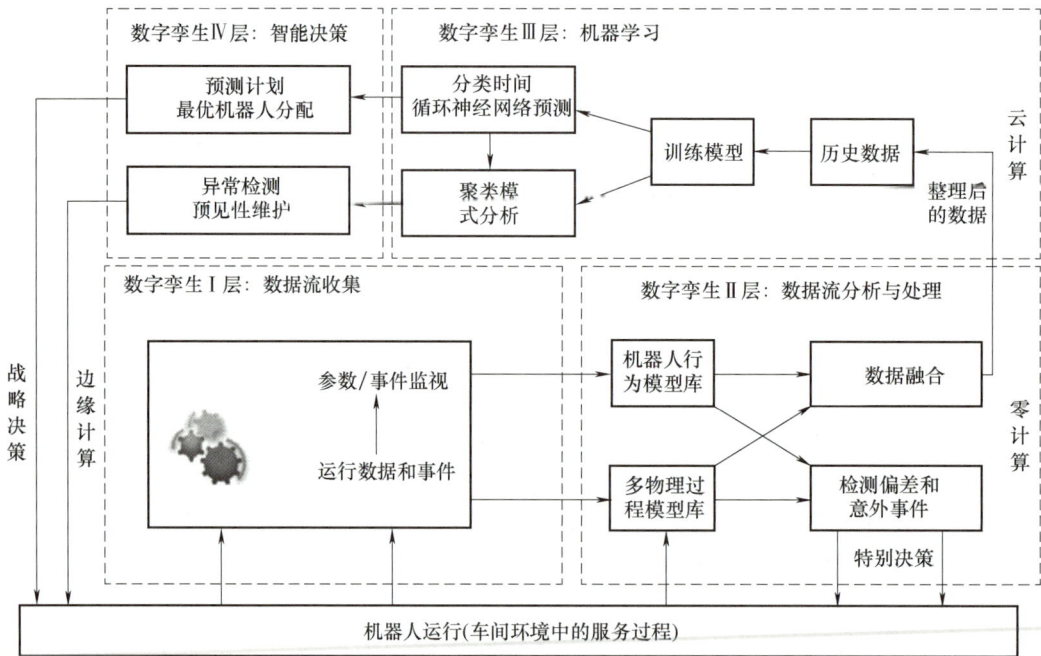

图 9-29　工业机器人的四层数字孪生的框架

些输出结果。数字孪生Ⅳ层是智能决策层，利用人工智能相关技术进行全局资源优化配置，并做出最后的任务实施决策。

图 9-30 所示为多节点的工业云机器人监控系统，通过物联网网关汇聚各个数据汇聚节点，将数据及结果返回机器人控制柜或云端服务器。对于汇聚节点的数据，可考虑以下传感器感知信息。

1）电动机温度：与能耗数据结合，用于故障检测和预防性维护。

2）电动机电压、电流、相位：与电动机能量相关，用于资源调度、参数调整（最大速度和加速度等）及故障检测。

3）基础振动：用于评估机器人运动状态及运动精度。

4）作业任务的相关传感器信息：指特定任务需要的传感器信息，一般指外部传感信号。

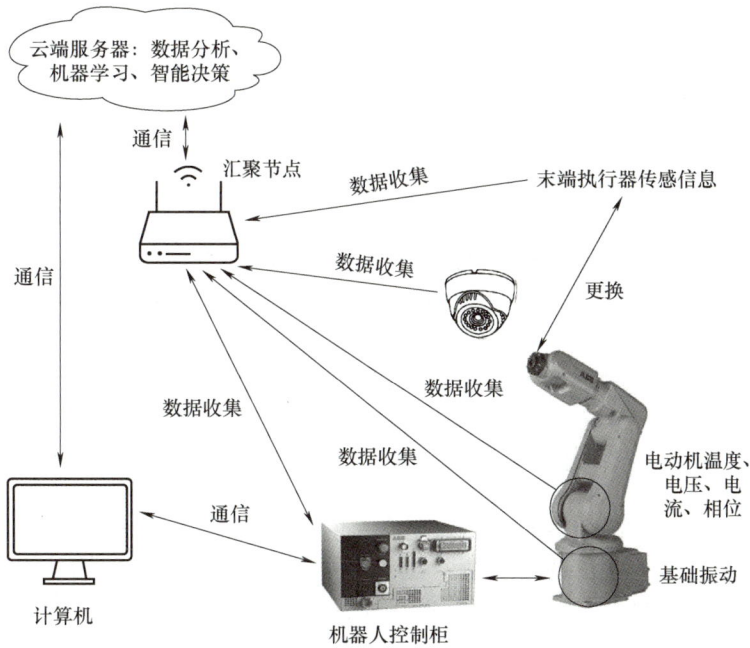

图 9-30　多节点的工业云机器人监控系统

习题

1. 简述工业机器人的自动化应用系统的应用步骤。
2. 简述工业机器人工作站设计的步骤。
3. 试举例一些工业机器人的其他典型应用案例。

参 考 文 献

［1］ SICILIANO B, KHATIB O. Handbook of Robotics ［M］. Berlin：Springer, 2016.

［2］ 熊有伦. 机器人技术基础 ［M］. 武汉：华中科技大学出版社, 1996.

［3］ 孟明辉, 周传德, 陈礼彬, 等. 工业机器人的研发及应用综述 ［J］. 上海交通大学学报, 2016, 50：
98-101.

［4］ 计时鸣, 黄希欢. 工业机器人技术的发展与应用综述 ［J］. 机电工程, 2015, 32（1）：1-13.

［5］ 孙英飞, 罗爱华. 我国工业机器人发展研究 ［J］. 科学技术与工程, 2012, 12（12）：2912-2918.

［6］ 王田苗, 陶永. 我国工业机器人技术现状与产业化发展战略 ［J］. 机械工程学报, 2014, 50（9）：
1-13.

［7］ 韩建海. 工业机器人 ［M］. 武汉：华中科技大学出版社, 2019.

［8］ 戴凤智, 乔栋. 工业机器人技术基础及其应用 ［M］. 北京：机械工业出版社, 2020.

［9］ 张明文. 工业机器人基础与应用 ［M］. 北京：机械工业出版社, 2019.

［10］ 龚仲华, 龚晓雯. 大中型工业机器人手腕的设计 ［J］. 机电工程, 2016, 33（12）：1457-1462.

［11］ 克雷格. 机器人学导论：原书第4版 ［M］. 贠超, 王伟, 译. 北京：机械工业出版社, 2018.

［12］ CORKE P. Robotics-toolbox documentation ［Z］. 2017.

［13］ 赵浩. 一种基于霍尔效应的无刷式测速发电机 ［J］. 传感技术学报, 2017, 30（3）：467-470.

［14］ 尤晶晶, 田苏辉, 周为. 六维加速度传感器的结构模型及虚拟仪器设计 ［J］. 压电与声光, 2018,
40（1）：47-51.

［15］ 宋爱国. 机器人触觉传感器发展概述 ［J］. 测控技术, 2020, 39（5）：2-8.

［16］ 孙华, 陈俊凤, 吴林. 多传感器信息融合技术及其在机器人中的应用 ［J］. 传感器技术, 2003,
22（9）：1-4.

［17］ 赵小川, 罗庆生, 韩宝玲. 机器人多传感器信息融合研究综述 ［J］. 传感器与微系统, 2008,
27（8）：1-4.

［18］ 曹家勇, 李娜, 姚淳哲, 等. 面向打磨机械臂的模糊自适应阻抗控制算法 ［J］. 现代制造工程,
2020（5）：77-84.

［19］ 陈峰, 费燕琼, 赵锡芳. 机器人的阻抗控制 ［J］. 组合机床与自动化加工技术, 2005（12）：46-50.

［20］ 袁乐天. 基于主动柔顺法兰的抛光机器人自适应阻抗控制研究 ［D］. 哈尔滨：哈尔滨工业大
学, 2018.

［21］ 李宏胜. 机器人控制技术 ［M］. 北京：机械工业出版社, 2020.

［22］ 杨辰光, 程龙, 李杰. 机器人控制 ［M］. 北京：清华大学出版社, 2020.

［23］ 卜迟武. 打磨机器人技术 ［M］. 北京：化学工业出版社, 2020.

［24］ 褚明. 柔体机器人的动力学与控制技术 ［M］. 北京：北京邮电大学出版社, 2019.

［25］ 龚仲华, 龚晓雯. ABB工业机器人编程全集 ［M］. 北京：人民邮电出版社, 2018.

［26］ 连硕教育教材编写组. 工业机器人入门与实训 ［M］. 北京：电子工业出版社, 2017.

［27］ 叶晖. 工业机器人实操与应用技巧 ［M］. 北京：机械工业出版社, 2017.

［28］ ABB工程有限公司. ABB机器人产品手册 ［Z］. 2021.

［29］ 维讯机器人有限公司. 维讯机器人在线教育平台系统 ［EB/OL］.（2013-05-15）［2021-08-16］. http://
www.factory-builder.com/.

［30］ 邓三鹏, 周旺发, 祁宇明. ABB工业机器人编程与操作 ［M］. 北京：机械工业出版社, 2018.

［31］ 北京华航唯实机器人科技股份有限公司. 华航唯实PQArt产品教程 ［Z］. 2021.

［32］厦门航天思尔特机器人系统股份公司. 航天思尔特机器人系统集成解决方案［Z］. 2021.

［33］南京达斯琪数字科技有限公司. 达斯琪数字科技行业方案［Z］. 2021.

［34］刘建春，陈博伦，林晓辉，等. 基于正交实验的机器人砂带磨削工艺分析及优化［J］. 组合机床与自动化加工技术，2021，3：199-123.

［35］刘建春，秦昆，林彦锋，等. 双机械臂碰撞检测算法研究［J］. 机械传动，2021，45（1）：40-44.

［36］HOEBERT T，LEPUSCHITZ W，LIST E，et al. Cloud-Based Digital Twin for Industrial Robotics［M］. Berlin：Springer，2019.

［37］ANTON F，BORANGIU T，RAILEANU S，et al. Cloud-Based Digital Twin for Robot Integration in Intelligent Manufacturing System［M］. Berlin：Springer，2020.

［38］XU W，CUI J，LI L，et al. Digital twin-based industrial cloud robotics：Framework，control approach and implementation［J］. Journal of Manufacturing System，2021，58：196-209.